动物医学实验教程

DONGWU YIXUE SHIYAN JIAOCHENG

（动物机能学分册）

崔一喆　计　红　范春玲　主编

U0257551

中国农业出版社

编 审 人 员

主　编：崔一喆（黑龙江八一农垦大学）

　　　　计　红（黑龙江八一农垦大学）

　　　　范春玲（黑龙江八一农垦大学）

参　编：王　新（黑龙江八一农垦大学）

　　　　孔凡志（黑龙江八一农垦大学）

　　　　郭　丽（黑龙江八一农垦大学）

　　　　郭东华（黑龙江八一农垦大学）

　　　　郭景茹（黑龙江八一农垦大学）

　　　　刘艳芝（黑龙江八一农垦大学）

主　审：杨焕民（黑龙江八一农垦大学）

　　　　武　瑞（黑龙江八一农垦大学）

　　　　孙东波（黑龙江八一农垦大学）

　　　　郑　冬（东北林业大学）

前　言

为持续推进黑龙江八一农垦大学国家级实验教学示范中心实验教学的改革与创新，构建先进实验教学体系和标准，开发和运用先进实验教学方式方法，培养学生创新精神和实践能力，我们凝结一线教师的教学经验，推出了黑龙江八一农垦大学国家级实验教学示范中心系列教材之一的《动物医学实验教程（动物机能学分册）》。本教材得到黑龙江八一农垦大学国家级实验教学示范中心、黑龙江省高等教育综合改革试点专项（GJZ 201301069）与黑龙江省高等教育教学改革项目（JG 2014010924）资助。

本教材将动物机能学实验分为两个阶段。第一阶段为基础性实验，通过一些经典实验验证理论知识，使学生掌握基本的机能学实验技术和常用仪器的使用知识，初步培养学生的操作和观察能力。第二阶段为综合性实验和设计性实验。综合性实验以培养学生综合分析问题能力和初步科研能力为教学目标，将动物生理学、兽医药理学、动物病理生理学的知识进行了有机的融合；设计性实验要求学生以实验小组为单位，利用业余时间查阅文献资料，撰写出实验设计方案，然后进行设计答辩。每个小组派一名同学陈述实验设计方案的背景知识、实验目的、实验方法、预期结果，由教师和同学提出问题，对实验的技术路线和可行性做出修改，最后写出完整的小结论文。在实验设计过程中，使学生初步了解科研实验的整个过程，为以后进行科研工作奠定坚实的基础。本教材适合作为高等农林院校动物医学专业和动物药学专业本、专科生的实验教材，也可作为兽医实验室诊断技术从业者的参考用书。

全书分为五篇。第一、五篇和附录 1 由郭丽编写；附录 3、4 由刘艳芝编写；第五章第一、二、三、四节由郭景茹编写；第五章第五、六节由孔凡志编写；第六章第一、二、九节和第三篇（五、六、七、八、九、十）由范春玲编写；第六章第三、四、五、六、七、八节由郭东华编写；第七章、第三篇（四、十二）和附录 2 由崔一喆编写；第三篇（一、二、三）由计红编写；第四篇由王新编写。

感谢杨焕民教授、武瑞教授、孙东波教授和郑冬教授对全书的认真审阅。虽然本教材的各位编者都是从事本专业教学和科研第一线的教师，但因时间和学术水平有限，教材中难免有错误和欠妥之处，恳请各位读者指正。

编　者

2017.3

目 录

第一篇
实验动物的基本操作技术

第一章 绪 论

第一节 引 言

动物机能学实验是动物生理学、兽医药理学和动物病理生理学三门课程实验有机融合而来的新课程。动物生理学主要研究正常动物机体活动规律,病理生理学研究在疾病状况下的动物机体功能与活动规律,而兽医药理学研究动物机体与药物相互作用的规律。这三门课程在理论上相互沟通、相互联系,实验方法和手段相似,都是实验性学科,它们的理论、学说和各种结论都要来自于科学实验。也就是说,没有科学实验依据,就没有生理学、病理生理学和药理学的存在与发展。教科书上的知识都是前人实验研究的结果,高度概括,并不能体现实验研究的过程和方法。实验教学的目的是教会学生追究知识的来源,了解实验研究的过程。动物机能学实验并不是这三门课程实验简单的叠加,而是将它们有机地整合。动物机能学实验作为一门独立的课程,不仅能提高仪器设备的使用率,减少实验教学课程的重复设置,而且能有效地实施培养计划。动物机能学实验课程的建立,打破了传统的以课程为中心的实验教学体系,使学科间相互交叉渗透,有利于培养学生的实验技能和分析解决问题的能力,有助于提高学生的创新意识。

人们对动物疾病的认识首先要从动物正常的生理功能开始,随后了解疾病的病理生理学,继而研究药物的作用及其作用机制。例如,人们首先认识了骨骼肌收缩的生理学功能,随后了解肌肉收缩无力的病理生理学,继之又掌握了新斯的明对骨骼肌的作用以及作用机制。动物机能学实验通过对生理现象的观察、病理动物模型的制备和药物救治,以及实验过程中各种生理、病理现象的观察与药物的处理等,使广大同学的独立思考、细致观察、综合分析等实际工作能力得以训练和提高。

动物机能学实验的主要内容包括常规仪器设备的基本原理及使用方法,实验动物的选择及局部手术,实验基本操作技术,实验常用溶液的配制,实验设计与数据处理及实验报告的书写等。

动物机能学实验常选择动物为实验对象,常用的实验方法有离体组织、器官实验和在体组织、器官实验,急性实验和慢性实验等。离体组织、器官实验是从活着的或刚处死的动物身上取出的组织或器官，置于人工环境中，使其在一定时间内保持生理功能，而进行实验研究。例如，为观察心脏的生理特性和药物对其影响，可取动物的离体心脏或部分心肌为材料；当观察神经的生物电活动时，可取动物离体神经，放在适当的环境下，记录其生物电现象。并且可用细胞分离和培养技术进一步观察细胞各种微细结构的功能和细胞内物质分子的各种物理、化学变化，以阐明生命活动的基本规律及疾病和药物对生命活动的影响。在体组织、器官实验是在麻醉或毁损动物脑组织使其失去知觉的情况下，进行在体解剖暴露的组织器官实验。例如，观察迷走神经对心脏活动的作用时，可解剖暴露动物颈部迷走神经并开胸暴露心脏，用电刺激迷走神经，观察、记录心脏的活动，或观察药物对迷走神经及心脏的作用。同样，观察某些药物对血流动力学影响时，可直接将导管插入心脏或血管记录其变化等。在体组织、器官实验不同于离体组织、器官实验，在整体情况观察到的组织、器官活动，受机体多种因素的影响，所观察到的不一定是药物直接作用于该组织、器官的结果。离体与在体组织、器官实验结果往往是互补的，有利于进一步分析生理因素的相互作用。急性实验和慢性实验是按实验时间长短进行区分。急性实验一般只观察几个小时，最多 1~2d。慢性实验长达几周、几个月或更长。

第二节　动物机能学实验课的目的

动物机能学实验的设立是要通过专门的实验课程，学习和训练有关的基本知识、基本技能和基本方法，了解实验科学知识的来源和研究的具体过程，培养科学的思维方法，提高解决实际问题的能力，树立对科学工作严谨求实的作风，为今后从事实际工作和科学研究奠定基础。

1. 培养科学的观点

（1）培养学生理论来自实践的观点。

（2）加深、验证和巩固部分课堂讲授的理论知识，培养学生理论联系实际的能力。

（3）培养学生勤于动手、敏于观察、科学分析和独立工作的能力，初步树立对科学工作的严肃态度、严格要求、团结协作以及实事求是的工作作风。

2. 掌握基本实验技能

（1）使学生掌握常用实验仪器的原理及使用方法。

（2）掌握常用实验动物的选择和局部手术操作。

（3）掌握常用实验溶液的配制方法。

3. 提高学生的综合能力

（1）学会实验资料的收集、整理和数据处理，培养学生独立进行动物实验设计的技能。

（2）通过对实验结果的分析和整理，培养学生的分析能力和对所学知识的综合运用能力，为兽医临床实践打下初步基础。

（3）通过实验报告的书写，学生的科学论文写作能力得到初步训练。

第三节 动物机能学实验课的要求

1. 实验前

（1）仔细阅读实验教材中的有关内容，熟悉该实验的目的、要求、步骤和操作程序，对实验"注意事项"应予以特别的注意，因为这些内容往往是最容易出问题的环节。

（2）复习与该实验有关的理论知识。

（3）检查仪器、手术器械和药品是否完好、齐全。如有缺失、损坏，及时报告老师以便补充。

（4）预测实验结果，以及实验中可能出现的问题，设计好实验结果记录的方式。

（5）每个实验小组都应在实验前做好分工，并共同按照实验要求，拟订好实验操作步骤。

2. 实验过程中

（1）严格遵守实验室规则，保持实验室的安静和良好秩序，遵循实验教师的指导。

（2）按照实验步骤认真操作，正确捉拿实验动物和使用药品，准确计算所用药量。

（3）正确安装连接实验设备，将实验器材妥善排放，要有条不紊地操作各项仪器。不得进行与本次实验无关的仪器操作。

（4）认真、全面和敏锐地观察实验过程中所出现的现象，准确、及时和客观地记录实验结果。严禁实验后凭记忆补记实验结果。

（5）小组成员既要分工负责，又要密切合作，这样既可提高实验的成功率，又能使每个人都得到应有的技能训练。

（6）注意爱护公共财物，避免实验动物对自身的伤害，尽量节省实验药品和易耗物品。

3. 实验结束后

（1）整理实验仪器，将所有电子仪器的旋钮调至零位或复位，并按操作程序切断电源。

（2）清点、整理实验器材，所用器械洗净擦干，按规定妥善安放，并请实验教师验收。如有损坏或丢失，除了及时报告负责教师外，还应按有关规定处理。

（3）将废弃的试剂、药品、动物的器官以及尸体等进行分类处置，不得随意丢弃。

（4）值日的同学负责将实验室清理干净，关好门窗和水电，并将废弃物和垃圾携带到指定场所。

（5）收集实验资料，及时整理和分析实验结果，认真填写实验报告，分析实验成功或失败的原因。

第四节　实验报告的书写

一、实验报告的重要性

实验报告是指把某项实验的目的、方法、结果等内容如实地记录下来，又经过整理而写出的书面报告，是完成一项实验后的全面总结。实验报告的书写是一项重要的基本技能。它不仅是学生对实验过程中获得的理论知识和操作技能的全面总结，而且可以将感性知识提高到理性认识，从而培养和训练学生的逻辑归纳能力、综合分析能力和文字表达能力，是科学论文写作的基础。参加实验的每位学生，均应及时认真地书写实验报告。要求内容实事求是，分析全面具体，文字简练通顺，书写清楚整洁。一份实验报告可体现出实验者的实际操作水平，应记述明确的实验目的、可靠的实验方法、取得的结果和对实验结果进行分析综合得出的正确结论。同时，还应指出尚未解决的问题和实验尚需注意的事项。

二、实验报告的书写格式

动物机能学实验报告具有相对固定的格式，每个学校都有装订成册的实验报告，按照其格式填写完成即可。但要求填写时应做到字迹工整，言简意赅，条理清楚，正确使用标点符号，并注意科学性和逻辑性。实验报告主要包含序号与实验名称、实验者、日期、实验目的、实验对象、方法、结果、讨论和结论等内容。

三、实验报告书写的注意事项

1. 实验名称　实验名称即实验报告的题目。应力求具体、确切、简练概括实验内容。

2. 实验目的和原理　实验目的主要是说明通过实验验证有关学科的理论或某些结论及所要达到的预期效果。实验原理是指所设计的实验方案的可行性理论依据。根据不同的实验内容可用文字叙述，也可用计算公式、化学反应式等方式表达。目的和原理应用简短的文字，写明观察或探讨什么问题即可。

3. 实验材料　实验材料包括实验中所用各种仪器设备名称、规格型号、生产厂家，药品或试剂的名称、生产厂家，动物名称、品系、选择标准，以及与动物的性别、年龄、体重和数量等，应逐项说明，交代清楚。

4. 实验方法　实验方法部分包括仪器的使用、手术方法和过程、观察指标的记录手段和方法以及实验条件等。书写时，不要抄书，要按实验时实际操作程序和具体情况，真实而详细地记录，以反映实验进行的实际过程，使他人能清楚地了解实验。其表达形式可采用文字按序号列点描述，也可列表，也可绘出操作流程图或箭头图等。无论采取何种表达方式，在文字叙述中必须做到完整、客观、具体，把整个实验方法及步骤简练如实地交代清楚，使人一目了然。

5. 实验结果　实验结果指实验材料经实验过程加工处理后得到的结果。它是实验结论的依据，整个实验报告的核心。其内容包括：①实验过程中所观察到的各种现象，包括观察到的定性、定量结果，动态变化过程及最终结果。②实验所测得的全部原始数据、图像，包括实验数据的计算过程、公式和单位。需要统计学处理时，也应说明其处理过程和结果。绝不可伪造或与别人对数据后更改实验数据。为了避免发生错误和遗漏，必须根据实验观察的记录加以整理，随后写出实验结果。原始资料应附在实验主要操作者的实验报告上，同组的合作者可复制原始资料。

实验结果的表达方式，可按不同类型的实验结果选用不同的表达方法。采用文字叙述方式时，根据实验目的将原始资料系统化、条理化，用准确的术语客观地描述实验现象和结果，要有时间顺序以及各项指标在时间上的关系。数据结果采用图表方式时，用表格或坐标图的方式使实验结果突出、清晰，便于相互比较，尤其适合于分组较多，且各组观察指标一致的实验，使组间异同一目了然。每一图表应有表头和计量单位，应说明一定的中心问题。应用记录仪器描记出的曲线图（如血压、呼吸曲线和心电图等），应注明纵坐标和横坐标的名称和单位，使观察指标的变化趋势形象生动、直观明了。在实验报告中，可任选其中一种或几种方法并用，以获得最佳效果。凡属测量和记数资料，应以正确单位和数值做定量的表达，不能笼统地提出。

6. 讨论与结论 讨论就是根据相关的理论知识对实验所观察到的现象与结果进行分析和解释。这是实验结果的逻辑延伸，它反映了作者对实验结果的理论认识，即通过分析、综合、归纳、演绎等逻辑推理总结出规律。如果所得到的实验结果和预期的结果一致，那么它可以验证什么理论？实验结果有什么意义？说明了什么问题？这些是实验报告应该讨论的。但是，不能用已知的理论或生活经验硬套在实验结果上；更不能由于所得到的实验结果与预期的结果或理论不符，而随意取舍甚至修改实验结果，此时应该分析实验结果异常的可能原因。如果本次实验失败了，应找出失败的原因、实验应注意的事项和对实验的改进意见。讨论要紧紧抓住结果这个重点，联系有关理论或技术知识，也可参考与本实验有关的课外书籍，由表及里，综合分析，深入探讨。

结论不是具体实验结果的再次罗列，也不是对今后研究的展望，而是针对这次实验所能验证的概念、原则或理论的简明总结，是从实验结果中归纳出的概括性的判断，要简练、准确、严谨和客观。

总之，一篇好的实验报告应该写成一篇好的科学论文，文字简明，记录准确，方法结果可靠，分析符合逻辑，结论可信。

第五节　机能实验室实验考核办法

动物机能学实验根据出勤、预习、实验操作和实验报告情况进行考核，每次实验满分为 10 分，最后取各次实验成绩的平均分×10 为课程总成绩。

1. 预习（满分 2 分）

（1）复习与实验有关的理论内容。

（2）熟悉有关手术器械和仪器的使用方法。

（3）查阅实验中所用药品、试剂的作用、剂量及毒副作用。

（4）阐明本次实验的操作要点、预期结果和注意事项。

2. 操作（满分 5 分）

（1）正确制作实验标本或正确进行手术操作（包括实验动物的麻醉、固定和手术等）。

（2）正确连接各种观察记录仪器，要求学会调试，使之工作在所要求的状态。

（3）正确使用各种药物或试剂。

（4）正确观察、记录各种观察指标，准确读取数据。

（5）随时分析实验中出现的问题，并提出解决方案。

3. 实验报告（满分 3 分）

（1）根据实验项目要求整理实验数据，绘制图表与曲线。

（2）正确分析实验结果，总结实验的收获与体会。

（3）正确书写实验报告，格式正确、文字通顺、字迹端正。

（4）正确解答实验指导中提出的问题。

4. 扣分原则

（1）缺席实验课者，本次实验成绩记为 0 分。

（2）实验前未进行预习的，不允许做实验，本次实验成绩记为 0 分。

（3）实验中违反操作规程，造成动物死亡或仪器严重损坏的扣除 3～4 分；实验操作错误，经过教师指导仍不能改正的扣除 1～2 分。

（4）不能熟练进行手术操作或不能正确使用各种主要仪器的扣除 1～2 分。

（5）抄袭他人实验报告的扣除 1～2 分，不写实验报告的扣除 3 分。

第二章 实验动物的基本知识

第一节 实验动物分类

实验动物是一种遗传限定动物。人们根据实验研究的目的，应用遗传育种的理论和特殊的方法，经过驯化和选育，具有遗传均一性和生物学特征的一致性，被用于相适应的实验研究的动物称为实验动物。

一、实验动物分类单位

被应用的实验动物分类单位有品种（原种）（stock）、品系（strain）、亚系（substrain）和支系（subline）。

二、实验动物的分类和命名

根据遗传特点的不同，实验动物分为近交系、封闭群和杂交群。

1. 近交系（inbred strain） 经至少连续 20 代的全同胞兄妹交配培育而成，品系内所有个体都可追溯到起源于第 20 代或以后代数的一对共同祖先，该品系称为近交系。近交系一般以大写英文字母命名，亦可以用大写英文字母加阿拉伯数字命名，符号应尽量简短。如 A 系、TA1 系等。近交系的近交代数用大写英文字母 F 表示。例如当一个近交系的近交代数为 87 代时，写成（F87）。近交系的近交系数（inbreeding coefficient）应大于 99%。

2. 封闭群（远交群，closed colony or outbred stock） 以非近亲交配方式进行繁殖生产的一个实验动物群，在不从其外部引入新个体的条件下，至少连续繁殖 4 代以上，称为一个封闭群，或称为远交群。封闭群由 2～4 个大写英文字母命名；种群名称前标明保持者的英文缩写名称，第一个字母大写，后面的字母小写，一般不超过 4 个字母。保持者与种群名称之间用冒号分开。

例如，N：NIH 表示由美国国立卫生研究院（N）保持的 NIH 封闭群小鼠，Lac：LACA 表示由英国实验动物中心（Lac）保持的 LACA 封闭群小鼠。

某些命名较早，又广为人知的封闭群动物，名称与上述规则不一致时，仍可沿用其原来的名称。如 Wistar 大鼠封闭群，日本的 ddy 封闭群小鼠等。为区别封闭群动物与近交系动物，命名时把保持者的缩写名称放在种群名称的前面，两者之间用冒号分开。近交系命名中的规则也适用于封闭群动物的命名。

3. 杂交群（hybrids）　由不同品系或种群之间杂交产生的后代称为杂交群。按以下方式命名：以雌性亲代名称在前，雄性亲代名称居后，两者之间以×相连表示杂交。将以上部分用括号括起，再在其后标明杂交的代数（如F1、F2等）。对品系或种群的名称可使用通用的缩写名称。

例如，（C57BL/6×DBA/2）F1

　　＝B6D2F1

　　（NMRI×LAC）F2

第二节　实验动物等级

我国按照实验动物体内外存在微生物和寄生虫的情况，将实验动物分为四级。

1. 一级，普通动物〔conventional（CV）animal〕　不携带主要人兽共患病原和动物烈性传染病的病原。这些动物饲养于开放系统环境中。

2. 二级，清洁级动物〔clean（CL）animal〕　动物体内外除一级动物应排除的病原外，不携带对动物危害大和对科学研究干扰大的病原。这些动物饲养于亚屏障系统环境中。室内所有笼具、垫料、饲料、饮水等均要排除与清洁级动物体内外相同的病原。工作人员进入要穿无菌衣、帽，戴灭菌口罩和手套等。

3. 三级，无特殊病原体动物〔specific pathogen free（SPF）animal〕　除一、二级动物应排除的病原外，不携带主要潜在感染或条件致病和对科学实验干扰大的病原。这些动物饲养于屏障系统中。进入屏障系统中的一切物品，均排除三级动物应排除的病原。进入工作人员要严格穿戴无菌衣、帽、口罩和手套等。

4. 四级，无菌动物〔germ free（GF）animal〕　动物体内外，不可检出一切生命体。无菌动物是在无菌环境中，通过剖宫产后，饲养在隔离系统中。工作人员以隔离方式操作。

5. 悉生动物，〔gnotobiotic（GN）animal〕　又称已知菌动物，这种动物常是将已知的正常菌丛接种于无菌动物体内。因此，此动物体内携带的其他生命体是已知的。这些动物饲养于屏障系统中。

第三节　常用实验动物的品种和品系

生命科学研究中，最常用的实验动物品种为小鼠、大鼠、仓鼠、豚鼠、兔、犬、猕猴、猫、猪等。随着生命科学的不断发展，一些野生动物和家畜也被驯养优选，用于实验，如长爪沙鼠、鼠兔、树鼩、小型猪。

一、小鼠（mouse；*Mus musculus*）

（一）生物学特性

外貌和习性　小鼠形体小，体长 90～125mm。体重出生时 1.5g 左右，5 周龄可达 20g，成年时可达 30～40g。体长与尾长几乎等长，嘴尖、嘴脸前部两侧有触须 19 根，眼红，尾部被短毛和环状角质鳞片。性情温顺，嗅觉灵，视觉差。对环境反应敏感，适应性差，强光或噪声可导致母鼠食仔，实验操作粗暴会带来应激和异常反应，给实验结果带来不良影响。小鼠又不耐饥和渴，每天食料 6g 左右，饮水 4～7mL，寿命 2～3 年。

（二）常用小鼠品系

1. 远交群（封闭群）小鼠

（1）昆明小鼠（KM）。白色，应能力强，繁殖和育成率高。被广泛用于药理、毒理、病毒、微生物学的研究以及生物制品、药品的鉴定。

（2）ICR 小鼠。又称 Swiss Hauschka，白色。

（3）NIH 小鼠。白色，繁殖力强，育成率高，雄性好斗。广泛用于药理、毒理研究和生物制品的鉴定。

（4）LACA 小鼠。白色，我国 1973 年从英国实验动物中心引进。

2. 近交系小鼠　目前国内外常用近交系如下：

（1）中国 1 号（C-1）小鼠。白色，繁殖力中等，2 月龄体重 17g，肿瘤自发率低。

（2）津白 1 号（TA1）和津白 2 号（TA2）小鼠。TA1，繁殖力中等，2 月龄体重 20～25g，肿瘤自发率低。TA2，繁殖力中等，为乳腺癌高发品系，主要用于肿瘤学研究。

（3）615 小鼠。深褐色，肿瘤发生率 10%～20%（♀乳腺癌，♂肺癌），对津 638 白血病病毒敏感。主要用于白血病、肿瘤和免疫学的研究。

（4）SMMC/C 和 SMMC/B 小鼠。白化，SMMC/C 小鼠乳腺癌发病率高，对疟原虫敏感。SMMC/B 小鼠肿瘤自发率低，对减压病敏感。

（5）AMMS/1 号小鼠。白化，对炭疽弱毒株比较敏感，对骨髓多向性造血干细胞测定比较规律。

（6）LIBP/1 小鼠。对流行性出血热和炭疽杆菌敏感。

（7）NJS 小鼠。动脉粥样硬化模型动物，用于高脂血症研究。

（8）BALB/C 小鼠。乳腺癌发病率低，对致癌因子敏感，肺癌发病率♀26%，

♂29％。对沙门菌、放射线甚为敏感。两性常有动脉硬化，老年雄鼠常见心脏损害，常用于单克隆抗体研究，生产免疫脾细胞和单克隆抗体腹水。

（9）C57BL/6J。黑色，乳腺癌发病率低。嗜酒，用可的松可诱发20％腭裂。对放射物质耐受力强，而照射后的肝癌发病率高。对结核杆菌和百日咳易感因子敏感。淋巴细胞性白血病有6％的发病率。

（10）C3H/He小鼠。野生色。乳腺癌发病率高达97％，对致肝癌因素敏感，对狂犬病病毒敏感，雄鼠对氨气、氯仿、松节油等甚为敏感，对炭疽杆菌有抵抗力。

（11）DBA系小鼠。淡灰色，常用的有DBA/1和DBA/2两个亚系。一年以上的雌鼠乳腺癌发病率约为3/4，老龄雄鼠都有钙沉着，对疟原虫感染有抵抗力。DBA/1对鼠伤寒沙门菌、分枝杆菌敏感，DBA/2对鼠伤寒有抵抗力，35日龄鼠听源性癫痫发病率可达100％。

（12）A系小鼠。白化。乳腺发病率30％～80％。对麻疹病毒高度敏感。

（13）AKR系小鼠。白化。为白血病高发品系，淋巴性白血病发病率♂76％～90％，♀68％～90％。血液内过氧化氢酶活性高，肾上腺类固醇脂类浓度低。对百日咳组胺易感因子敏感。

（14）KK小鼠。人类Ⅱ型糖尿病模型。有时发生老龄肥胖病。血清胰岛素含量高，对双胍类降糖药敏感。

除以上所列之外，常用BALB/c A-nu裸小鼠、NC-nu裸小鼠。NOD/Lt小鼠为糖尿病动物模型，与人类Ⅰ型糖尿病类似。

二、大鼠（rat；*Rattus norvegicus*）

（一）生物学特性

外貌和习性　外貌与小鼠相似，个体较大，体重比小鼠重达10倍。寿命2～3年。大鼠杂食性，喜居安静，夜间活跃，性温顺，味觉差，嗅觉灵敏，对空气中的氨气、硫化氢和粉尘极为敏感。对噪声敏感，对营养缺乏非常敏感，尤其是氨基酸、蛋白质、维生素的缺乏，但体内具合成维生素C的能力。大鼠的汗腺不发达，尾巴是散热器官。大鼠无胆囊，无呕吐反应，应激反应敏感，心电图缺S-T段。50g体重大鼠每天食料10～18g，饮水20～45mL。

（二）常用大鼠品系

1. 封闭群（远交系）大鼠

（1）Wistar大鼠。世界各国广泛用于医药学、生物学、毒理学和营养学研究。性情较温顺，繁殖力强，抗病力强，适应性强，肿瘤自发率低。尾长短于身长。

（2）SD 大鼠。体型较大，发育快，对呼吸道疾病抵抗力较强，对性激素感受性高，尾长几乎等于身长。

（3）WKY/Ola 大鼠。雄鼠收缩压为 140～150mmHg*，雌鼠为 130mmHg，是研究高血压病的模型动物，常作为高血压大鼠（SHR）正常血压对照组动物。

2. 近交系大鼠

（1）F344 系大鼠。白化，用于毒理学、肿瘤学和生理学等研究。血清胰岛素含量低，对绵羊红细胞的免疫反应性低。肿瘤自发率高，乳腺癌♀41%，♂23%。脑下垂体腺瘤♀36%，♂24%。雄鼠睾丸间质细胞瘤85%。甲状腺瘤22%。单核细胞白血病24%。雌鼠乳腺纤维瘤9%，多发性子宫内膜肿瘤21%。还可移植生长多种肿瘤。

（2）Lou/CN 和 Lou/MN 大鼠。白化，常用的有浆细胞瘤高发品系 Lou/CN 和低发品系 LOu/MN。Lou/CN 大鼠在回肠淋巴结常发生浆细胞瘤，雄鼠自发率30%，雌鼠16%。广泛用于制备单克隆抗体。

（3）LEW 大鼠。白化，该大鼠血清甲状腺素、胰岛素和生长激素含量高。对诱发自身免疫心肌炎、复合物血管球性肾炎敏感，对实验性过敏性脑脊髓膜炎敏感。高脂肪饲料容易引起肥胖症，可移植淋巴瘤、肾肉瘤和纤维肉瘤。

（4）SHR 系大鼠。白化，自发高血压，血压常高于 200mmHg，但未见肾上腺和原发性肾损伤。心血管疾病发病率高。该品系是筛选抗高血压药品的理想动物模型。目前应用的除 SHR/Ola 高血压动物模型外，尚有 SHR/N 自发性高血压模型动物伴有心血管系统的疾病。SHR/sp 自发性高血压伴有脑卒中的动物模型。

（5）WKY 大鼠。白化。作为 SHR 的正常血压对照组动物。收缩压雄鼠 140～150mmHg，雌鼠 130mmHg。

（6）BB 大鼠。糖尿病动物模型。85 日龄出现症状，糖尿病，高血压，酮尿，胰岛素缺乏。发病率为 50%～70%。

除上述之外，还有癫痫大鼠（audiogenic seizures）、裸大鼠（Rowett nude）、肥胖大鼠（fatty）。COP 大鼠可用于前列腺癌移植研究及模型的建立等。

---

* mmHg 为非许用单位，1mmHg＝133.3Pa。

三、豚鼠（guinea pig；*Cavia porcellus*）

豚鼠又名荷兰猪、天竺鼠、海猪。

（一）生物学特性

外貌和习性　体躯短胖，体长 225～355cm，体重可达 980g。头大耳圆而小，四肢短，不能攀高，40cm 高的饲养笼可不必加盖，无尾，全身被毛紧贴，毛色有单色（白、黑、棕）、二色、三色等。喜群居，性情温驯，胆小怕惊，对声音反应灵敏。豚鼠草食性，喜多纤维的禾本科嫩草，成熟豚鼠每天需饲料 14.2～28.4g，饮水 85～150mL。

豚鼠体内缺乏左旋葡萄糖内酯氧化酶，自身不能合成维生素 C。对抗生素特别敏感。对类固醇有抵抗力，可做组织相容性免疫应答遗传控制模型。老龄豚鼠血清有溶血性补体，可做抗原诱导速发型呼吸过敏反应模型。对分枝杆菌高度敏感。对白喉杆菌、鼠疫杆菌、钩端螺旋体、霍乱弧菌和沙门菌等也较敏感，皮肤对毒物刺激反应灵敏，常用于局部皮肤毒物作用的测试。

（二）主要品种和品系

1. DHP 豚鼠　属远交群，毛色有单色（白色、黑色、棕色、灰色、淡黄色、杏黄色）、二色和三色。

2. 近交系 2　毛色三色（黑、白、红），目前应用最多的近交系之一。老龄豚鼠的胃大弯、直肠、肾、腹壁横纹肌、肺、主动脉有钙质沉着。对分枝杆菌抵抗力强。血清中缺乏诱发的迟发超敏反应因子，对试验诱发自身免疫的甲状腺炎比近交系 13 敏感。

3. 近交系 13　毛色三色。对分枝杆菌抵抗力较弱，对诱发自身免疫甲状腺炎抵抗力比 2 系强。血清中缺乏诱发迟发超敏反应因子，12 月龄的豚鼠白血病自发率 7%，流产率 21%，死胎率 45%。豚鼠的突变系有补体缺乏的 C4 豚鼠和糖尿病的 Diabetic 豚鼠。

四、地鼠（仓鼠，hamster）

作为实验动物主要有 2 种，金黄地鼠（golden hamster，*Mesocricetus auratus*）和中国地鼠（Chinese hamster，*Cricetulus barabensis*），又称黑线仓鼠、条纹仓鼠。

（一）生物学特性

外貌和习性　金黄地鼠成年体重约 150g，中国地鼠成年体重约 40g。成年体长金黄地鼠 16～19cm，中国地鼠约 9.5cm，尾短被毛柔软。金黄地鼠脊背淡金红色，腹部与头侧白色，毛色常多种，眼粉红或红色。中国地鼠灰褐色，眼大黑色，背部从头顶直至尾基部有一暗色条纹。昼伏夜行，巧于营巢。雌鼠好斗，非发情期不跟雄鼠接近。地鼠为杂食性动物。口腔两侧各有一颊囊，具有很强的贮存食物习性。牙齿尖硬，可咬断细铁丝。受惊或被激怒会咬人。

（二）在生物医学中的应用

1. 金黄地鼠 应用于狂犬病病毒、乙型脑炎病毒的研究及其疫苗的生产和鉴定、小儿麻疹的研究。利用颊囊接种肿瘤组织，并观察致癌物的反应。由于地鼠性成熟早、性周期准确、繁殖周期短，常用于生殖生理，计划生育，内分泌学，营养学，维生素 A、维生素 E、维生素 B_2 缺乏症及口腔龋齿的研究。

2. 中国地鼠 由于其染色体数量少而形态大等特性，常被用于染色体畸变，细胞遗传、辐射遗传和进化遗传的研究，因其易自发糖尿病，常作为真性糖尿病良好的动物模型。另外也被用于传染病学的研究。

（三）常用品种和品系

1. 金黄地鼠 目前已育成近交系 38 种，部分近交系 8 种，突变系 17 种，远交系 38 种。

远交系有 WO 和 WS。

2. 中国地鼠 目前已育成 4 个近交系。

A/Gy 和 Aa/Gv 系：带有脆硬毛，伴性（♀）自身免疫性疾病，常用于子宫腺癌、间质细胞淋巴瘤和肝癌移植研究。

B/Gv 系：遗传性糖尿病品系。

C/Gv 系：癫痫品系。

五、兔（Rabbit；*Orysctolagus cuniculus*）

（一）生物学特性

习性 兔为夜行性动物，具嗜眠特性，夜间觅食饮水量占昼夜全部量的 70% 左右。听、嗅觉灵敏，胆小怕惊，喜独居。对环境反应敏感，耐寒怕热。喜干燥怕湿。具有与啮齿类动物相似的特性，喜欢磨牙啃木。有吞食粪便特性。雌兔必须有雄兔交配刺激才能排卵而怀孕，交配、产仔一般在夜间。

（二）兔在生物医学中的应用

1. 免疫学和生物制品方面 兔血清量产生较多，腘淋巴结明显，耳静脉大，注射和采血方便，广泛用于制备高效价和特异性强的免疫血清，如病原体免疫血清、间接免疫血清、抗补体血清、抗组织免疫血清等。

2. 热原测试 体温变化灵敏，对微生物或其代谢产物反应敏感，如内毒素可引起感染发热反应，广泛被用于药品、生物制品等热原试验。

3. 心血管疾病的研究 高胆固醇喂饲，可以引起典型的高胆固醇血症、主动脉粥样硬化症、冠状动物硬化症。常作为心血管疾病的动物模型。

4. 生殖生理研究　利用兔可诱导排卵的特性进行生殖生理和避孕药的研究。

5. 其他方面的研究　如眼科、皮肤反应、寄生虫学、物质代谢、急性动物试验、微生物学诸方面的研究。

（三）常用品种

据美国实验动物资源研究所（ILAR）的目录记载，兔近交系30余个，已知英国维持16个近交系，日本保持20个以上近交系，美国Jackson实验室还有若干突变系兔。

我国应用的多为封闭群兔，常用的品种如下：

1. 日本大耳白兔　又名大耳白兔，体型较大，体重4～6kg，被毛浓密，纯白，眼红，母兔颈下有肉髯，两耳长大，高举，耳根细，耳端尖，形同柳叶，生长快，繁殖力强，但抗病力较差。

2. 新西兰白兔（New Zealand White）　成熟兔体重4.5～5kg，毛色纯白，皮肤光泽，繁殖力强，生长迅速，性情温和，易于管理。

3. 青紫蓝兔　每根毛有3种颜色，毛尖黑色，中段灰白，根部灰色。全身呈灰蓝色。尾、面部、耳尖、背部黑色，眼周围、尾腹面、腹下和后颈的三角区呈灰白色。该品种有3个种群：标准型青紫蓝兔、中型青紫蓝兔和大型青紫蓝兔。用于实验是前两个种群。标准型体重3～3.5kg，无肉髯。中型体重4.5kg，毛色稍浅，有肉髯。该品种兔体强，适应性好，生长快。

4. 中国兔　毛色纯白为多，也有灰、黑、咖啡等颜色。体型小，体重1.5～2.5kg，耳朵短而厚，抗病力强，适应性好，产仔率高。

六、犬（dog；*Canis familiaris*）

（一）生物学特性

习性　犬的嗅觉，听觉灵敏，善近人，易于驯养。对环境适应能力较强，能耐热，耐冷。喜活动，要求有一定的运动场地。为肉食性动物，善食肉类和啃骨头。雄犬爱斗，有合群欺弱的特性。健康犬鼻尖湿润，呈涂油状，触之有凉感，如遇鼻尖干燥，触之有热感，即提示该犬有病，红绿色盲。

（二）犬在生物医学研究中的应用

犬在解剖学和生理学上的特点与一般哺乳类实验动物比较更接近于人，可提供人类疾病自发的和诱发的动物疾病模型。它被广泛用于病理、药理、毒理、生理、遗传、营养和实验外科学的研究。

1. 疾病研究　如高胆固醇血症、动脉粥样硬化、糖尿病、溃疡性肠炎、淋巴细胞性白血病、红斑狼疮、先天性心脏病、凝血机制障碍、家族性骨质疏松、视网膜发育不全、青光眼、肾盂肾炎、蛋白质营养不良等。又作为人类传染性疾病的动物模型，如病毒性肝炎、狂犬病；链球菌性心内膜炎、牛型或人型菌株所致结核病；寄生虫病如犬恶丝虫病、十二指肠钩虫病、日本血吸虫病、华支睾吸虫病等。

2. 实验外科学研究　犬被广泛用于实验外科的研究，如临床外科医生在研究新的手术、器官移植等，往往先用犬做动物实验后，再用于临床。

3. 药理、毒理学实验　犬在毒理学研究和药物尤其是磺胺类药物的代谢研究，各种新药在临床前的毒性和药效试验中常被使用。

4. 基础医学研究　犬是基础医学研究和教学中最常用动物之一。如用于生理、病理研究，还适合在失血性休克、弥散性血管内凝血、动脉脂质沉积症、急性心肌梗死、心律失常、急性肺动脉性高血压、肾性高血压、脊髓传导实验、大脑皮层定位试验、条件反射实验、内分泌腺摘除实验、各种消化道和消化腺瘘管手术等方面应用。

（三）犬的主要品种

1. 毕格犬（Beagle）　毕格犬又名小猎兔犬，原产英国，1880 年引到美国，1983 年上海医科大学从美国引进我国，是近代育成国际公认的实验犬。它具有性情温顺，易于抓捕和调教，体型小，毛短利于操作，遗传性能稳定，对实验条件反应一致性、均一性好，实验结果重复性好的优点。目前是生命科学研究工作中最理想的犬品种。

2. 四系杂交犬（4-way Ovoss）　该品系采用 4 个品系犬（Greyhound、Labrador、Samoyed 和 Basenji）杂交而育成。它集 Labrador 犬体型较大、胸腔和心脏极大及 Samoyed 犬耐劳和不爱吠叫的优点，用于外科手术。

3. Dalmation 犬　是一种黑白斑点短毛犬，用于特殊的嘌呤代谢、嗜中性粒细胞减少症、青光眼、白血病、肾盂肾炎、Ehers-Danols 病等的研究。

4. Labrador 犬　体型大、性情温顺。常用于实验外科。

5. Boxer 犬　常用于淋巴肉瘤、红斑狼疮的研究。

6. 华北犬和西北犬　为我国繁殖饲养的犬品种，广泛用于烧伤、放射损伤、复合伤等研究。

此外，我国还有中国猎犬、狼犬、四眼犬、西藏牧羊犬等。

七、猫（cat；*Felis domesticus*）

（一）生物学特性

习性　猫为肉食性动物，喜食鱼、肉，善于捕食动物，如鼠、鸟和鱼等。

生性孤独。常定居于有较好食物和明亮干燥的环境，但无永久栖息地，一般大小便有定处，并有便后即用土或他物掩埋特性。

（二）猫在生物医学中的应用

利用猫做实验，实验效果较啮齿动物更接近于人，但猫的使用量较小。主要用于：

1. 药理学研究 用猫观察用药后对血压的影响，进行冠状窦血流量的测定，观察阿托品解除毛果芸香碱的作用实验。还可通过瞬目反射，分析药物对交感神经和节后神经节的影响。

2. 生理学研究 猫神经系统极敏感，适用于脑神经生理学研究，研究神经递质等活性物质的释放和行为变化的相关性，研究针麻、睡眠、体温调节和条件反射，周围神经和中枢神经的联系。

3. 疾病研究 诊断炭疽病，进行阿米巴痢疾、白血病、血液恶病质的研究。制作多种动物疾病模型，如弓形虫病、耳聋症、脊柱裂、先天性吡咯紫质沉着症、病毒引起的营养不良、草酸尿、卟啉病等。

（三）主要品种

猫饲养困难，大多数实验用猫仍主要来自市场上散养的家猫。现代家猫是古埃及猫和欧洲野猫的后代，品种很多。以产地分有亚洲猫、非洲猫和波斯猫。按毛色分有白猫、黑猫、花猫、金丝猫等。

八、小型猪 （miniature pig；*Sus scorfa domesticus*）

猪的心血管系统、消化系统、营养需要、皮肤结构、眼球、牙齿结构、骨髓发育、矿物质代谢等与人类颇为相似，为此，猪已成为研究人类疾病的实验动物。但普通家猪躯体大，不便于饲养管理和实验处理，许多国家着手培育家猪小型化和微型化，目前已培育了不少小型猪品种。

（一）生物学特性

习性 猪为杂食性动物，无毛或被毛稀疏，性情温顺，喜群居，嗅觉灵敏，对温、湿度变化反应敏感。成年猪体重一般在 80kg 以下。

（二）猪在生物医学中的应用

由于猪在解剖学和生理学与人相似，在某些研究有应用猪取代犬的趋势。

1. 皮肤烧伤研究 猪的皮肤表皮厚薄、具有脂肪层、形态和增生动力学、烧伤后皮肤的体液和代谢变化机制等均与人类相似，因此它成为实验性烧伤研究的理想动物。

2. 心血管病研究 猪的冠状动脉循环、对高胆固醇食物的反应、血流动力学也与人类相似，而且易出现动脉粥样硬化的典型病灶。因此，成为研究该病最佳动物之一。猪心脏病的病因和发生学，对人类心脏病的研究有较高的参考价值。

3. 遗传疾病和其他疾病研究 猪用于先天性红细胞病、卟啉病、先天性肌肉痉挛、先天性小眼病、先天性淋巴水肿等遗传病的研究，还作为婴儿病毒性腹泻的动物模型，在支原体关节炎中可作为人的关节炎动物模型。此外，还用于十二指肠溃疡、胰腺炎和食源性肝坏死和糖尿病等疾病的研究。

4. 其他应用 猪除了上述应用外，还被用于肿瘤、免疫、小儿营养学等的研究。

（三）常用品种

1. 我国育成的小型猪

（1）西双版纳近交小型猪。云南农业大学曾养志教授等育成两个近交系JB（成年体重 70kg）和 JS（成年体重 20kg）。

（2）贵州香猪。贵州中医学院甘世祥教授等于 1987 年育成。

（3）广西巴马小型猪。广西大学王爱德教授等于 1994 已培育至第 5 世代，近交系数达 35%。

（4）五指山小型猪。又称老鼠猪。中国农业科学院畜牧所冯书堂研究员等1987 年从海南五指山引种培育而成。

我国台湾省台湾大学育成李-宋种（Lee-Song）小型猪。

2. 美国小型猪品系

（1）明尼苏达霍麦尔（Minnesota Hormel）小型猪。美国明尼苏达大学Hormel 研究所 ZM winters 教授等，从 1947 年开始，经 15 年培育而成。

（2）尤卡坦种（Yucatan）小型猪。美国科罗拉多州立大学，由南墨西哥的尤卡坦半岛和美国中部的野猪选育而成，用于糖尿病的研究。

（3）皮特曼·摩尔素（Pitman-Moor）小型猪。是美国 Pitman-Moor 制药公司育成的实验用小型猪。

美国还育成 Hanford 小型猪，用于化妆品实验。

3. 哥廷根系（Gottingen）小型猪 又称 G 品系小型猪，是德国哥廷根大学的斯密德博士从越南引入的小型野猪与美国 Minnesota Hormel 小型猪杂交培育而成。

4. 日本小型猪品系

（1）阿米尼种（Oh mini）小型猪。日本家畜研究所德近江弘育成。原始种群，1942 年从中国东北输入东北"荷包猪"选育而来。

（2）克劳恩米尼系（Clawn mini）小型猪。是日本配合饲料中央研究所用Oh mini 猪，利用阿米尼猪、大约克夏猪、兰德瑞斯猪和哥廷根 G 品系猪杂交选育的小型猪。

（3）会津系（Huei-Jin）小型猪。由日本从中国台湾引入兰屿猪育成。

5. 科西嘉系（Corsica）**小型猪**　法国原子能研究所以地中海科西嘉岛上的半野生猪作为原始基础群培育而成。

九、猕猴（rhesus monkey；*Macaca mulatta* Zimmermann）

猕猴，又名恒河猴，是人类的近属动物，在机体组织结构和生理功能与人类相似，作为人的替身，承受人类疾病的实验研究，猕猴是一种极为珍贵的实验动物。

（一）生物学特性

习性　栖息于山区阔叶林、针阔混交林中，也见于竹林及疏林裸岩处。喜群居，常以家族同栖，每群中有一雄性壮猴为"首领"，担负警戒和保卫。杂食性动物。有颊囊，食物先进颊囊中，不立即吞咽，采食后再将颊囊中食物咀嚼后吞咽。主食各种野果、玉米、嫩叶、幼芽、竹笋等，亦食昆虫、小鸟。自身不能合成维生素 C。猕猴胆小，反应机灵，喜爱清洁，对痢疾杆菌和分枝杆菌极敏感，又常携带 B 病毒。

（二）猕猴在生物医学中的应用

猕猴与人类的遗传物质有 $75\%\sim98.5\%$ 的同源性，使其成为人类疾病和基础研究的理想动物模型。

猕猴用于传染病学、遗传性疾病、心血管病、营养性疾病、老年病、行为学、神经生物学、内分泌学、生殖生理学、药理毒理学、肿瘤学、环境卫生学等领域的研究。

（三）医学研究用猕猴的主要种类

1. 恒河猴（*Macaca mulatta*）　又称孟加拉猴。最初发现于孟加拉国的恒河流域。分布于我国华南、西北、西南、华东、华中各地区，尤以广西分布最多。该猴毛呈棕色，腹部呈淡灰色，冠毛向后，面部呈肉红色。

2. 红面猴（*Macaca speciosa*）　被毛蓬松，深褐色，冠毛长，自中间向两侧披开。面部红色。

除上述猴外，还有台湾岩猴、熊猴、日本猴、平顶猴等。

十、免疫缺陷动物（immunodeficient animal）

免疫缺陷动物是指由于突变或用人工方法造成一种或多种免疫系统组成成分缺陷的动物。自 1962 年发现无胸腺裸小鼠以来，目前，世界各国相继培育出一系列免疫缺陷动物。逐渐广泛应用于医学生物学、肿瘤学、免疫学、细胞生物学和遗传学等的研究，开创了免疫缺陷研究和应用的新局面。这些免疫缺陷动物包括裸小鼠、裸大鼠、Beige 小鼠、XID 小鼠及 SCID 小鼠等。

十一、转基因动物

转基因动物是将外源重组基因转染并整合到动物受体细胞基因组中，从而形成体内表达外源基因的动物。

目前，转基因动物作为人类疾病的动物模型已用于遗传病、免疫学、病毒性疾病、肿瘤学、感染性疾病、心血管病、药理学等方面的研究，用以研究外源基因在整体动物中的表达调控规律，从而对人类疾病的病因、发病机制和治疗学起到极大的促进作用。

第四节　实验动物法规

为保障生命科学实验结果的客观、真实和可靠，各国对实验动物的质量、饲养室、实验室、人员素质和管理都制定了法规、条例或规范。

一、国际实验动物法规

以立法形式来管理实验动物工作，在美国、英国、法国、德国、加拿大和日本等国家起步较早，为了保证动物的质量有利于科学研究和药物及制剂的检定，从实验动物的生长、疾病、合理使用方面，均予以法律的保障，如美国的《动物福利法规》、《良好的实验操作法规》（GLP 法规），英国的《关于禁止对动物采取残酷行为法规》、《动物疾病法》、《兽医法规》、《动物法规》等 20 余种，加拿大成立动物委员会，出版实验保护一书，管理全国实验动物，日本有关实验动物法规就有 30 多种。

实验动物法规对动物育种，配种，繁殖，生长，饲养条件（动物设施、饲料配方等），动物密度，卫生，污染与疾病处理，动物的处死等方面都做出正确的法律规定。另外动物法规对动物饲养和管理人员、机构、专业培训和资历考核也做出严格规定。实验动物法规还涉及生活环境保护、城市规划、绿化和自然生态平衡等。法规既针对动物本身的问题，也涉及相关的多种因素，实验动物的法规日臻完善，成为推动实验动物科学发展的动力和保证。

二、我国实验动物的法规

我国实验动物法规制定，与发达国家相比较迟。根据我国国情，坚持自己的主张，制定和颁发了我国实验动物法规。

1.《实验动物管理条例》　　简称《条例》，是 1988 年国务院批准国家科学技术委员会颁发的第 2 号令，这是我国实验动物管理的总法规。《条例》规范了实验动物的管理体制，饲育管理，定期对实验动物进行质量监测，饲育室与实验室应设在不同区域，并进行严格隔离，饲育国内外认可的实验动物品种、品系，不同品种、品系动物分开饲养，实验动物的微生物控制分为四级，饲料、饮水、垫料均要符合国家标准。还对实验动物的检疫和传染病控制做出严格规定，引入的实验动物必须进行隔离检疫，对于患病死亡的动物，及时查明原因，妥善处理，并记录在案，对污染区域严格消毒，并报告上级实验动物管理部门和当地动物检疫、卫生防疫单位。应用实验动物应根据不同的实验目的，选用相应的合格实验动物，供应用的实验动物必须有品种、品系或亚系的确切名称、遗传背景或来源、微生物检测状况、合格证书、饲育单位负责人签名等完整资料。实验动物的运输要有专人负责，不同品种、品系或不同等级的动物不得混合装运。对实验动物的进口与出口管理也做出规定。对从事实验动物工作的人员规定，凡从事实验动物工作的各类人员，实行资格认可制度，定期体格检查，对患有传染性疾病者，及时调换工作。对实验动物必须爱护，不得戏弄或虐待。

2. 实验动物国家标准　　1994 年国家技术监督局批准发布实验动物系列国家标准：GB 14922-1994《实验动物　微生物学和寄生虫学监测等级（啮齿类和兔类）》；GB 14923-1994《实验动物　哺乳类动物的遗传质量控制》；GB 14924-1994《实验动物全价营养饲料》；GB 14925-1994《实验动物环境及设施》。1997 年国家科学技术委员会和国家技术监督局又颁发了《实验动物质量管理办法》。

3.《医学实验动物管理实施细则》和《国家医药管理局实验动物管理办法》　　这是原卫生部和原国家医药管理局根据国务院批准、由国家科学技术委员会颁布的《实验动物管理条例》的规定，各自制定的本系统的实验动物法规，加强实验动物科学管理，保证实验动物质量，满足科学研究、新药研制、药品质量检验、医疗、生产经济建设发展的需要。

《医学实验动物管理实施细则》和《国家医药管理局实验动物管理办法》对实施《实验动物管理条例》，制定了具体措施，如全面实施合格证制度，申报科研项目、成果鉴定、研制新药、生物制品、保健食品、化妆品，凡涉及动物实验者，均需有关实验动物合格证书。研究生的学位论文实验研究要求应用二级以上的实验动物。

第五节　实验动物环境及设施

一、建筑要求

动物饲育室内墙表面应光滑平整，阴阳角均为圆弧形，易于清洗、消毒，不易脱落、耐腐蚀、不反光、耐冲洗。地面防滑、耐磨、无渗漏。天花板应耐水、耐腐蚀。饲育室应有良好的密封性。走廊应有足够宽度，门宽不应小于1米。

二、设施分类

1. 开放系统　适用于饲育普通级实验动物。

2. 亚屏障系统　适用于饲育清洁级实验动物。

3. 屏障系统　适用于饲养无特定病原体（SPF）级实验动物。

4. 隔离系统　适用于饲养 SPF 级及无菌（GF）级实验动物。

三、实验动物环境的指标

实验动物环境有关项目指标应符合表 1-1 要求。

表 1-1　实验动物环境的项目和指标

项目	指标			
	开放系统	亚屏障系统	屏障系统	隔离系统
温度（℃）	18～29	18～29	18～29	18～29
相对湿度（%）	40～70	40～70	40～70	40～70
换气量（次/h）		10～20	10～20	10～20
气流速度（m/s）　≤	0.18	0.18	0.18	0.18
梯度压差（Pa）		20～50	20～50	20～50
空气洁净度（级）		100 000	10 000	100
每皿落下菌数（个/h）　≤		12.2	2.45	0.49
氨浓度（mg/m³）　≤	14	14	14	14
噪声（dB）　≤	60	60	60	60
工作照度（lx）	150～300	150～300	150～300	150～300
昼夜明暗交替时间（h）	12/12 或 10/14	12/12 或 10/14	12/12 或 10/14	12/12 或 10/14

四、动物实验区的设施

动物实验前区要求有隔离检疫室、缓冲间和冲洗消毒设施。动物实验区的环境设施条件应与所用动物的微生物学级别相一致，实验区要与饲养繁殖系统分开。带传染性的动物实验，应有负压条件或有严格防护的设备。

五、垫料、笼具、饮水和饲料要求

1. 垫料 应选用具有良好的吸湿性、尘埃少、无异味、无毒性、无油脂的材料，并需经灭虫、消毒或灭菌后使用。

2. 笼具 应选用无毒、耐腐蚀、耐高温、易清洗、消毒和灭菌的耐用材料制成的笼具。

3. 饮水 普通级实验动物应饮用城市生活饮用水，清洁级实验动物、无特定病原体（SPF）级实验动物、无菌级实验动物应饮用灭菌水。

4. 饲料 实验动物饲料要求新鲜、无杂质、无异味、无霉变、无发酵、无虫蛀及鼠咬。不得掺入抗生素、驱虫剂、防腐剂、色素、促生长剂以及激素等添加剂。饲料应是全价饲料，营养成分、维生素、氨基酸及微量元素等应配置合理。重金属、污染物质及微生物控制等指标必须符合实验动物全价营养饲料的国家标准 GB 14924-1994。

参 考 文 献

方喜业，1995. 医学实验动物学 ［M］. 北京：人民卫生出版社.

郭汉身，刘迪文，傅军，等，1994. DHP 白化豚鼠杂交后的生长与繁殖性能 ［J］. 上海实验动物科学，4（1）34-36.

刘迪文，郭汉身，傅军，等，1998. Zma-1：DHP 豚鼠生化基因位点多态性研究 ［J］. 上海实验动物科学，18（3，4）：129-132.

施新猷，1989. 医学实验动物学 ［M］. 西安：陕西科学技术出版社.

孙靖，许全明，汪宝平，等，1988. T 和 NK 细胞联合免疫缺陷型 Beige/nude 小鼠的育成及其主要特性 ［J］. 上海实验动物科学，8（1）：4-7.

钟品仁，1983. 哺乳类实验动物 ［M］. 北京：人民卫生出版社.

田鸠嘉雄，1989. 实验动物的生物学特性 ［M］. Tokyo：Soft Science Inc.

Weisbroth S H，Flatt R E，Kraus A L，1974. The biology of the Laboratory rabbit ［M］. New York：Academic Press.

Foster，Henry，1981. The Mouse in Biomedical Research：History，Genetics，and Wild Mice ［M］. New York：Academic Press.

第三章　实验动物的操作技术

第一节　实验动物的一般知识

一、实验动物的选择

实验动物的选择依据主要是实验内容、要求及目的，一般应遵循如下一些原则：

（1）所要观察的功能特性与人类的功能要有相似性。

（2）动物的种属及其生物特性，适合复制稳定可靠的某种模型，用来观察相应的生理学指标。

（3）经济易得。

（4）选取健康的动物。

此外，据有关文献报告，同一药物对不同动物的同一器官效应可能不同甚至相反，例如吗啡对人、猴、犬、兔的中枢神经系统产生抑制效应，而对小鼠、猫、虎的中枢神经系统产生兴奋效应。

生理学实验常用动物选择举例见表 1-2。

表 1-2　生理学实验常用动物选择举例

动物	常用系统（疾病）	实验项目举例	选择理由	优缺点
猴	中枢神经系统	针麻原理研究	灵长类动物与人相似性好	价格昂贵
犬	循环系统	血压调节	循环系统结构与人近似	易获得
	消化系统	观察消化腺分泌	易建立条件反射	
兔	循环系统	减压神经放电	主动脉神经在颈部自成一束	操作方便
猫	消化系统	止吐药物效应	呕吐反射灵敏	不易操作
豚鼠	听觉	观察微音器效应	耳蜗发达，乳突骨质薄	操作方便
大鼠	循环系统	血流动力学	心脏耐受性好，心血管反应灵敏	价格适中
	内分泌系统	应激反应	垂体-肾上腺皮质系统灵敏	
	消化系统	胆汁分泌	无胆囊，但胆总管较大，可用胆总管插管，收集胆汁	

（续）

动物	常用系统（疾病）	实验项目举例	选择理由	优缺点
小鼠	神经系统	止痛药物效应	疼痛表现易于观察	纯种品系多
	感染性疾病	抗感染药物效应	价格低	
	肿瘤	对多种疾病易感	抗肿瘤药物效应	易制作肿瘤模型
鸽	消化系统	止吐药物效应	呕吐反射灵敏	易操作
蛙	神经系统	神经细胞生物电	离体标本存活时间长	价格低
		刺激频率与收缩形式的关系		
	循环系统	心肌细胞生物电		
		体液因素对心肌收缩的影响		
小香猪	与犬类似	与犬类似	与犬类似	价格较贵

二、常用动物的捕捉方法

1. 蛙 用左手无名指和中指夹前肢，使蛙趴在左手掌中，用拇指轻压脊柱，食指轻压蛙鼻，使头与脊柱在颈部成一角度，交角的菱形窝中为枕骨大孔的进针处，以便插入金属探针，破坏脑和脊髓，也可进行蛙背部皮下淋巴囊注射。

2. 小鼠 右手提尾使小鼠趴在鼠笼上，稍提起尾部使后肢悬空，左手拇、食指捏住耳和颈后部皮肤，右手将鼠尾递到左手，让左手无名指和小拇指夹住即可（图 1-1）。

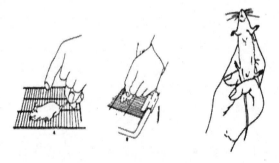

图 1-1 小鼠的捉拿固定

3. 大鼠 大鼠较凶猛，为防止鼠咬，可采用捉小鼠的方法，但应戴上棉手套，或用布盖住大鼠再捉。

4. 豚鼠 豚鼠性情温顺，用左手抓住颈、背部皮肤拿起即可。

5. 兔　右手抓住颈后部皮肤，左手托住臀部，使其成坐位姿势（图 1-2）。

图 1-2　家兔捉持法

6. 猫　捉猫时应戴手套，防止被抓伤。可先将猫赶入特制的玻璃容器中，用乙醚将其麻醉，或将猫诱入一已称重的口袋，扎紧袋口，称重后隔着口袋进行腹腔注射麻醉。

7. 犬　用长柄犬头钳夹持其颈部，并按压在地，向后牵拉后肢后进行小腿外侧小隐静脉的注射麻醉或前肢头静脉的注射麻醉。

第二节　经口给药法

经口给药有口服和灌胃两种方法，口服法一般将药物掺入饲料或溶于水中，由动物自由摄取，但为了保证药物的剂量准确性，应使用灌胃法。可供选择的动物有小鼠、大鼠、豚鼠、兔、猫、犬等。

一、灌胃法

1. 小鼠灌胃法　将小鼠放在粗糙面上，用左手手掌及小指无名指夹住尾部，再以拇指及食指抓住两耳和头颈部的皮肤，使口腔和食管成一直线，腹部面朝上，右手持灌胃器（1～2mL 的注射器和 16 号动物用针头，把针尖部磨钝，针头长 4～5cm，直径为 1mm），从小鼠口角插入口腔内，经舌面沿上颚进入食管，稍感有阻力时（大约灌胃管插入 1/2），相当于食管通过膈肌的部位，进针 2～3cm 即可注药。手法正确，进针很顺。如进针遇到阻力，应退出重插，不能强插。以免刺破食管或误入气管，使动物死

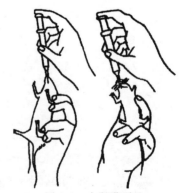

图 1-3　小鼠灌胃法

亡，灌药量一般为每 10g 体重 0.1～0.3mL（图 1-3）。

2. 大鼠灌胃法　用左手以捉持法握住大鼠（若两人合作时，助手用右手抓住后肢和尾巴）。右手提起鼠尾，将鼠放在粗糙物（鼠笼面）上面，轻轻向后拉尾巴，此时大鼠前肢抓住粗糙面不动，用左手的拇指和食指捏住双耳以下的头颈部皮肤，使鼠头不能左右活动，中指、无名指和小指及掌心夹住背部皮肤，使头颈部拉直，腹面朝上，右手持灌胃器（金属灌胃管安装在 5～10mL 注射器上，长度为 6～8cm，直径为 1.2mm，尖端呈球状或钝状）自口角插入口腔，从舌面沿上颚进入食管。当灌胃器进入食管，左手应反转，使鼠身与地面垂直，再推进药液（防止在灌高浓度或黏稠度大的药液时阻塞气管）。注完药液后应轻轻拉出灌胃器。如灌胃器插入气管或手感有阻力，应退出重插。操作时不宜粗暴，应顺其自然。一次灌胃量一般在每 100g 体重 1～2mL。

3. 豚鼠灌胃法　豚鼠体重＜200g 以下者，灌胃方法可与大鼠相同，体重＞200g 以上时，应用木制开口器和导尿管灌胃。用左手拇指和食指架在豚鼠的颌下，两指头捏紧颌角，使口腔张开，身体自然挂下，其余三指抓住胸部，但不宜太紧。右手用木制的开口器横放在豚鼠口中，将豚鼠的舌头压在开口器之下，另一人将导尿管或直径为 1mm 的尼龙管自开口器中央的小孔插入，沿上颚壁慢慢插入食管 8～10cm，此时可将导尿管外口端放入一杯清水中，导尿管口中无气泡逸出（或稍回抽一下注射器的内拴，证实注射器内无空气时）即可注入药液，为保证管内药液全部进入胃内，应在注完药液后再注入清水（或 0.9％氯化钠注射液）2mL 或一些空气，将管内残留药液冲出，随后捏紧导尿管外口，拔出导尿管取出开口器即可（图 1-4）。

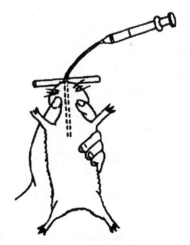

图 1-4　豚鼠灌胃法

4. 猫灌胃法　猫轻度麻醉，把导尿管或直径为 1mm 的尼龙管从鼻腔或口腔插入食管内给药。

5. 兔灌胃法　需两人合作。一人就座，将兔的躯体夹于两腿之间，左手紧握双耳，固定前身，另一人将开口器横放在兔上下颌之间，固定在舌面上，然后把导尿管经开口器中央小孔，沿上颚壁慢慢插入食管 15～18cm，此时，可将导尿管外口端放入清水杯中，无气泡逸出，即可注入药液，为保证管内药液全部进入胃内，应再注入 3～10mL 清水。随后捏紧导尿管外口，拔出导尿管，取出开口器（图 1-5）。

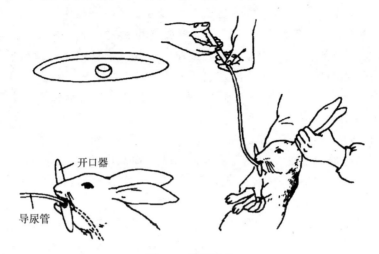

图 1-5　兔灌胃法

6. 犬灌胃法　在驯化下，将插管从鼻腔或口腔插入食管内给予液体药物。

二、口服法

1. 豚鼠口服法　给固体药物时，将豚鼠放在鼠笼上面，用左手掌从背部握住豚鼠头颈部固定，以拇指和食指挤压口角使嘴张开。用镊子夹住固体药物，放进豚鼠舌根部的凹处，迅速抽出镊子，使动物闭口咽下，确认咽下再松手。

2. 猫口服法　小剂量的片剂、丸剂、以原型口服粉状或颗粒状药物装入 3 号胶囊口服，将猫固定扒开上、下颚的齿列，启开猫嘴，用镊子把药物夹住，放到舌根部，迅速合起上下颌，即可咽下。对于温顺猫给予液体药时，将头部轻轻固定，向口角部与齿列注入药液，可自然咽下。凶暴的猫用固定袋固定后投药，无味无臭药物能溶于水者可以混入饮水中，不溶的药物可混于饲料中给药。

3. 犬口服法　与猫相似。犬较易伤人，应先用铁制犬夹夹住头颈部，以绳拴住嘴。一人以双手抓住犬的双耳，两腿夹住犬身固定。解开拴嘴绳，由另一人用木制开口器将舌压住，用镊子夹住药物从开口器中央孔置于犬的舌根部，迅速取开开口器，使犬吞下药物。对于驯化的犬则不需保定，扒开犬上下颌的齿列，将片剂、丸剂或胶囊放入犬的舌根部，合起上下颌，使药咽下。如犬以舌舐口唇，则表示咽下。投药前以湿润口腔内部，使药物容易咽下。液体药物可注入口角部的唇齿列之间，或把口角的皮肤向外拉而出现齿列，即可自然咽下。

第三节　注射给药法

一、皮下注射法

1. 小鼠　助手把小鼠头与尾牵向两端并固定，术者左手提起背部皮肤，右手持注射器刺入皮下，当针头能左右摆动时，可立即注药。拔针时，左手捏住针刺部位，防止药液外漏。一人注射时，可把小鼠放置于金属网上，左手拉住鼠尾，小鼠以其习性向前移动，此时，右手持针头迅速刺入背部皮下。注入药量一般每 10g 体重不超过 0.1～0.2mL（图 1-6）。

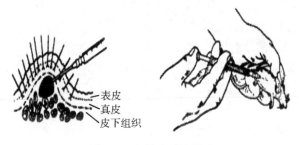

图 1-6　小鼠皮下注射法

2. 大鼠　与小鼠注射基本相似，常注于背部及大腿部下。注入药量每 100g 体重不超过 1mL。

3. 豚鼠　通常在大腿部内侧面注射，助手把豚鼠固定于台上，术者左手固定注射侧的后肢并充分提起皮肤，右手持注射器，以 45°角刺入皮下，注射完毕后应指压刺入部位并轻轻揉之。

4. 兔　左手拇指、食指与中指提起兔的背部皮肤，使其皱折成三角体，右手持注射器自皱折下方刺入皮下，然后松开皮肤注入药液，也可在颈部注射。针头应选用稍大（6～7 号），给药量一般为每千克体重 0.5～1.0mL。

5. 猫　猫注射于臀部皮下，注射针刺入皮肤与肌肉之间给药。

6. 犬　犬的颈部或背部拉起皮下，注射针刺入皮肤与肌肉之间给药。

二、皮内注射法

先将动物麻醉，在注射部位剪毛，酒精消毒，然后用左手的拇指和食指把皮肤按住在两指中间，注射器沿表皮浅层插入，注射药液。如果成功，在注射部位有一圆形白色的小皮丘。大鼠注射部位一般选用背部或腹壁部的皮肤。猴的注射部位选用上眼睑皮肤。针头选用 4 号，注射药液每个皮丘 0.1mL。

三、肌内注射法

1. 大鼠、小鼠、豚鼠 因肌肉少，很少做肌内注射给药，必要时可注射于股部肌肉。小鼠一侧药液注射量<0.4mL，针头选用 5～7 号。鸽注射于胸肌或腓肠肌。

2. 兔 注射于肌肉较发达的臀部肌肉或腹部肌肉，固定动物后，右手持注射器与肌肉呈 60°角刺入肌肉注药，为防止药液进入血管，应在注药前回抽针栓，如无回血，则可注药，注射完毕，用手轻揉注射部位，帮助吸收。犬、猴与兔相似。

四、腹腔注射法

1. 小鼠 左手固定动物，使腹部向上，头呈低位，右手持注射器，在小鼠右腹侧下部刺入皮下，沿皮下向前推进 3～5mm，然后刺入腹腔，此时有抵抗力消失的感觉，这时，针头保持不动状态下，推入药液，一次注射量为每 10g 体重 0.1～0.2mL。应注意，切勿使针头向上注射，以防针头刺伤内脏（图 1-7）。

图 1-7 小鼠腹腔注射法

2. 大鼠、豚鼠、兔、猫等 腹腔注射可参照小鼠腹腔注射法，但应注意兔与猫在腹白线两侧注射，离腹白线 1cm 处进针。

五、静脉注射法

1. 小鼠和大鼠 一般多采用尾静脉注射。先将动物固定于固定器内（可采用铁丝笼或金属筒或底部有小孔的玻璃筒）将全部的尾巴露出外面，必要时，可用 45～50℃的温水浸泡尾部或用 75％乙醇擦尾部，或者将小鼠先放在 40～50℃的加热板做运动，使小鼠全身的血管扩张充血，再将动物固定于固定器内，选择一根最为充盈的血管，用左手的拇指和食指捏住尾巴的末端，右手持装有 4 号针头的注射器，以 30°角进行静脉穿刺。推注药液无阻力感，且可见沿静脉血管出现一条白线，则表明针头确实在血管内，即可继续推完药液。如推注阻力很大，局部皮肤发白变硬，说明针头不在静脉内，需拔出针头重新穿刺，注射完毕后，拔出针头，轻按注射部位止血。针头应从尾尖部开始穿刺，渐向尾根部移。一次注射量为每 10g 体重 0.05～0.1mL。大鼠还可以用舌下静脉注射或麻醉后切开大腿内侧皮肤股静脉注射或颈外静脉注射给药（图 1-8）。

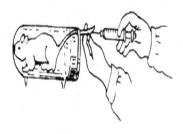

图 1-8　小鼠尾静脉注射法

2. 豚鼠　可选用后脚掌外侧的静脉、颈外静脉或脚背中足静脉进行注射。做后脚掌外侧的静脉注射时，由一人捉住豚鼠并固定一条后腿，另一人剪去注射部位的毛，用酒精棉球涂擦后脚掌外侧静脉部位皮肤，使皮肤血管显露，将连在注射器上的小儿头皮静脉输液针头刺入血管即可。颈外静脉注射时需先剪去一点皮肤，使血管暴露，然后将连在注射器上的小儿头皮输液针头刺入血管。豚鼠的血管比较脆弱，操作时应将特别注意小心。

3. 兔　兔耳缘静脉注射比较容易，注射前先除去注射部位的毛，用酒精棉球涂擦耳缘静脉部位皮肤，以左手拇指与中指捏住固定耳尖部，食指放在耳下垫起兔耳。右手持带有 6～8 号针头的注射器，尽量从血管远端刺入（不一定有回血），注射时，针头先刺入皮下，沿皮下推进少许，而后刺入血管，针头刺入血管后再稍向前推进，轻轻推动针栓，若无阻力和无局部皮肤发白、隆起现象，即可注药，否则应退出重新穿刺，用棉球压迫针眼拔出针头（图 1-9）。

图 1-9　兔耳静脉注射法

4. 猫　猫装于固定袋或笼内，取出前肢紧握肘关节上部，用橡皮带扎紧，使皮下头静脉充血，局部去毛消毒，右手持注射器从肢体末端朝向心端穿刺，证实针头在静脉内之后放松肘关节或松开橡皮带，可缓慢注射药液。

5. 犬　已麻醉的犬可选用股静脉给药，未麻醉的犬采用前肢皮下头静脉或后肢隐静脉注射，注射前先除去注射部位的毛，扎紧橡皮带使静脉充盈，针头朝向心端刺入静脉，回抽针栓，有回血即可推注药液（图 1-10、图 1-11）。颈静脉注射应有助手固定犬，术者左手拇指压迫颈部上 1/3 部位，使颈静脉充血，右手持针头穿刺。静脉滴注可将犬固定于一个木框内，在前肢皮下头静脉或后肢隐静脉穿刺滴注（图 1-12）。

图 1-10　犬前肢静脉注射法

图 1-11　犬后肢静脉注射法

输液管

帆布

木框架

铁棍

图 1-12　犬静脉滴注法

六、椎动脉注射法

1. 兔　在兔胸骨左缘，剑突上 6 cm 处做横切口 4～5 cm，分束切断胸大肌、胸小肌，找出锁骨下静脉，双线结扎。两线间剪断静脉，分离出锁骨下动脉，沿其走向分离出内乳动脉、椎动脉、颈深支、肌皮支，除椎动脉外，分别结扎锁骨下动脉分支的近心端，于椎动脉上方结扎锁骨下动脉远心端，在结扎前选择适当位置（靠近肌皮支处为宜），剪一小口，插一腰椎穿刺针直至椎动脉分支前结扎、固定（图 1-13）。

2. 犬和猫　犬和猫椎动脉注射不必开胸，在颈下部切口找出右颈总动脉，向下追踪到锁骨下动脉。结扎其上覆盖的颈外静

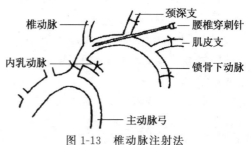

椎动脉

内乳动脉

颈深支

腰椎穿刺针

肌皮支

锁骨下动脉

主动脉弓

图 1-13　椎动脉注射法

脉，在其向内转弯处向下分离，可见发自锁骨下动脉的右侧椎动脉向上经肌层进入体腔内，插管给药。

七、椎管内注射

1. 兔　剪去兔腰骶部的毛，用碘酒、酒精消毒，然后使动物卧于实验台上，用左手肘关节及左肋夹住动物头部及其身体，使之固定不能活动，再用左手将其尾端向腹侧弯曲，使腰骶部凸出，以增大脊突间隙。注射器针头自第一骶骨前面正中轻轻刺入，当刺到椎管时，有似刺透硬膜感觉，此时动物尾巴随针刺而动，或后肢跳动，则证明刺中，若不刺中时，不必拔出针头，以针尖不离脊柱中线稍稍撤出一点换方向再刺，当证实针确实在椎管内时，即可注射药液。一般一只兔注射量为 0.5～1.0mL（图 1-14）。

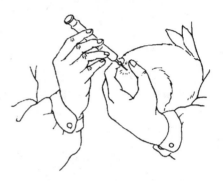

图 1-14　椎管内注射法

2. 犬　犬的椎管内注射与兔大致相似。

八、淋巴腔注射

蛙及蟾蜍皮下有多个淋巴囊（图 1-15、图 1-16）。注入药物易于吸收，通常将药物注射于胸、腹或股淋巴囊。蛙及蟾蜍的皮肤很薄，缺乏弹性，注射后药物易自针眼漏出，胸部淋巴囊注射时，应将针头插入口腔，由口腔底部穿过下颌肌层而达胸部皮下。股淋巴囊注射时，应由小腿皮肤刺入，通过膝关节而

颔下囊　　　　　　　　　　颔下囊
胸囊　　　　　　　　　　　胸囊
　　　　　　　　　　　　　头背囊
腹囊　　　　　　　　　　　腹囊
侧囊　　　　　　　　　　　侧囊
股囊　　　　　　　　　　　股囊
　　　　　　　　　　　　　胫囊
胫囊

图 1-15　蛙淋巴腔注射

达大腿皮下。腹腔淋巴囊注射时，应从后肢上端刺入，经大腿肌肉层，再刺入腹壁皮下腹腔淋巴囊，注入药液，才可避免药液外漏。注入药液一般为每只 0.25～0.5mL。

九、脑室内注射

脑室内注射，可用清醒的小鼠。左手抓住后颈部，在微量自动注射器安装 0.25mL 的注射针，垂直刺入颅骨进入脑室内。注射的部位是正中线向左或向右偏离 2mm 的线，与通过两耳底部前沿连线的交点，直接注入药物，注射的量一般不

图 1-16　蛙淋巴囊注射法

超过 0.05mL。也可在动物侧脑室埋植套管，待其恢复后，给予药物。小鼠、大鼠、猫、兔、犬都可用此方法给药。小鼠两耳基底部前沿为外标志，皮肤松弛，可不均匀地向左右或前后拉动，而造成注射部位的不准确。

1986 年 Laursen Belknap 提出了改进方法。以前囟为外标志，小鼠在乙醚轻度麻醉下，注射器和额顶颅骨大约保持 45°角，在中线外 2mm 处刺入注射针，此部位颅骨轻薄，插入注射针无需费力，可用拇指和食指控制动物颈部，缓慢注入药物。

第四节　动物取血法

一、小鼠、大鼠取血法

1. 剪尾取血　将清醒鼠装入深颜色的布袋中，布袋将鼠身裹紧，露出尾巴，用手先将尾巴尖部摸几下（天冷时，应将室温提高到 15～20℃），剪断尾尖 0.2～0.3cm，稍停片刻，尾静脉血即可流出，用手轻轻地从尾根部向尾尖挤捏，可以取到一定量的血。取血后，先用棉球压迫止血，并立即用 6％火棉胶涂于伤口处，使伤口外结一层薄膜。也可采用交替切割尾静脉方法取血。用一锋利刀片在尾尖部割破一段尾静脉，静脉血即可流出，每次可取 0.3～0.5mL，供一般血常规实验。三根尾静脉可替换切割，由尾尖向根部切割。或用硫喷妥钠 50mg/kg 麻醉，按上述方法尾尖取血。由于鼠血易凝，需要全血时，应事先将抗凝剂置于采血管中，如用血细胞混悬液立即与生理盐水混合。

2. 眼球后静脉丛取血　眼球后取血常用自制吸血器，即结核菌素注射器连接一个 6 号针头（尖端磨成 45°角斜口）取血时，左手持鼠，拇指与中指抓住颈部皮肤，食指按压头部向下，阻止静脉回流，使眼球后静脉丛充血，眼球外突。右手持 1％肝素溶液浸泡过的自制吸血器，从内眦部刺入，沿内下眼眶壁，向眼球后推进 4～5mm 旋转吸血针头，切开静脉丛，血液自动进入吸血针筒，轻轻抽吸血管（防止负压压迫静脉丛使抽血更困难），拔出吸血针，放松手压力，出血可自然停止。也可用特制的玻璃管取血（管长 7～10cm 前端拉成毛细管，内径 0.1～1.5mm，长为 1cm，后端的管径为 0.6cm）。必要时可在同一穿刺孔重复取血。此法也适用于豚鼠和家兔（图 1-17）。

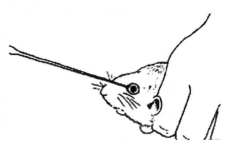

图 1-17　眼眶后静脉丛取血法

3. 眼眶取血　左手持鼠，拇指与食指捏紧头颈部皮肤，使鼠眼球突出，右手持弯曲镊子或止血钳，钳夹一侧眼球部，将眼球摘除，鼠倒置，头部向下，此时眼眶很快流血，将血滴入预先加有抗凝剂的玻璃管内，直至流血停止。此法由于取血过程中动物未死，心脏不断跳动，一般可取鼠体重 4％～5％的血液量，是一种较好取血方法，但只适用一次性取血。

4. 心脏取血　动物仰卧固定于鼠板上，用剪刀将心前区的毛剪去，用碘酒、酒精消毒此处皮肤，左侧第 3～4 肋间，用左手食指摸到心搏，右手持连有 4～5 号针头的注射器，选择心搏最强处穿刺，当针头正确刺到心脏时，鼠血液由于心脏跳动的力量，血自然进入注射器，即可取血。

5. 断头取血　实验者带上棉手套，用左手抓紧鼠颈部位，右手持剪刀，从鼠颈部剪掉鼠头迅速将鼠颈端向下，对准备有抗凝剂的试管，收集从颈部流出的血液，小鼠可取血 0.8～1.2mL，大鼠可取血 5～10mL。

6. 颈动静脉、股动静脉取血　麻醉动物背位固定，一侧颈部或腹股沟部去毛，切开皮肤，分离出静脉或动脉，注射针沿动静脉走向刺入血管。20g 小鼠可抽血 0.6mL，300g 大鼠可抽血 8mL。也可把颈静脉或颈动脉用镊子挑起剪断，用试管取血或注射器抽血，股静脉连续多次取血时，穿刺部位应尽量靠近股静脉远心端。

二、豚鼠取血法

1. 心脏取血　需二人协作进行，助手以两手将豚鼠固定，腹部面向上，术者用左手在胸骨左侧触摸到心脏搏动处，一般在第 4～6 肋间，选择心跳最明显部位进针穿刺。针头进入心脏，则血液随心跳而进入注射器内，取血应快速，以防在试管内凝血。如认为针头已刺入心脏，但还未出血时，可将针头慢慢退出一点即可。失败时应拔出重操作，切忌针头在胸腔内左右摆动，以防损伤心脏和肺而致动物死亡，此法取血量大，可反复采血。

2. 背中足静脉取血 助手固定动物，将其右或左后肢膝关节伸直提到术者面前，术者将动物脚背用酒精消毒，找出背中足静脉，以左手的拇指和食指拉住豚鼠的趾端，右手拿注射针刺入静脉，拔针后立即出血，呈半球状隆起，用纱布或棉花压迫止血。可反复取血，两后肢交替使用。

三、兔的取血

1. 心脏取血 将动物仰卧在兔板上，剪去心前区毛，用碘酒、酒精消毒皮肤。用左手触摸胸骨左缘第 3～4 肋间隙，选择心脏跳动最明显处作穿刺点，右手持注射器，将针头插入胸腔，通过针头感到心脏跳动时，再将针头刺进心脏，然后抽出血液。

2. 兔耳缘静脉取血 选好耳缘静脉，拔去被毛，用二甲苯或 75％酒精涂擦局部，小血管夹子夹紧耳根部，使血管充血扩张，术者持粗针头从耳尖部的血管逆回流方向入静脉取血，或用刀片切开静脉，血液自动流出，取血后棉球压迫止血，一般取血量为 2～3mL，压住侧支静脉，血液更容易流出，取血前耳缘部涂擦液体石蜡，可防止血液凝固。

3. 耳中央动脉取血 兔置固定箱内，用手揉擦耳部，使中央动脉扩张。左手固定兔耳，右手持注射器，中央动脉末端进针，与动脉平行，向心方向刺入动脉。一次取血量为 15mL，取血后棉球压迫止血。注意兔中央动脉易发生痉挛性收缩。抽血前要充分使血管扩张，在痉挛前尽快抽血，抽血时间不宜过长。中央动脉末端抽血比较容易，耳根部组织较厚，抽血难以成功。

4. 后肢胫部皮下静脉取血 兔固定于兔板上，剪去胫部被毛，股部扎上止血带，使胫外侧皮下静脉充盈。固定静脉，右手持注射器，针头与静脉走向平行，取血后要长时间压迫止血，一般取血量为 2～5mL。

5. 股静脉取血 行股静脉分离手术，注射器平行于血管，从股静脉下端向向心方向刺入，徐徐抽动针栓即可取血。抽血完毕后，要注意止血。股静脉易止血，用干纱布轻压取血部位即可。若连续多次取血，取血部位应尽量选择离心端。

6. 颈静脉取血 将兔固定于兔箱中，倒置使头朝下，在颈部上 1/3 的静脉部位剪去被毛，用碘酒、酒精消毒，剪开一个小口，暴露颈静脉，注射器向向心端刺入血管，即可取血。此处血管较粗，很容易取血，取血量也较多，一次可取 10mL 以上，用干纱布或棉球压迫取血部位止血。

四、猫取血法

从前肢皮下头静脉、后肢股静脉、耳缘静脉取血，需大量血液时可从颈静脉取血。

五、犬的取血法

1. 心脏取血　犬心取血方法与兔相似。将犬麻醉，固定于手术台上，暴露胸部，剪去左侧第 3～5 肋间被毛，碘酒、酒精消毒局部，术者触摸心搏最明显处，避开肋骨进针，一般在胸骨左缘外 1cm 第 4 肋间处可触到，用 6～7 号针头注射器取血，要垂直向背部方向进针，当针头接触到心脏时，即有搏动感觉。针头进入心腔即有血液进入注射器。一次可采血 20mL 左右。

2. 小隐静脉和头静脉取血　小隐静脉从后肢外踝后方走向外上侧，头静脉位于前肢脚爪上方背侧正前位。剪去局部被毛，助手握紧腿，使皮下静脉充盈，术者按常规穿刺即可抽出血液。

3. 颈静脉取血　犬以侧卧位固定于犬台上，剪去颈部被毛，常规消毒。助手拉直颈部，头尽量仰。术者左手拇指压住颈静脉入胸腔处，使颈静脉曲张。右手持注射器，针头与血管平行，从远心端向向心端刺入血管，颈静脉在皮下易滑动，穿刺时要拉紧皮肤，固定好血管，取血后棉球压迫止血。

4. 股动脉取血　麻醉犬或清醒犬背位固定于犬台上，助手将犬后肢向外拉直，暴露腹股沟，剪去被毛，常规消毒，并用左手食指、中指触摸动脉搏动部位，并固定好血管，右手持注射器，针头与皮肤呈 45°角，由动脉搏动最明显处直接刺入血管，抽取所需血液量，取血后，需较长时间压迫止血。

第五节　唾液、胆汁和尿液收集法

一、犬颌下腺排泄插管法

犬经麻醉后以仰卧位固定在手术台上，向后肢静脉内插入一静脉插管，需要时可通过插管进行追补麻醉，由下颚部开始进行颈部剃毛，皮肤切开，找到颌下腺排泄管、舌下腺排泄管、舌神经及鼓索神经，在颌下腺排泄管上做一小口，然后插入聚乙烯管，固定结扎，在舌神经头端结扎、切断，保留鼓索神经，当刺激舌神经外周端时有唾液流出。

【注意事项】

为便于观察刺激引起的唾液在管内上升的高度，可在管的末端注入红墨水等带色液体。

二、胆汁收集法

1. 兔胆汁收集法　20％氨基甲酸乙酯（每千克体重 1g）兔耳缘静脉注射，麻醉后仰卧位固定于兔手术台上，颈部剪毛，沿颈正中线切开皮肤，分离左侧迷走神经（因左侧迷走神经分支支配肝），穿线备用，腹部剪毛，沿剑突下正中线切开皮肤，切口长约 10cm，打开腹腔，沿胃幽门端找到十二指肠，在十二指肠上端的背侧可见一黄绿色较粗的肌性管即胆总管。在近十二指肠处仔细分离胆总管（注意避免出血），在其下穿一丝线，靠近十二指肠处的胆总管上，向胆囊方向剪一小口，插入细塑料管，用丝线结扎固定。塑料管插入胆管后，立即可见绿色胆汁从插管流出。如果不见有胆汁流出，则可能塑料管插入胆总管周围组织，需取出重插，注意插入的塑料管应与胆总管相平行。

【注意事项】

打开腹腔后，用温生理盐水纱布覆盖切口保温。胆总管切口应尽量靠近十二指肠一侧。胆总管插管方向与胆总管的走向保持平行，不能扭转。

2. 豚鼠胆汁收集法　腹腔内注射二丙烯巴比妥酸每千克体重 0.8mg，麻醉豚鼠，将豚鼠固定在手术台上，剪去喉部、胸部和腹部的毛，剖开腹腔并把切口拉开，轻轻拨开胃和小肠，暴露肝、胆囊和胆管，离开胆囊的胆管与肝管汇合形成胆总管，结扎胆管，在胆总管下穿一丝线，用锐利的剪刀在胆总管上剪一斜口，将长 1～2cm 的聚乙烯管插入，并牢固地捆在胆总管上，注意胆汁流入插管内，将插管开口端放入小烧杯，把内脏放回腹腔，注意插管和胆总管不能扭曲，以免造成堵塞。

【注意事项】

打开腹腔注意保温。胆总管插管方向与胆总管不能扭曲。

3. 胆囊瘘管法　麻醉后做腹壁切口，由剑突起沿中线向下切开 8～10cm，结扎胆总管前，需先剥离出 1.5cm，在剥离段的两极端各用一线结扎，再在两结扎间把胆总管切去约 1cm，以防胆总管再行接通，用纱布剥离法把胆囊和肝组织分离，直到胆囊管为止。处理胆囊的两种方法：一种是安置一个金属管在胆囊内，通过腹壁上的切口引至腹壁外；另一种是把胆囊底固定于腹壁筋膜，直接开口于皮处，插一直径约为 1cm 的短橡皮管于胆囊内，再以两线把橡皮管固定，此橡皮管为短时间引流用，6～7d 后可取出，最后缝合腹壁中线切口。

【注意事项】

①术后注意引流通畅。

②收集胆汁时，使犬站立在架上，用 7cm 的橡皮管插入胆囊，外面罩以玻璃漏斗（漏斗柄内径与橡皮管外径相当），橡皮管的下端穿过漏斗柄通入试管内。胆瘘管伤口周围的脓样黏液可存积于漏斗上，不混入胆汁中。

4. 胆总管插入法

（1）急性实验。取大鼠称体重，生理盐水灌胃 2.5mL，腹腔注射 3％戊巴比妥钠溶液（每千克体重 30mg）麻醉仰卧固定，腹部正中线剃毛后切开皮肤及腹膜 2cm 从幽门部为标准，翻转引出十二指肠乳头部，再追踪胆总管，在乳头部上方 3～5cm 处，用镊子将覆盖在上面的被膜连续剥离胆管5～10cm，胆总管完全暴露。在经过剥离的胆管乳头及其上方，穿过两根丝线，将靠近乳头部的线牢固扎紧，用眼科剪刀在胆管上做一切口，从切口向肝方向插入聚乙烯塑料管，确认胆汁流出后，将预先穿过的线把套管固定，由此管收集胆汁。

（2）慢性实验。犬经麻醉后，在右侧腹直肌上切开腹壁，寻找胆囊和胆总管，靠近十二指肠结扎胆总管，切除胆囊或将它隔离任其萎缩。即在胆囊的颈部用两线结扎，并在两结扎间切断，再抽出胆囊中的胆汁，胆囊即萎缩。插入胆总管所用套管是用玻璃做成，一端较尖，并且在尖端有凸出边缘，便于插入胆总管内，另一端先连接一条软胶管，其次为一个 U 形玻璃管再接一条硬橡皮管，穿出腹壁外，橡皮管在体外一端则先通过一个 T 形玻璃管，一端连接一个橡皮囊来收集胆汁，另一端则连接一段短橡皮管作为自由开口（图 1-18），用普通插管方法将套管插入胆总管内，用中等粗的丝线结扎两次，然后在套管下将胆总管切断。硬橡皮管在腹壁上开口，做在近右肋骨下缘的乳头线上，并且要做成斜的，最后缝合腹壁切口。

【注意事项】

手术完毕后，用布将橡皮囊及纱布包好。取胆汁时打开此包，通过 T 形

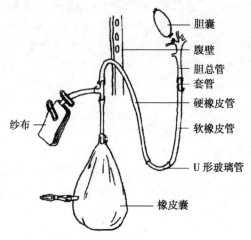

图 1-18　胆总管收集胆汁法

管自由端将胆汁从橡皮囊中抽出，再换以消毒棉花纱布。

5. 十二指肠瘘管收集胆汁法　犬麻醉后，沿中线切开腹壁，由胆总管入十二指肠的开口，周围寻找出胰腺小导管，结扎并切断，然后在十二指肠上正对着胆总管开口处做一纵切口，对准该开口安置一相当大小的瘘管套管，套管的直径为 1.7cm，随即在腹壁右侧做一个穿透切口，将套管通到皮外，用套管塞将管口塞紧，最后缝合腹壁切口。

【注意事项】

收集胆汁时，使犬站在犬架上，将套管塞打开，即可收集胆汁。

三、尿液收集法

1. 大鼠代谢笼法　选择体重 150～250g 雄性大鼠使之适应代谢笼的生活环境，实验时，用普通水灌胃，并轻压下腹部排空膀胱，然后灌胃或注射给药，给药完毕后，立即将大鼠放入代谢笼，收集并记录给药后 0～30min、30～60min、60～90min 的尿量。大鼠在实验前一天供给充足的饮水量。

2. 导尿管法　体重相近的健康雄兔 1 只，称重，按每千克体重 50mL 的水灌胃，给予水负荷。腹腔注射 20% 氨基甲酸乙酯，以每千克体重 5mL 麻醉，麻醉后背位固定于手术台上。用充满生理盐水的无菌导尿管（蘸少许液体石蜡），从尿道插入膀胱 8cm 左右，见有尿液滴出即可，用胶布将导尿管固定于兔台上，轻压腹部使膀胱内积尿排尽。开始收集药前 30min 和给药后的尿量。

3. 膀胱造瘘法　雄兔 1 只，称重，按每千克体重 50mL 的水灌胃，给予水负荷。麻醉后雄兔背位固定于手术台上，剪去下腹部被毛，在耻骨正中线切开皮肤 4～6cm，小心剪开腹膜暴露膀胱，用注射器抽出积尿。在近尿道端膀胱侧壁避开大血管，剪一长约 1.5cm 的切口，纳入膀胱套管，用棉线将套管与膀胱结扎固定。从套管柄向膀胱内注射生理盐水，使膀胱及套管内不留下气泡。将膀胱连同套管头部送回腹腔，皮肤切口用纱布敷盖，先接 5min 的尿液弃掉，然后正式留存尿液。

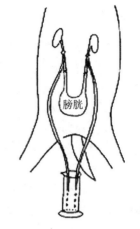

图 1-19　输尿管法收集尿液

4. 输尿管法　雄兔一只，称重，按每千克体重 50mL 的水灌胃，给予水负荷。动物麻醉后，背位固定于手术台上，去毛后自下腹部正中线纵向切开皮肤直至耻骨联合处，长 6～8cm，打开腹腔，找出膀胱，在膀胱上方找到左右两根输尿管，仔细分离输尿管 2cm，各穿两根线，一根结扎近膀胱端，然后在输尿管上斜剪一 V 形小口，将塑料导管或连有橡皮管的玻璃导管向肾方向插入输尿管，用另一根线紧扎，以防导管滑出。将两根导管的游离端一并引入量筒内收集尿液（图 1-19）。

【注意事项】

兔在实验前 24h 应供给充足的饮水量或青饲料喂养。膀胱造瘘术后，膀胱应放回腹腔，使膀胱与邻近膀胱脏器保持自然位置。

第六节　实验动物的麻醉

实验动物的麻醉方式

1. 吸入麻醉　小鼠、大鼠及兔常用乙醚吸入麻醉，把 5～10mL 浸过乙醚的脱脂棉花铺在麻醉用的玻璃容器底部，实验动物置于容器内，容器加盖，20～30s 进入麻醉状态，于口鼻处放置一 50mL 针筒（已抽去针栓），内放置乙醚棉球可追加麻醉时间，一般可维持 30min 以上。

2. 注射麻醉　注射麻醉可用于犬、猫、兔、大鼠、小鼠、鸟等动物。方法有静脉、肌内、腹腔和皮下淋巴囊等注射方法。小鼠、兔、大鼠、犬对巴比妥类药物的肝代谢能力依次递减，对注射麻醉药的反应不一致，注射麻醉药物的选择，可根据实验的要求和动物的品种来定。

3. 局部麻醉 浸润麻醉、阻滞麻醉和椎管麻醉常用 0.5%～1% 普鲁卡因注射液，表面麻醉宜用 2% 丁卡因溶液。

第七节 常用动物的手术操作技术

1. 清理手术野 在进行哺乳类动物实验前，应将手术操作区的毛去掉。可用剪刀剪和剃刀剃。剪毛只能用家用粗剪刀，贴皮肤将毛剪去，剪毛范围应大于切口长度。为避免剪伤皮肤，可一手绷紧皮肤，另一手持剪刀贴着皮肤逆着毛的方向剪。勿用手提起毛剪，这样很易剪伤皮肤。剪下的毛应及时放入纸袋中，以免到处飞扬，污染环境或被吸入人的呼吸道。

如在慢性实验中进行无菌手术，要求去毛干净，可用脱毛法。脱毛剂配制：硫化钠 8g，淀粉 7g，糖 4g，甘油 5g，硼酸 1g，水 75g，调成稀糊状。用时先将手术野的毛尽量剪短，再涂上一薄层脱毛剂，3min 后洗净、擦干，涂上薄层油脂保护。注意在脱毛前不要用水弄湿脱毛部位，以免脱毛剂渗入毛囊根部。

2. 切口与止血 切开皮肤之前，先用左手食指和拇指将预定切口部位的皮肤绷紧，另一手持手术刀，一次将皮肤和皮下组织切开，然后钝性分离肌肉。切开皮肤时注意避开神经、血管或内脏器官。

手术过程中注意止血。止血的方法视破裂血管的大小而定。如果是毛细血管出血，可用温热生理盐水纱布按压出血点止血。如较大血管出血，先用止血钳将出血点或其周围的少量组织一起夹住，然后用丝线结扎止血。分离肌肉时，应尽量顺肌纤维方向钝性分离，不要随意切断肌肉，以免破坏大量肌肉血管而出血。另外，用生理盐水纱布按压止血时，不要来回揩擦组织，以免刚形成的血凝块脱落，又造成重新出血。

3. 气管插管术 在哺乳类动物急性实验中，为保持实验过程中动物呼吸道通畅，一般要求做常规气管插管术。操作方法是让麻醉后的动物仰位固定于手术台上，颈前区剪毛，从甲状软骨下沿颈正中线切开皮肤和皮下组织（家兔 3～5cm，犬 5～7cm），沿正中线在气管两侧钝性分离肌肉，暴露气管，分离气管周围的结缔组织，游离气管，在气管下方穿一条较粗的丝线。在甲状软骨下方 3～4 个气管软骨环上做一横切口，切口长度约气管直径的 1/3，再向头端剪断 1～2 个软骨环，使成一个"⊥"形切口，将气管插管沿支气管方向插入，用丝线结扎，然后将结扎线固定于气管插管的分叉处以免滑脱。

气管插管时，应及时清理气管中的分泌物和血液，以保持呼吸道通畅，气管插管不要过深，以免刺激动物引起躁动和堵塞左、右支气管，造成动物窒息。

4. 神经和血管的分离术　神经、血管都是易损伤的组织，在分离时要动作轻柔，小心谨慎。在分离较大的血管和神经时，应先用玻璃分针将血管或神经周围的结缔组织稍加分离，再用细小的玻璃分针插入已被分开的结缔组织中，沿神经、血管的走向逐步扩大。分离时应保持其神经血管的自然解剖位置，以便辨认，同时要注意先分离细的神经。例如在分离兔颈部的神经时，应首先分离减压神经，其次是交感神经，最后是迷走神经。把神经都分离穿线后再分离颈总动脉。对血管的小分支要切断时，应采取双结扎的方法，从中间剪断，切不可用止血钳或带齿镊子夹持血管和神经，以免损坏其结构和功能。神经、血管下穿线时，丝线必须用生理盐水湿润。

5. 动脉插管术　动脉插管可用于抽血和记录动脉血压。术前选择口径和动脉相一致的插管，检查是否有破损，尖端是否光滑。分离动脉以后（一般选择颈总动脉和股动脉），用一根丝线结扎动脉的远心端，在结扎线下方2～3cm处用动脉夹夹闭动脉的近心端。在动脉夹和动脉的结扎线之间再预置一根线。用眼科剪在靠近远心端结扎处剪一斜切口，切口大小约血管的一半。将动脉插管向心脏方向插入血管内（注意不要插入外膜夹层），用备用丝线将插管及血管结扎牢。结扎线的剩余部分固定于插管的侧支或胶带结上以防滑脱。插管后，应注意插管的方向与血管一致，防止插管尖端刺破血管。

为防止血管平滑肌收缩后管径变小，插管困难，可用温热生理盐水纱布保持血管的温度，或用2%普鲁卡因滴在血管上。

6. 静脉插管术　静脉插管术一般用于测量静脉血压和注射药物，术前准备好合适的静脉插管，检查其是否有破损，尖端是否光滑。分离所需静脉后，结扎静脉的远心端，此时由于缺乏静脉回流，静脉将变瘪，在静脉下再穿一线，轻轻提起静脉，用眼科剪剪一斜切口，插入静脉插管，由于静脉血倒流出的可能性小，让它稍有一点血液便于插管插入，可不必在向心端夹上动脉夹。由于静脉管壁薄、弹性小，分离时应注意避免机械损伤和穿透管壁。

7. 其他　因实验目的的不同，还有许多其他插管术，如输尿管插管术、膀胱插管术、蛙心插管术、胰导管插管术、胆总管插管术等，插管方法基本相似。

第八节　动物的处死

1. 颈椎脱位法　大鼠和小鼠，术者用右手固定鼠颈部，左手捏住鼠尾，用力向后上方牵拉，听到或感到颈部有咔嚓声响，颈椎脱位。脊髓断裂，鼠瞬间死亡。豚鼠，则为左手倒持豚鼠用右手掌尺侧或木棒猛击颈部，使颈椎脱位，迅速死亡。

2. 断头、毁脑法 常用于蛙类。可用剪刀剪去头部，或用金属探针经枕骨大孔破坏大脑和脊髓而致死。大鼠和小鼠也可用断头法处死。

3. 空气栓塞法 术者用 50～100mL 注射器，向静脉血管迅速注入空气，气体栓塞心腔和大血管而使动物死亡。兔和猫致死的空气量为 10～20mL，犬为 70～150mL。

4. 大量放血法

（1）鼠可用摘除眼球，从眼眶动静脉大量放血致死。

（2）猫和猴可在麻醉状态下切开颈三角区暴露颈动脉，用两把止血钳子夹住，插入动脉插管，而松开心脏侧的钳子，压迫胸部，尽可能大量放血。

（3）麻醉犬也可横向切开股三角区，切断股动静脉血液喷出，同时用自来水冲洗出血部位，使股动静脉出口畅通，3～5min 动物死亡，采集病理切片标本宜用此法。

第九节 实验动物的急救方法

实验过程中常用会出现一些紧急情况，如动物麻醉过量、大失血、较大的创伤、窒息等，使动物出现心跳、呼吸停止等临床死亡症状。此时应积极进行紧急抢救，使实验能继续下去。在进行心脏按压和人工呼吸的同时，应立即进行以下处理：

1. 注射强心剂 肌肉或静脉注射 0.1% 肾上腺素 0.5～1mL，必要时直接做心腔注射。注射肾上腺素后心脏开始起搏但不甚有力，可静脉或心腔注射一定量的 1% $CaCl_2$。

2. 注射呼吸中枢兴奋剂 当动物呼吸变慢、不规则甚至呼吸停止时，可注射市售山梗菜碱 0.5mL 和市售尼可刹米 50mg。

3. 注射高渗葡萄糖液 经动脉采用加压、快速冲击的方法注射 50% 葡萄糖溶液 40mL，可有效地改善血压和呼吸。

4. 动脉快速输血、输液 在失血性休克时的抢救意义较大。动物发生失血性休克时，加压快速地从动脉输血和低分子右旋糖酐，可保持微血管血流通畅，不出现血管中血液凝固。

参　考　文　献

袁盛榕，库宝善，1994. 药理学实习教程［M］. 北京：世界图书出版公司.

丁全福，1996. 药理学实验教程［M］. 北京：人民卫生出版社.

王秋娟，1993. 生理学实验与指导［M］. 北京：中国医药科技出版社.

第十节　实验动物伦理学

　　动物实验对科学研究而言是个重要的过程，是生命科学研究中必须采用的手段，对生物医学的发展起着十分重要的作用，但随着社会的发展、科技的进步和人类道德水准的提高，动物实验伦理问题引起了人们广泛的关注。

　　1. 国内外实验动物福利现状　　动物福利是指人类采取各种措施避免对动物造成不必要的伤害，防止虐待动物，使动物在健康舒适的状态下生存，主要包括五大自由，即不受饥渴的自由（生理福利）、生活舒适的自由（环境福利）、不受痛苦伤害和疾病折磨的自由（卫生福利）、表达天性的自由（行为福利）、无恐惧和悲伤的自由（心理福利）。欧盟、加拿大、美国、澳大利亚等国不仅建立了比较完善的动物福利法律体系，而且执法严格。澳大利亚有一个类似于美国国立研究院机构颁布的动物实验实行法，要求任何动物实验都必须获得动物实验伦理委员会的批准，委员会中必须有关怀动物福利人员，还要有一个从不涉及实验的公众人士。另外，在英国，必须有国务大臣发给批准证书才能进行动物实验。现在凡涉及动物实验的科研论文若要在国际刊物上发表，就必须出示由"动物伦理委员会"提供的证明，证明该实验研究符合动物福利准则。我国实行的《实验动物管理条例》《实验动物质量管理办法》《实验动物许可证管理办法（试行）》等法规都不同程度地提倡动物福利与伦理。

　　2. 动物实验时的基本要求　　为了解决生命伦理学与动物实验的冲突，动物实验替代方法被提出。在进行动物实验时应遵守以下要求：①实验在设计时要遵循"3R"原则，优化实验方案，减少实验动物的数量。②不进行没有必要的动物实验，任何动物实验都要有正当的理由和有价值的目的。③善待实验动物，不随意使动物痛苦，尽量减少刺激强度和缩短实验时间。④实验过程中应给予动物镇静、麻醉剂以减轻和消除动物的痛苦，发现不能缓解时，要迅速采用人道主义可接受的"安乐死"。⑤对于可能引起动物痛苦和危害的实验操作，应小心进行，不得粗暴。⑥凡需对动物进行禁食和禁水试验的研究，只能在短时间内进行，不得危害动物的健康。⑦对清醒的动物应进行一定的安抚，以减轻它们的恐惧和不良反应。⑧实验外科手术中应积极落实实验动物的急救措施，对术后或需淘汰的实验动物实施"安乐死"。医学院校应该做的工作是人员培训。实验室的基层员工和实验教员都必须进行动物福利的相关培训，因为他们是实验动物运输、饲养、管理及动物实验后照料处理的主要承担者。现在对很多西方权威期刊投稿都被要求出具本单位实验动物委员会（I-ACUC）开具的伦理证明，以证明在实验过程中没有违反动物福利原则。同时，许多研究成果也必须证明动物实验中符合动物福利要求，否则成果不被国际认可。

第四章　动物机能学实验
常用器械及仪器

第一节　生理学实验常用手术器械的使用方法

生理学实验常用手术器械，见图 1-20。

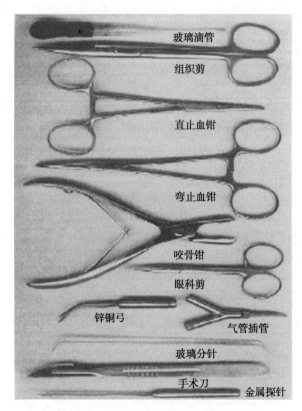

图 1-20　生理学实验常用手术器械

1. 手术刀　用于切开皮肤或脏器。常用的持刀方法有 4 种：指压式、执弓式、执笔式和上挑式（图 1-21）。前两种用于切开较长或需用力较大的切口；后者用于较小切口，如切开血管、神经等组织。

图 1-21　手术刀执刀手法

a. 执笔式　b. 执弓式

2. 剪刀　包括粗剪和手术剪。手术剪包括线剪、组织剪、眼科剪。剪毛和动物皮肤使用粗剪刀；剪皮下组织、肌肉用组织剪；剪线用直剪；剪深部组织用弯剪；剪小血管和神经用眼科剪（图 1-22）。

3. 镊子　手术镊分有齿和无齿两种。有齿镊用于较坚韧的组织，如皮肤和肌腱，无齿镊用于较脆弱的组织，如血管、神经、脏器等；小血管和神经用眼科镊（图 1-23）。

图 1-22　手术剪执剪姿势

图 1-23　执镊姿势

4. 止血钳　用于钳夹出血点以止血，或用于分离组织。止血钳有各种大小，直、弯型号，蚊式止血钳适于分离小血管及小神经周围组织。

5. 皮肤钳　其尖端较宽，有齿，可用于牵拉皮肤、骨骼等组织。

6. 咬骨钳　在打开颅腔、骨髓腔时咬切骨质。可根据动物大小选用相应型号。使用时，使钳头稍仰起，以保护骨下组织。切勿撕拉、拧扭，以防撕裂骨膜、损伤骨内组织。

7. 颅骨钻　用于开颅打孔。使用时应右手握钻，左手固定头骨，钻头应与骨面垂直，顺时针方向旋转，到内骨板时要小心慢转，防止穿透骨板而损伤脑组织。

8. 动脉夹　用于暂时阻断动脉血流。用时须检查其弹性是否良好，并先用生理盐水湿润。

9. 气管插管　急性动物实验时插入气管，以保证呼吸道通畅。连接压力换能器可记录气道内压力。

10. 血管插管　把细硅胶管的一端剪成斜面可作为血管插管用。动脉插管一般用以连接压力换能器以记录血压信号；静脉插管便于实验中静脉注射各种药物。通过动、静脉插管，也可进行器官灌流实验。

11. 金属探针　用于破坏蛙脑和脊髓。

12. 玻璃分针　用于分离神经和血管等组织。

13. 锌铜弓　用于刺激神经肌肉标本，检查其兴奋性。其原理为锌、铜的活泼性不一样，当它们同时与湿润组织接触时，锌失去电子成为正极，铜获得电子成为负极，电流从锌→活体组织→铜的方向流动。这是一种简便的刺激器具。

14. 蛙板　15cm×20cm 的软质木板，板中央放置一玻璃片。制备蛙类标本时应在清洁的玻璃板上操作。木板用于蛙的固定，可用图钉或大头针将蛙腿钉在木板上。

15. 蛙心插管　用于蛙心灌流。

第二节　生物信号换能器

一、电极

在生理学实验中，用电脉冲刺激组织或从组织中引导生物电活动均离不开电极。

1. 刺激电极

（1）普通电极。将两条银丝装嵌在有机玻璃或电木的框套内，银丝上端与引线连接，再进入生物信号记录系统。

（2）保护电极。将银丝包埋在绝缘框套中，下端挖一空槽，使银丝裸露少许。其他构造与普通电极相同。这种电极用于刺激在体神经干，以保护周围组织免受刺激（图 1-24）。

图 1-24　保护电极

使用刺激电极时，必须先检查电路是否接通。常用的方法是用刺激电极刺激一小块新鲜肌肉，观察有无收缩反应。刺激电极周围不应有很多的组织液或生理盐溶液，避免电极短路，或电流经电解质溶液传导而刺激其他组织。

2. 引导电极

（1）普通电极。通常用银丝制作，常用以记录神经干动作电位、骨骼肌肌电等。

（2）玻璃微电极。是用硬质玻璃管拉制成的尖端很细的引导电极。玻璃管充灌有 3mol/L 的 KCl 溶液，常用于记录心肌细胞内的生物电活动和记录神经系统核团放电等。

二、换能器（传感器）

换能器是将非电量的观察指标的变化转化成电变量的装置。生理学实验中，有很多生理指标是非电量的，如肌肉收缩、血压的变化、心脏的搏动、尿量的多少、体温的高低等。为便于记录和分析以上各种参数，需要用换能器将它们转变成电变化。换能器种类很多，如压力换能器、张力换能器、心音换能器、脉搏换能器、呼吸换能器等。常用的是压力换能器和张力换能器。

1. 压力换能器　该类换能器主要用于测量血压、胃肠道内压、呼吸道内压等。压力换能器有一定的测量范围，应根据测量要求选择一定测压范围的换能器（图 1-25）。

换能器依赖于内部的一套平衡电桥来工作。该电桥的一部分由敏感元件（应变电阻元件）构成，它可把压力变化转变成电阻值的变化。当外界无压力时，电桥平衡，换能器输出为零。当外界压力作用于换能器时，敏感元件的电阻值发生改变，引起电桥失衡，即有电流输出。其电流的大小与外加压力的大小呈线性相关。

图 1-25　压力换能器

使用压力换能器记录血压时，要将换能器的两个侧管分别连接三通管和测压插管。从三通管的一个侧管注入抗凝液体，排出换能器内的气泡。将换能器与大气相通以确定零压力基线。然后将换能器充满抗凝液体的测压插管（通常是塑料或硅胶管）插进血管，即可进行血压测量。

测量血压时，压力换能器应放置在与心脏水平的位置，根据测定的血压水平范围选用适合的压力换能器。使用过程中严禁在换能器管道处于闭合时，用注射器向换能器内加压，用完后应及时清除换能器内的液体或血液，并用蒸馏水洗净晾干。

2. 张力换能器　张力换能器的工作原理和压力换能器类似，张力换能器的应变电阻元件是粘贴在应变梁上，当外力作用于应变梁时，应变梁变形，应变元件电阻值改变，电桥失衡，换能器可将张力信号转换成电信号。张力换能器主要用以记录骨骼肌的收缩、心肌的收缩、小肠平滑肌的收缩等。使用时肌肉的一端固定，另一端用丝线与换能器的受力片相连，尽量使受力方向与肌肉运动方向一致（即丝线与应变梁呈垂直方向），连接的松紧度以丝线拉直为宜。张力换能器也有一定的张力承受范围，根据所测张力的大小选择合适的张力换能器，以避免对换能器桥臂的过分牵拉损坏换能器。实验时勿使液体流入换能器内部，调整实验装置时防止碰撞换能器（图 1-26）。

图 1-26 张力换能器

三、刺激隔离器

生理学实验中，当对实验动物进行电刺激而又需要同时记录生物电时，由于刺激器输出和放大器输入具有公共接地线，而生物体又是一个良好的容积导体，于是一部分刺激电流容易经过机体流入放大器的输入端，便记录到一个刺激电流产生的波形，叫做刺激伪迹，它严重地干扰了生物电的记录。刺激隔离器的作用就是使刺激电流两个输出端与地隔离，切断了刺激电流从公共地线返回的可能，使刺激电流更局限在刺激电极的周围，伪迹即可减小。

四、记滴器

记滴器是记录液体流出滴数的装置。常用于记录腺体的分泌量和尿的生成量等。记滴器的原理是当液滴通过两个金属丝时使其短路，电路连通，此时在生物信号记录系统中就会出现一标记。

五、检压计

有水银检压计和水检压计两种。由 U 形玻璃管固定在有刻度的木板上构成。工作原理是相同的。将 U 形管的一侧与需测压的器官相连通，另一侧管暴露在大气中，当器官内压力发生变化时，液面将随压力变化而变化。水银检压计常用于记录较高的压力变化，例如动脉血压的测定（图 1-27）。水检压计常用于记录较低的压力变化，例如静脉压、胸内压等（图 1-28）。

图 1-27　水银检压计

图 1-28　水检压计

六、神经屏蔽盒

神经屏蔽盒是一个有机玻璃小
盒或铝盒。里面有一长形支架，分
布有一对刺激电极和几对引导电极
以及接地电极。主要用于神经干动
作电位的记录。盒外有一金属板或

图 1-29　神经屏蔽盒

铜网罩，防止外来电信号对生物电发生干扰（图 1-29）。

七、肌动器

用于固定和刺激蛙类神经肌肉标本。常用的有平板式和槽式（图 1-30、
图 1-31）。有一固定标本的孔以便插入股骨，有固定螺丝和刺激电极。

图 1-30　平板式肌动器

图 1-31　槽式肌动器

八、万能支架

实验时用以固定标本、引导电极和换能器，是一种多关节、高低位置可
调、横臂方向可变的支架。配合双凹夹和金属杠杆可有广泛的用途。

第二篇
动物机能学验证性实验

第五章　动物生理学实验

第一节　神经与肌肉生理

一、蛙类坐骨神经-腓肠肌标本的制备

【实验目的】

1. 掌握蛙类手术器械的使用方法。
2. 学习蛙类动物单毁髓与双毁髓的方法。
3. 学习并掌握蛙类坐骨神经-腓肠肌标本的制备方法。

【实验原理】

　　蛙类动物一些基本生命活动和生理功能与恒温动物相似，而其离体组织所需的生活条件比较简单，易于控制和掌握。因此，在生理实验中常采用蟾蜍或蛙的离体组织或器官作为实验标本。坐骨神经和腓肠肌属于可兴奋组织，给坐骨神经一个适宜的刺激可产生一可传导的动作电位，引起其所支配的肌肉（腓肠肌）的收缩。将蟾蜍或蛙的坐骨神经-腓肠肌标本置于任氏液中，其活性可以在几小时内保持不变。故制备蟾蜍或蛙的坐骨神经-腓肠肌标本，可用来观察组织的兴奋性、传导性、刺激与肌肉收缩等基本生理现象和过程。制备蛙类坐骨神经-腓肠肌标本是生理学实验中必须掌握的一项基本技能。

【动物、器材与试剂】

1. 蟾蜍或蛙。
2. 蛙类手术器械一套（普通剪刀、手术剪、眼科剪、圆头镊、眼科镊、毁髓针、玻璃分针、蛙钉、蛙板、蛙针）、锌铜弓（或电子刺激器）、污物缸、滴管、培养皿、细线、纱布。
3. 任氏液。

【实验步骤】

1. 蟾蜍或蛙的双毁髓　取蟾蜍或蛙一只，用自来水冲洗干净（勿用手

搓），左手握住蟾蜍或蛙，使其背部朝上，用拇指按压背部，食指按压其头部前端，使头部向下低垂；另一手持毁髓针，由两眼之间沿中线向后触划，当触及两耳中间的凹陷处（此处与两眼的连线成等边三角形）时，持针手即感觉针尖下陷，此处即是枕骨大孔的位置。将毁髓针由凹陷处垂直刺入，即可进入枕骨大孔。然后将针尖向前刺入颅腔（如毁髓针在颅腔内，实验者可感到针尖触及颅骨），在颅腔内搅动，以捣毁脑组织，此时的动物为单毁髓动物。再将毁髓针退至枕骨大孔处，针尖转向后方，与脊柱平行刺入椎管，以捣毁脊髓。彻底捣毁脊髓时，可看到蟾蜍或蛙的后肢突然蹬直，而后四肢松软，呼吸消失，表明脑和脊髓已经被完全损毁，此时的动物为双毁髓动物。如蟾蜍或蛙仍然表现四肢肌肉紧张或活动自如，需按上述方法重新毁髓（图 2-1）。

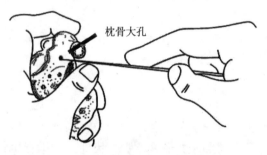

图 2-1　捣毁蟾蜍或蛙脑、脊髓的方法

2. 坐骨神经-腓肠肌标本制备

（1）剪除躯干上部、皮肤及内脏。用左手提住蟾蜍或蛙的脊柱，右手持粗剪刀在前肢腋窝处将皮肤、腹肌、脊柱一同剪断。这时，左手紧紧握住蟾蜍或蛙的后肢，紧靠脊柱两侧将腹壁及内脏剪去，此时，应注意要避开坐骨神经。然后，继续剪去肛门周围的皮肤，留下脊柱和后肢（图 2-2）。

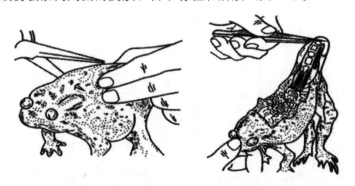

图 2-2　剪除蟾蜍或蛙的躯干上部及全部内脏

（2）剥去皮肤。一只手捏住脊柱的断端，此时应注意不要捏住脊柱两侧的神经，另一只手捏住皮肤的边缘，向下剥去全部后肢的皮肤（图2-3）。将标本放在滴有任氏液的蛙板上。将手及使用过的解剖器械洗净。

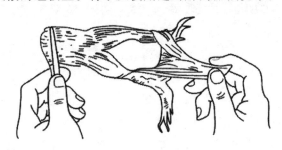

图2-3　剥去皮肤

（3）分离标本为两部分。沿脊柱正中线将标本匀称地剪成左右两半，一半浸入盛有任氏液的烧杯中备用，另一半放在蛙板上进行下列操作。

（4）辨认后肢的主要肌肉。蟾蜍或蛙的坐骨神经是由第7、8、9对脊神经从相对应的椎间孔穿出汇合而成，行走于脊柱的两侧，到尾端（肛门处）绕过耻骨联合，到达后肢的背侧，行走于梨状肌下的股二头肌和半肌膜之间的坐骨神经沟内，到达膝关节腘窝处有分支进入腓肠肌。

（5）分离坐骨神经。在大腿背侧的半膜肌与股二头肌之间用玻璃分针分离出坐骨神经（图2-4）。注意分离时要仔细，用剪刀剪断坐骨神经的分支，向上分离至基部，向下分离至腘窝。保留与坐骨神经相连的一小块脊柱，将分离出来的坐骨神经搭于腓肠肌上；去除膝关节周围以上的全部大腿肌肉，刮净股骨上附着的肌肉，保留的部分就是坐骨神经及股骨。

（6）游离腓肠肌。在跟腱上扎一线，提起结线，剪断结线后的跟腱，腓肠肌即可分离出来。此时在膝关节下方将其他所有组织全部剪去，到此为止，带有股骨的坐骨神经腓肠肌标本制备完成，制成标本。

（7）分离股骨头或胫腓骨头。如果所用蟾蜍或蛙的个体较小，可分离股骨头。方法如下：一手捏住股骨，沿膝关

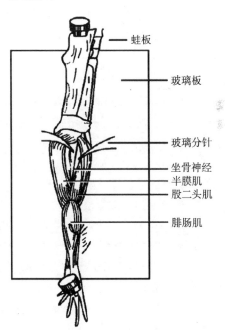

图2-4　分离坐骨神经的方法

蛙板
玻璃板
玻璃分针
坐骨神经
半膜肌
股二头肌
腓肠肌

节剪去股骨周围的肌肉，再用剪刀自膝关节向前刮干净股骨上的肌肉，保留1cm股骨头并剪断股骨。提起腓肠肌上的扎线，剪去膝关节下部的后肢，仅保留腓肠肌与股骨的联系。

如果所用的蟾蜍或蛙的个体较大，可分离胫腓骨头。此方法操作简便。即在分离出腓肠肌的基础上，移开腓肠肌，用剪刀剪去胫腓骨上的肌肉，自膝关节以下保留1cm的胫腓骨并剪断后肢，然后自膝关节剪断股骨。

制备完整的坐骨神经-腓肠肌标本应包括连有坐骨神经的脊椎、坐骨神经、腓肠肌、股骨头或胫腓骨头四部分（图2-5）。

（8）检验标本。用蘸有任氏液的锌铜弓轻触一下坐骨神经，如腓肠肌发生迅速而明显的收缩，说明标本的兴奋性良好。将标本浸入任氏液中备用。此标本可以用于神经干兴奋的传导、骨骼肌收缩等实验的研究。

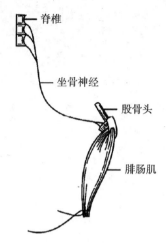

图 2-5　蟾蜍或蛙的坐骨神经-腓肠肌标本

【注意事项】

1. 破坏脑和脊髓时，切记将蟾蜍或蛙的背部对着自己或他人面部，防止蟾酥（蟾蜍表皮腺体的分泌物，有毒）喷溅入眼内。如果出现蟾酥不慎溅入眼内，应立即用生理盐水进行冲洗。

2. 剥制标本时，应采用玻璃分针，切忌用力拉扯神经干，或采用金属器械牵拉或触碰神经干，以免损伤神经。

3. 分离肌肉时应按层次剪切。分离神经时，必须将周围的结缔组织剥离干净。

4. 制备标本过程中，随时在神经和肌肉上滴加任氏液，使标本保持湿润，以防干燥，影响标本的兴奋性。

5. 勿让蟾蜍或蛙皮肤的分泌物、血液等污染神经和肌肉，也不要用水冲洗，以免影响神经、肌肉的功能。

6. 实验要迅速，以免时间过长影响标本活性。

【讨论题】

1. 剥皮后的坐骨神经-腓肠肌标本，能用自来水冲洗吗？为什么？

2. 金属器械碰压或损伤神经与腓肠肌，可能引起哪些不良后果？

3. 如何保持标本的机能正常？

二、神经干动作电位描记及传导速度的测定

【实验目的】

1. 熟悉生物信号采集处理系统的使用。

2. 了解蛙类坐骨神经干的单相、双相动作电位的记录方法，观察坐骨神经动作电位的基本波形、潜伏期、幅值及时程。

【实验原理】

神经组织是可兴奋组织，当受到阈强度的刺激时，膜电位将发生一短暂的变化，即动作电位。动作电位一经产生，即可沿神经纤维传导。动作电位是神经兴奋的客观标志。在神经细胞外表面，已兴奋的部位带负电，未兴奋的部位带正电。如果将两个引导电极分别置于正常的神经干表面，当神经干一端兴奋时，兴奋向另一端传导并依次通过两个记录电极，可记录两个方向相反的电位偏转波形，此波形成为双相动作电位。若在两个引导电极之间，夹伤神经使其失去传导兴奋的能力，神经兴奋不能通过损伤部位，因此，两个电极中只能记录到一个方向的电位偏转波形，而另一个电极则成为参考电极，此波形称为单相动作电位。

由于坐骨神经干是许多单纤维组成，其产生的动作电位是许多神经纤维动作电位的代数叠加，称为复合动作电位。因此，在一定范围内，动作电位的幅度可随刺激强度的增加而增大。

【动物、器材与试剂】

1. 蟾蜍或蛙。

2. 蛙类手术器械 1 套（普通剪刀、手术剪、眼科剪、圆头镊、眼科镊、毁髓针、玻璃分针、蛙钉、蛙板、蛙针）、神经标本屏蔽盒、滤纸片、细线、生物信号采集处理系统。

3. 任氏液。

【实验步骤】

1. 制备坐骨神经-腓肠肌标本。方法与坐骨神经-腓肠肌标本的制备过程相仿。不同的是，只要神经，不要肌肉和股骨，并且神经尽可能分离的长一

些。在脊椎附近将神经主干结扎、剪断。提起线头，剪去神经干的所有分支和结缔组织，到达腘窝后，可继续分离出腓神经和胫神经，在靠近趾部剪断神经。将制备好的神经标本浸泡在任氏液中数分钟，待其兴奋性稳定后开始实验。

2. 用浸有任氏液的棉球擦拭神经标本屏蔽盒上的电极，标本盒内放置一块湿润的滤纸片，以防标本干燥。用滤纸片吸去标本上过多的任氏液，将其平搭在屏蔽盒的电极上，并且使其近中（枢）端置于刺激电极上，远中端置于引导电极上。盖好屏蔽盒的盖子，以减少电磁干扰。按图2-6所示，连接生物信号采集处理系统与神经标本屏蔽盒。两对引导电极分别连接到1、2通道，刺激电极连接到刺激输出，神经屏蔽盒地线接线柱与地线相连。需避免连接错误或接触不良。

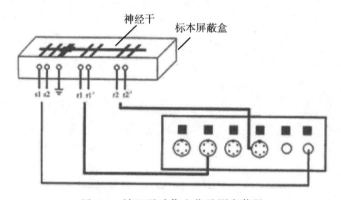

图 2-6　神经干动作电位及测定装置

3. 打开计算机，启动生物信号采集处理系统软件，进入系统软件窗口，点击"实验"菜单，选择"神经干动作电位"项目。系统进入该实验信号记录状态。设置仪器参数：①RM6240 系统 1、2 通道、时间常数 0.02～0.002s、滤波频率 1kHz、灵敏度 5mV、采用频率 40kHz、扫描速度 0.5ms/div。单刺激模式，刺激强度 0.1～3V、刺激波宽 0.1ms、延迟 5ms、同步触发；②PcLab 和 MedLab 系统 2、4 通道、放大倍数 200、AC 耦合、采样间隔 25ms。单刺激或主周期刺激方式，周期 1s、波宽 0.1ms、刺激强度 0.1～3V。记忆示波方式，刺激器触发。

4. 观测动作电位。

（1）神经干兴奋阈值的测定。刺激强度从 0.1V 开始，逐渐增加刺激强度，刚刚出现动作电位时的刺激强度，即为神经干的兴奋阈值。

（2）在刺激阈值的基础上，逐渐加大刺激强度，可观察到双相动作电位波形。且动作电位的幅值随刺激强度的增大而加大。当刺激增加到一定强度时，动作电位的幅值不再增大，此时的刺激为最大刺激。读出最大刺激时双相动作电位上下相的幅度和整个动作电位持续的时间数值（图 2-7）。

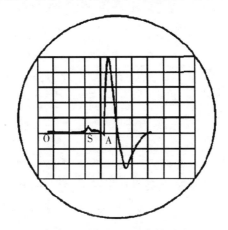

图 2-7　神经干双相动作电位

O. 触发扫描开始　S. 刺激伪迹　OS. 从触发到刺激伪迹间的延迟　A. 动作电位

（3）将神经干标本放置的方向倒换后，观察双相动作电位的波形有无变化。

（4）将两根引导电极 r_1、r_1' 的位置调换，观察动作电位的波形有何变化。

（5）用镊子将两个引导电极 r_1、r_1' 之间的神经干标本夹伤，即可使原来的双相动作电位的下相消失，变为单相动作电位。

【注意事项】

1. 在神经干标本制作过程中，经常滴加任氏液，保持标本湿润；切勿损伤神经干。

2. 屏蔽盒内也要保持一定的湿度，但要用滤纸片吸去神经干上过多的任氏液，不要造成电极间的短路。

3. 神经干不能与标本屏蔽盒壁相接触，也不要把神经干两端折叠放置在电极上，以免影响动作电位的波形。

【讨论题】

1. 在引导神经干双相动作电位时，为什么动作电位的第 1 相的幅值比第 2 相的幅值大？

2. 在实验中，神经干动作电位的幅值可在一定范围内随刺激强度的增加而增大，这与"全或无"定律矛盾吗？

3. 神经被夹伤后，动作电位的第 2 相为何消失？

4. 引导电极调换位置后，动作电位波形有无变化？为什么？

三、神经干不应期的测定

【实验目的】

1. 了解蛙类坐骨神经干产生动作电位后其兴奋性的规律性变化。

2. 学习不应期的测定方法。

【实验原理】

可兴奋组织（如神经）在接受一次刺激而兴奋后，其兴奋性都要经历一次周期性的变化，依次经过绝对不应期、相对不应期、超常期和低常期，然后恢复到正常的兴奋性水平。采用双脉冲刺激，首先给神经施加一个刺激，称为"条件性刺激"，用来引起神经纤维的一次兴奋；然后在前一兴奋及其恢复过程的不同实相再施加第二个刺激，称为"检验性刺激"，检查神经对检验性刺激是否反应和所引起的动作电位幅度的变化。以两个刺激间隔测出神经干的不应期。当第二个刺激引起的动作电位幅度开始降低时，说明第二个刺激开始落入第一次兴奋的相对不应期内。当第二个动作电位开始完全消失，表明此时第二个刺激开始落入第一次兴奋后的绝对不应期内（图 2-8）。

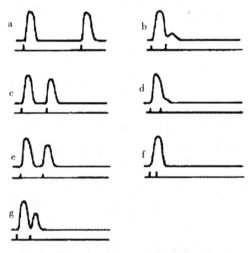

图 2-8　神经干兴奋后兴奋性变化的测定

上线. 动作电位　下划线. 刺激脉冲

a～g. 不同时间间隔所引起的动作电位的波形

【动物、器材与试剂】

1. 蟾蜍或蛙。

2. 蛙类手术器械1套（普通剪刀、手术剪、眼科剪、圆头镊、眼科镊、毁髓针、玻璃分针、蛙钉、蛙板、蛙针）、神经标本屏蔽盒、带电极的接线、生物信号采集处理系统。

3. 任氏液。

【实验步骤】

1. 制备蛙坐骨神经干标本并置于标本屏蔽盒内。用导线连接生物信号采集处理系统与标本屏蔽盒，本实验仅用一对记录电极。用镊子夹伤两电极间的神经联系，以单相动作电位为观察指标。

2. 打开计算机，启动生物信号采集处理系统软件，进入系统软件窗口，设置仪器参数。点击频率80kHz、扫描速度1ms/div；双刺激模式，最大刺激强度、刺激宽度0.2ms、起始波间隔上限频率10kHz、通道4；记录刺激标记，放大倍数5～50，采样间隔20ms；自动间隔调节刺激方式、最大刺激强度、周期1s、波宽0.1ms、首间隔30ms、增量1ms，末间隔0.5ms、延时1ms。记忆示波方式，刺激器触发。

3. 观察项目

（1）先用单个刺激找出最大刺激强度，以此强度输出双脉冲刺激神经，调节脉冲之间的间隔时间，引导出先后两个动作电位波形。在间隔时间较大时，先后记录出的两个动作电位的幅值相等（图2-8a）。

（2）维持最大的刺激强度，缩短两个刺激方波间的时间间隔，使第二个动作电位向第一个动作电位靠近，当检测刺激所引起的动作电位幅度开始降低时，就是相对不应期的终点（图2-8b）。

（3）继续缩短两个刺激方波之间的间隔时间，检测刺激所引起的动作电位幅度继续降低，最后动作电位完全消失。这是相对不应期的起点，也是绝对不应期的终点。在绝对不应期中加大检测刺激的强度，也不能产生动作电位（图2-8f）。

（4）逐渐延长两个刺激脉冲的间隔时间，使第二个动作电位再次出现。当间隔时间达到一定数值时，第二个动作电位的幅度又与前一个动作电位的幅值相等，则表明兴奋性已经恢复。

【注意事项】

1. 在神经干标本制作过程中，保持标本湿润；切勿损伤神经干。

2. 屏蔽盒内要保持一定的湿度，但电极间不要短路。

3. 用刚刚能使神经干产生最大动作电位的刺激强度刺激神经。

4. 增加观察次数，以减少读数的误差。

【讨论题】

1. 神经纤维受到刺激发生兴奋后，其兴奋性将经历何种周期性变化？

2. 两个刺激脉冲的间隔时间逐渐缩短时，第二个动作电位如何变化？为什么？

3. 神经产生一次兴奋后，兴奋性改变的离子基础是什么？

四、刺激强度对肌肉收缩的影响

【实验目的】

1. 学习神经-肌肉实验的电刺激方法和记录肌肉收缩的方法。

2. 观察刺激强度与肌肉收缩之间的关系。

3. 掌握阈刺激、阈下刺激、阈上刺激、最大（最适）刺激等概念。

【实验原理】

对于单根神经纤维或肌纤维来说，对刺激的反应具有"全或无"的特性。神经-肌肉标本是由多兴奋性不同的神经纤维、肌纤维组成，在保持足够的刺激时间（脉冲波宽）不变时，刺激强度过小，不能引起任何反应；随着刺激强度增加到某一定值，可引起少数兴奋性较高的运动单位兴奋，引起少数肌纤维收缩，表现出较小的张力变化，该刺激强度为阈强度，具有阈强度的刺激称为阈刺激。此后，随着刺激强度的继续增加，会有较多的运动单位兴奋，肌肉收缩幅度、产生的张力也不断增加，此时的刺激均为阈上刺激。但是当刺激强度增大到某一临界值时，所有的运动单位都被兴奋，引起肌肉最大幅度的收缩，产生的张力也最大，此后再增加刺激强度，也不会引起反应的继续增加。可引起神经、肌肉最大反应的最小刺激强度为最适刺激强度，该刺激称为最大刺激或最适刺激。

【动物、器材与试剂】

1. 蟾蜍或蛙。

2. 肌槽、张力换能器（50～100g）、LMB-2B 二道生理记录仪、刺激器或计算机生物信号采集处理系统；普通剪刀、手术剪、眼科镊（或尖头无齿镊）、金属探针（解剖针）、玻璃分针、蛙板（或玻璃板）、蛙钉、细线、培养皿、滴管、双凹夹。

3.任氏液。

【实验步骤】

1.坐骨神经-腓肠肌标本的制备。方法有两种，其一制作成离体的坐骨神经-腓肠肌标本。其二制作成在体的坐骨神经-腓肠肌标本，步骤如下：

（1）另取一只蟾蜍，洗净，按照操作程序破坏脑和脊髓。

（2）剥离一侧下肢自大腿根部的全部皮肤，然后将蟾蜍腹位固定于蛙板上。

（3）于股二头肌与半膜肌的肌肉缝内将坐骨神经游离，并在神经下穿线备用。然后分离腓肠肌的跟腱穿线结扎，连同结扎线将跟腱剪下，一直将腓肠肌分离到膝关节。

（4）在膝关节旁钉蛙钉，以固定住膝关节。至此在体标本的制备完毕。

2.仪器及标本的连接，有以下两种方式（图2-9）。

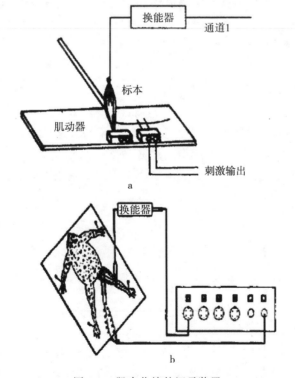

图2-9 肌肉收缩的记录装置

a.离体坐骨神经-腓肠肌标本实验装置 b.在体坐骨神经-腓肠肌标本实验装置

（1）对于离体标本，将肌槽、张力换能器均用双凹夹固定于支架上；标本的股骨残端插入肌槽的小孔内并予以固定；腓肠肌跟腱上的连接线连于张力换能器的应变片上（暂不要将线拉紧）。夹住脊椎骨碎片将坐骨神经轻轻平搭在肌槽的刺激电极上。

（2）对于在体标本，可将腓肠肌跟腱上的连接线连于张力换能器的应变片上（暂不要将线拉紧）；将穿有线的坐骨神经轻轻提起，放在保护电极上，并保证神经与电极接触良好。

调整换能器的高低，使肌肉处于自然拉长的状态（不宜过紧，但也不要太松）。然后可进行试验项目。

若是使用二道生理记录仪进行记录，则将张力换能的输出插头插入二道生理记录仪的 FD-2 的输入插孔；刺激器的输出导线与肌槽的电极相连。

若是使用计算机生物信号采集处理系统进行实验，则将张力换能器的输出插头插入该系统的一个信号输入通道插座（如 CH1）；电极的插头插入该系统的刺激输出插孔。打开计算机，启动生物信号采集处理系统，进入"刺激强度对骨骼肌收缩的影响"实验菜单。

3. 使用单脉冲刺激方式，波宽调至并固定在 1ms，刺激强度从零开始逐渐增大；首先找到能引起肌肉收缩的最小强度，即阈强度。描记速度要求每刺激一次神经，都应在记录纸或屏幕上记录（或显示）一次收缩曲线（应为一短线）（图 2-10）。

4. 将刺激强度逐渐增大，观察肌肉收缩幅度是否随之增加，记下的收缩曲线幅度是否也随之升高。继续增大刺激强度，直至连续 3～4 个肌肉收缩曲线的幅度不再随刺激强度的增大而增高为止，读出刚刚引起最大收缩的刺激强度，即为最适刺激强度（图 2-10）。

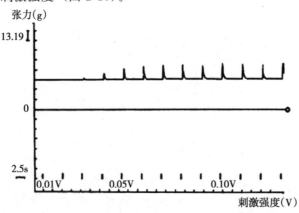

图 2-10　刺激强度与肌肉收缩张力之间的关系

【注意事项】

1. 刺激之后必须让标本休息 0.5～1ms。实验过程中标本的兴奋性会发生改变，因此还要抓紧时间进行实验。

2. 整个实验过程中要不断给标本滴加任氏液，防止标本干燥，保持其兴奋性。

3. 可能出现的问题和解释。

（1）未能找出最大刺激。虽然已经调至刺激器的最大刺激强度，但经液体介质短路后输出，强度有所降低，对刺激的神经仍不能达到最大刺激强度，此时可增大刺激波宽。

（2）单收缩曲线忽高忽低。标本在任氏液中浸泡的时间不够，兴奋性不稳定；肌槽上液体堆积过多，造成短路使刺激强度不稳。

（3）标本发生不规则收缩或痉挛。肌槽不干净，留有刺激物（如盐渍）；周围环境有干扰；仪器接地不良或人体感应带电；接触潮湿台面或支架等。

【讨论题】

1. 引起组织兴奋的刺激必须具备哪些条件？

2. 何谓阈下刺激、阈刺激、阈上刺激和最适刺激？在阈刺激和最适刺激之间为什么肌肉的收缩随刺激强度增加而增加？

3. 实验过程中标本的阈值是否会改变？为什么？

五、刺激频率对肌肉收缩的影响

【实验目的】

1. 观察用不同频率的最适刺激时，坐骨神经对腓肠肌收缩形式的影响极其特征。

2. 了解和掌握单收缩、复合收缩、强直收缩特征和形成的基本原理。

【实验原理】

蛙的坐骨神经-肌肉标本单收缩的总时程约为 0.11s，其中潜伏期、缩短期共占有 0.05s，舒张期占 0.06s。若给予标本相继两个最适刺激，使两次刺激的间隔小于该肌肉收缩的总时程时，则会出现一连续的收缩，称为复合收缩（或收缩总和）。若两个刺激的时间间隔短于肌肉收缩时程，而长于肌肉收缩的潜伏期和缩短期时程，使后一刺激落在前一刺激引起肌肉收缩的舒张期内，则出现一次收缩（尚未完全舒张又引起一次收缩）；若两次刺激的间隔短于肌肉收缩的缩短期，使后一刺激落在前一刺激引起收缩的缩短期内，则出现一次收缩（正在进行的收缩，接着又产生一次收缩），收缩的幅度高于单收缩（图2-11）的幅度。根据这个原理，若给予标本一连串的最适刺激，则因刺激频率不同会得到一连串的单收缩、不完全强直收缩或完全强直收缩的复合收缩。

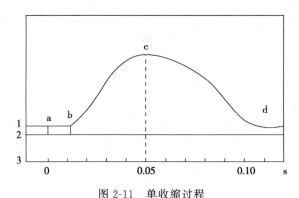

图 2-11　单收缩过程

ab. 潜伏期　　bc. 缩短期　　cd. 舒张期

【动物、器材与试剂】

1. 蟾蜍或蛙。

2. 肌槽、张力换能器（50～100g）、LMB-2B 二道生理记录仪、刺激器或计算机生物信号采集处理系统、普通剪刀、手术剪、眼科镊（或尖头无齿镊）、金属探针（解剖针）、玻璃分针、蛙板（或玻璃板）、蛙钉、细线、培养皿、滴管、双凹夹。

3. 任氏液。

【实验步骤】

1. 坐骨神经-腓肠肌标本的制备。

2. 仪器及标本的连接。当用计算机生物信号采集处理系统进行实验时，则打开计算机，启动生物信号采集处理系统，进入"刺激频率对骨骼肌收缩的影响"实验菜单。

3. 用单刺激作用于坐骨神经，可记录到肌肉的单收缩曲线。

4. 用双刺激作用于坐骨神经，使两次刺激间隔时间为 0.06～0.08s，记录复合收缩曲线（纸速 25～50mm/s）。

5. 将刺激方式置于"连续"，其余参数固定不变，用频率为 1、6、10、15、20、30Hz 的连续刺激作用于坐骨神经，可记录到单收缩、不完全强直收缩和完全强直收缩曲线（纸速 2～10mm/s）。

【实验结果】

1. 标记不同的收缩曲线，然后进行剪辑、粘贴（或打印）。

2. 统计全班各组的结果，以平均值±标准差表示，绘制不同刺激频率与腓肠肌收缩张力增量（最大值）的关系曲线。

【注意事项】

1. 经常给标本滴加任氏液，保持标本良好的兴奋性。

2. 连续刺激时，每次刺激持续时间要保持一致，不得超过 3～4s，每次刺激后要休息 30s 以免标本疲劳。

3. 若刺激神经引起的肌肉收缩不稳定时，可直接刺激肌肉。

4. 可根据实际需要调整刺激频率。

【讨论题】

1. 何为单收缩？单收缩的潜伏期包括了哪些时间因素？对有神经和无神经的标本有何差异？

2. 何为不完全强直收缩、完全强直收缩？它们是如何形成的？

3. 肌肉收缩张力曲线融合时，神经干细胞的动作电位是否也发生融合？为什么？

4. 此次实验为什么要将刺激强度固定在最适刺激强度？

5. 为什么刺激频率增高，肌肉收缩的幅度也增高？

六、反射时的测定及反射弧分析

【实验目的】

1. 学习测定反射时的方法。

2. 了解反射弧的组成。

【实验原理】

从皮肤接受刺激到机体出现反应的时间为反射时。反射时是反射通过反射弧所用的时间，完整的反射弧是反射的结构基础，反射弧包括感受器、传入神经、中枢、传出神经、效应器。反射弧必须保持完整，反射才能正常出现，反射弧的任何一部分缺损，原有的反射不再出现。由于脊髓的机能比较简单，所以常选用只毁脑的动物（脊蛙或脊蟾蜍）为实验材料，以利于观察与分析。

【动物、器材与试剂】

1. 蟾蜍。

2. 常用手术器械、支架、蛙嘴夹、蜡盘、小烧杯、小玻璃皿（2个）、小滤纸片、棉花、秒表、纱布。

3. 0.5％和1％硫酸溶液、2％普鲁卡因、蒸馏水。

【实验步骤】

1. 制备脊蟾蜍。取一只蟾蜍，用毁髓针破坏脑组织制成脊蟾蜍，如图2-12所示。腹位固定于蜡盘上，剪开右侧股部皮肤，分离坐骨神经并穿线备用。

2. 测定左、右后肢最长趾的反射。用蛙嘴夹夹住脊蟾蜍下颌，悬挂于支架上，如图2-13所示。将蟾蜍右后肢的最长趾浸入0.5％硫酸溶液中2～3s（浸入时间最长不超过10s），立即记下时间。当出现反射时停止计时，此为屈反射时。立即用清水冲洗受到刺激的皮肤，并用纱布擦干。重复测定屈反射时3次，求出平均值作为右后肢最长趾的反射时。用同样方法测定左后肢最长趾的反射时。

图 2-12　破坏蟾蜍脑脊髓　　　　　　图 2-13　嘴夹夹住脊蟾蜍下颌

3. 右后肢最长趾剥皮后测定反射。用手术剪自右后肢最长趾基部环切皮肤，然后用手术镊剥净该趾上的皮肤，用硫酸刺激去皮的该趾，记录结果。

4. 改换右后肢有皮肤的其他趾，将其浸入硫酸溶液中，测定反射时，记录结果。

5. 测定搔扒反射时。取一浸有 1‰硫酸溶液的滤纸片，贴于蟾蜍右侧背部或腹部，记录搔扒反射的反射时。

6. 麻醉坐骨神经后测定反射时。用一细棉条包住分离出的坐骨神经，在细棉条上滴几滴 2%普鲁卡因溶液后，每隔 2min 重复步骤 4，记录加药时间，至屈反射消失，并记录时间。当屈反射刚不能出现时，立即重复步骤 5，每隔 2min 重复一次步骤 5，直至搔扒反射不再出现为止，记录时间。记录从加药至屈反射消失的时间及加药至搔扒反射消失的时间。

7. 将左后肢最长趾再次浸入 0.5%硫酸溶液中，记录反射时的变化。毁坏脊髓后再重复实验，记录结果。

【注意事项】

1. 每次实验时，要使皮肤接触硫酸的面积不变，以保持相同的刺激强度。

2. 刺激后要立即洗去硫酸，以免损伤皮肤。洗后应擦干蛙趾上的水滴，防止硫酸被稀释。

【讨论题】

记录实验结果，并分析结果改变的原因。

七、大脑皮层运动区刺激反应及去大脑僵直的观察

【实验目的】

1. 通过电刺激兔大脑皮层不同区域，观察相关肌肉收缩的活动，了解皮层运动区与肌肉运动的定位关系及其特点。

2. 观察去大脑僵直现象，证明中枢神经系统有关部位对肌紧张有调控作用。

【实验原理】

大脑皮层运动区是躯体运动的高级中枢。皮层运动区对肌肉运动的支配呈有序的排列状态，且随动物的进化逐渐精细，鼠和兔的大脑皮层运动区机能定位已具有一定的雏形。电刺激大脑皮层运动区的不同部位，能引起特定的肌肉或肌群的收缩运动。

中枢神经系统对肌紧张具有易化和抑制作用。机体通过二者的相互作用保持骨骼肌适当的紧张度，以维持机体的正常姿势。这两种作用的协调需要中枢神经系统保持完整性。如果在动物的中脑前（上）、后（下）丘之间切断脑干，

由于切断了大脑皮层运动区和纹状体等部位与网状结构的功能联系，造成抑制区的活动减弱而易化区的活动相对加强，动物出现四肢伸直、头尾昂起、脊背挺直等伸肌紧张亢进的特殊姿势，称为去大脑僵直。

【动物、器材与试剂】

1. 家兔。

2. 电子刺激器、刺激电极、哺乳类动物手术器械、颅骨钻、咬骨钳、骨蜡（或明胶海绵）、纱布、棉球。

3. 20％氨基甲酸乙酯、生理盐水、液体石蜡。

【实验步骤】

1. 实验准备

(1) 将兔称重，耳郭外缘静脉注射 20％氨基甲酸乙酯（每千克体重 0.5～1g），麻醉不宜过深，也有人用 2％普鲁卡因 2～5mL 沿颅顶正中线做局部麻醉。待动物达到浅麻醉状态后，背位固定于兔手术台上。

(2) 颈部剪毛，沿颈正中线切开皮肤，暴露气管，安置气管插管；找出两侧的颈总动脉，穿线备用。

(3) 翻转动物，改为腹位固定，剪去头顶部的毛，从眉间至枕部将头皮和骨膜纵行切开，用刀柄向两侧剥离肌肉和骨膜，用颅骨钻在冠状缝后、矢状缝外的骨板上钻孔，如图 2-14。然后用咬骨钳扩大创口，暴露一侧大脑皮层，用注射针头或三角缝针挑起硬脑膜，小心剪去创口部位的硬脑膜，将37℃的液体石蜡滴在脑组织表面，以防皮层干燥。术中要随时注意止血，防止伤及大脑皮层和矢状窦。若遇到颅骨出血，可用骨蜡或明胶海绵填塞止血。

2. 实验项目

(1) 手术完毕解开动物固定绳，以便观察动物躯体的运动效应。打开刺激器，选择适宜的刺激参数（波宽 0.1～0.2ms，频率 20～50Hz，刺激强度10～20V，每次刺激时间 5～10s，每次刺激间隔约 1min）。用双芯电极接触皮层表面（或双电极，参考电极放在兔的背部，剪去此处的被毛，用少许的生理盐水湿润，以便接触良好），逐点依次刺激大脑皮层运动区的不同部位，观察躯体运动反应。实验前预先画一张兔大脑半球背面观轮廓图，并将观察到的反应标记在图上，如图 2-15 所示。

(2) 去大脑僵直。用小咬骨钳将所开的颅骨创口向外扩展至枕骨结节，暴露出双侧大脑半球后缘。结扎两侧的颈总动脉。左手将动物头托起，右手用刀

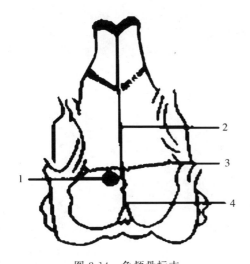

图 2-14 兔颅骨标志　　　　　　图 2-15 兔皮层机能点位
1. 钻孔处　2. 矢状嵴　3. 冠状嵴　4. 人字嵴

柄从大脑半球后缘轻轻翻开枕叶，即可见到中脑前（上）、后（下）丘部分（前粗大，后丘小），在前、后丘之间略向倾斜，对准兔的口角方位插入（图2-16a），向左右拨动，彻底切断脑干。使兔侧卧，10min 后，可见兔的四肢伸直，头昂举，尾上翘，呈角弓反张状态（图 2-16b）。

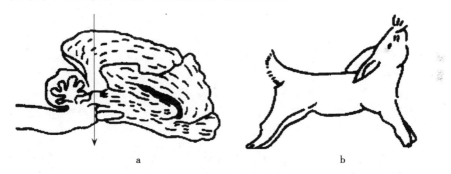

图 2-16 去大脑僵直实验
a. 脑干切断面　b. 兔去大脑僵直现象

【注意事项】

1. 麻醉不宜过深。

2. 开颅术中应随时止血，注意勿伤及大脑皮层。

3. 使用双极电极时，为防止电极对皮层的机械损伤，刺激电极尖端应烧成球形。

4.刺激大脑皮层时，刺激不宜过强，刺激的强度应从小到大进行调节，否则影响实验结果，每次刺激应持续 5～10s。

5.切断部位要准确，过低会伤及延髓呼吸中枢，导致呼吸停止。

【讨论题】

1.为什么电极刺激大脑皮层引起肢体运动往往是左右交叉反应？

2.叙说去大脑僵直产生机理。

第二节　血液生理

一、血细胞计数

【实验目的】

采用稀释法计数单位容积血液内的红、白细胞数。

【实验原理】

由于血液中红、白细胞很多，无法直接计数，故需用适当的溶液将血液稀释，然后将稀释血滴入血细胞计数板上，在显微镜下计数一定容积的红、白细胞，再将所得的结果换算为每立方毫米血液中红、白细胞的个数。

【动物、器材与试剂】

1.鸡或兔等动物。

2.显微镜、血细胞计数板、计数器、注射器（1mL 或 5mL）、吸血管、凹瓷盘、消毒棉球、纱布、擦镜纸、小试管及试管架、移液管（1mL 或 2mL）。

3.75％酒精、95％酒精、乙醚、1％氨水、抗凝剂（1％肝素钠溶液或 10％草酸钾溶液）、红细胞稀释液或生理盐水、白细胞稀释液或 2％醋酸。

【实验步骤】

1.熟悉血细胞计数板的构造　血细胞计数板为一长方形厚玻璃板。其中计数室方格大小的划分，各种产品略有不同，但基本原理相同。其中央横沟的两边各有一计数室，两计数室的划分完全相同。在低倍显微镜下观察，可见每个计数室用双划线划分成 9 个大方格。大方格每边长 1mm。四角的大方格每个又分为 16 个中方格，这是用以计数白细胞的。中央的一个大方格用双线分成 25 个中方格，每个中方格又等分成 16 个小方格（用单线），中方格每边长为 0.2mm，计数红细胞时，数中央大方格的 5 个中方格（即 4 角和中央的中方格）内的红细胞（图 2-17）。计数室较两边的盖玻片支柱低 0.1mm，因此，放上盖玻片后，计数板与盖玻片之间的距离为 0.1mm，此为计数室的高度。

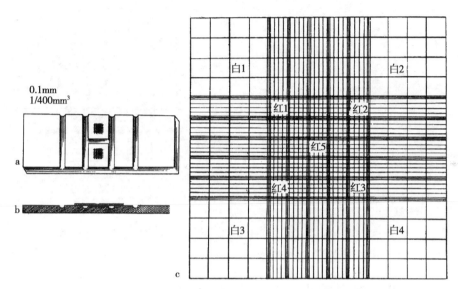

图 2-17　血球计数板的构造（25 格×16 格）

a. 血球计数板顶面观　b. 血球计数板侧面观　c. 血球计数板放大后的计数室

2. 采血及稀释　以 2mL 移液管在干净的小试管内准确加入红细胞稀释液或生理盐水 2mL，另用 1mL 移液管在另一个干净的小试管内加入白细胞稀释液 0.38mL，备用。

将抽出的血液放入经抗凝剂处理的凹瓷盘内，用微量（血红蛋白）吸血管吸取 10μL 血液至红细胞稀释液试管内，再吸取 20μL 血液至白细胞稀释液试管内，轻轻挤出血液并反复吸洗 2～3 次。然后将血液与稀释液混合均匀，但不可用力振荡，以免细胞破碎。

3. 充液　将盖玻片先盖在计数板上，用洁净的吸血管吸取摇匀的稀释血液，然后将吸管口轻轻斜置盖玻片的边缘，滴出少量稀释血液，使溶液借毛细管现象而流入计数室内（图 2-18）。但必须注意，如滴入过多时，流出室外凹沟中，易造成盖玻片浮起，体积不准；过少时，经多次充液，易造成气泡。一旦发生以上现象都应洗去重新充液。

4. 计数　稀释血液滴入计数室后，需静置 2～3min，然后低倍镜下计数

（显微镜焦距准确，缩小光圈并降低聚光器，使视野较暗）。红细胞计数时数中央大方格四角的 4 个中方格和中央的 1 个中方格（共 5 个中方格）内的红细胞总数；白细胞计数时数四周 4 个大方格内的白细胞总数。计数时应遵循一定的路径以免遗漏或重复。对于分布在画线上的血细胞，依照"数上不数下，数左不数右"的原则进行计数（图 2-19）。

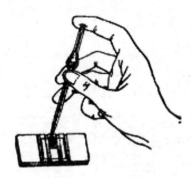

图 2-18　计数室充液法

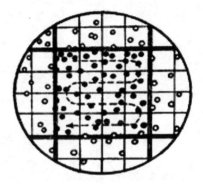

图 2-19　计数血细胞的路线

5. 计算

（1）红细胞数量的计算公式。每立方毫米血液中红细胞总数＝$N \times 10^4$。

N 为 5 个中方格内的红细胞总数，一般测红细胞时，血液的稀释倍数为 200 倍。

（2）白细胞数量的计算公式。每立方毫米血液中的白细胞总数＝$M \times 50$。

M 为 4 个大方格内的白细胞总数，一般测白细胞时，血液的稀释倍数为 20 倍。

注：红、白细胞的稀释液配制方法见附录。白细胞核被染成蓝色，红细胞核呈非常淡的浅灰色或基本不染色，红细胞形态基本不变，在显微镜下易于区分。

【注意事项】

1. 各种用具要事先清洗。清洗吸管时按照蒸馏水（2 次）→95% 酒精（2 次）→乙醚（2 次）的方法清洗。计数室用蒸馏水洗后，再用软纱布或擦镜纸吸干。

2. 采血要求迅速、准确、不能凝血，也不能有气泡，否则弃去重采。

3. 血吸管用完后必须立即清洗干净，以防血液凝固堵塞管口。

4. 计数时，如发现每个中方格内红细胞数相差 15 个以上或每个大方格内白细胞数相差 10 个以上，表示血细胞分布不均匀，应将计数板洗净，重新摇匀稀释血液，再充液计数。

【讨论题】

1. 综合实验所得结果，与红细胞数量和白细胞数量的正常值相对照，有何变化？为什么？
2. 为什么机体正常的血细胞数量可维持在相对稳定的数量水平？
3. 白细胞数量的变化有何生理意义？
4. 血细胞计数室中央的大方格中每个中方格的容积是多少？

二、红细胞渗透脆性实验

【实验目的】

学习测定红细胞渗透脆性的方法，理解细胞外液渗透张力对维持细胞正常形态与功能的重要性。

【实验原理】

正常红细胞维持在等渗的血浆中，若置于高渗溶液内，则红细胞会因失水而皱缩；反之，置于低渗溶液内，则水进入红细胞，使红细胞膨胀。如环境渗透压继续下降，红细胞会因继续膨胀而破裂，释放血红蛋白，称为溶血。红细胞膜对低渗溶液具有一定的抵抗力，这一特征称为红细胞的渗透脆性。红细胞膜对低渗溶液的抵抗力越大，红细胞在低渗溶液中越不容易发生溶血，即红细胞渗透脆性越小。将血液滴入不同的低渗溶液中，可检查红细胞膜对于低渗溶液抵抗力的大小。开始出现溶血现象的低渗溶液浓度，为该血液红细胞的最小抵抗力；出现完全溶血时的低渗溶液浓度，则为该血液红细胞的最大抵抗力。

【动物、器材与试剂】

1. 鸡或兔等动物。
2. 10mL 小试管、试管架、滴管、2mL 移液管。
3. 1%肝素、1%氯化钠溶液、蒸馏水。

【实验步骤】

1. 溶液配制　取 10 个小试管，配制出 10 种不同浓度的氯化钠低渗溶液（0.25%、0.3%、0.35%、0.4%、0.45%、0.5%、0.55%、0.6%、0.65%、

0.7％），如表 2-1 所示。

表 2-1　各种低浓度的低渗盐溶液的配制

试剂	试管号									
	1	2	3	4	5	6	7	8	9	10
1％NaCl（mL）	1.40	1.30	1.20	1.10	1.00	0.90	0.80	0.70	0.60	0.50
蒸馏水（mL）	0.60	0.70	0.80	0.90	1.00	1.10	1.20	1.30	1.40	1.50
NaCl（浓度）	0.70	0.65	0.60	0.55	0.50	0.45	0.40	0.35	0.30	0.25

2. 血液样品的采集　供检验用的血液样品，一般采集静脉血，大动物可采集多量的血液，而小动物和实验动物的采血量少，只能根据检验的目的、动物种类和病情酌定采血量。临床检验采用的血液标本分为全血、血清和血浆。全血主要用于血细胞成分的检查，血清和血浆则用于大部分临床化学检查和免疫学检查。各种动物的采血部位见表 2-2。

表 2-2　各种动物的采血部位

采血部位	畜种	采血部位	畜种
颈静脉	马、牛、羊	耳静脉	猪、羊、犬、猫
前腔静脉	猪	翅内静脉	家禽
隐静脉	犬、猫、羊	脚掌	鸭、鹅
前臂头静脉	犬、猫、猪	冠或肉髯	鸡
心脏	兔、家禽、豚鼠	断尾	猪

3. 制备抗凝血　采集全血或血浆样品时，在采血前应在采血管中加入抗凝剂（1％肝素 0.1mL 可抗 10mL 血），制备抗凝管。如用注射器采血，应在采血前先用抗凝剂湿润注射器。吸取血液于抗凝管或注射器中，轻微晃动，以保证血液与抗凝剂混合均匀，即完成抗凝血的制备过程。

4. 加抗凝血　用滴管吸取抗凝血，在各试管中各加 1 滴，轻轻摇匀，静置 1～2h。

5. 观察结果　根据各管中液体颜色和混浊度的不同，判断红细胞脆性。

（1）未发生溶血的试管。液体下层为大量红细胞沉淀，上层为无色透明，表明无红细胞破裂。

（2）部分红细胞溶血的试管。液体下层为红细胞沉淀，上层出现透明淡红（淡红棕）色，表明部分红细胞已经破裂，称为不完全溶血。

（3）红细胞全部溶血的试管。液体完全变成透明红色，管底无红细胞沉淀，表明红细胞完全破裂，称为完全溶血。

【注意事项】

1. 小试管要干燥，加抗凝血的量要一致，只加一滴。

2. 混匀时，轻轻倾倒 1～2 次，减少机械振动，避免人为溶血。

3. 抗凝剂最好为肝素，其他抗凝剂可改变溶液的渗透性。

4. 配制不同浓度的 NaCl 溶液时，应力求准确、无误。NaCl 溶液的浓度梯度可根据动物的实际情况适当进行调整。

【讨论题】

1. 红细胞的形态与生理特征有何关系？

2. 根据结果分析血浆晶体渗透压保持相对稳定的生理学意义。

3. 简述输液时应注意的事项。

三、血红蛋白含量的测定

【实验目的】

学习采用比色法测定血红蛋白含量。

【实验原理】

血红蛋白的颜色常与氧的结合含量有关。但当用一定的氧化剂将其氧化时，可使其转变为稳定、棕色的高铁血红蛋白，而且颜色与血红蛋白（或高铁血红蛋白）的浓度成正比。可与标准色进行对比，求出血红蛋白的浓度，即每升血液中含血红蛋白克数（g/L）。

【动物、器材与试剂】

1. 动物种类不限。

2. 沙里氏血红蛋白计、小试管、注射器、微量采血管、干棉球。

3. 1%HCl、蒸馏水。

【实验步骤】

1. 采集血液

2. 制备抗凝血

3. 使用沙里氏血红蛋白计测定 沙里氏比色法是用 HCl 使血红蛋白酸化形成棕色的高铁血红蛋白，然后和标准比色板进行比色。

（1）沙里氏血红蛋白计。主要由标准褐色玻璃比色箱和一只方形刻度测定管组成。比色管两侧通常有两行刻度；一侧为血红蛋白量的绝对值，以"g/dL"（每 100mL 血液中所含血红蛋白的克数）表示，从 2～22g；另一侧为血红蛋白的相对值，以"％"（即相当于正常平均值的百分数）来表示，从 10％～160％。为避免所使用的平均值不一致，因此一般采用绝对值来表示。

（2）具体测定方法如下。

①用滴管加 5～6 滴，0.1mol/L HCl 到刻度管内（约加到管下方刻度"2"或 10％处）。

②用微量采血管吸血至 20μL，仔细擦去吸管外的血液。

③将采血管中的血液轻轻吹到比色管的底部，再吸上清液洗吸管 3 次。操作时勿产生气泡，以免影响比色。用细玻璃棒轻轻搅动，使血液与 HCl 充分混合，静置 10min，使管内的 HCl 和血红蛋白完全作用，形成棕色的高铁血红蛋白。

④把比色管插入标准比色箱两色柱中央的空格中。

⑤使无刻度的两面位于空格的前后方向，便于透光和比色。用滴管向比色管内逐滴加入蒸馏水，并不断搅匀，边滴边观察，对着自然光进行比色，直到溶液的颜色与标准比色板的颜色一致为止。

⑥读出管内液体面所在的克数，即每 100mL 血中所含的血红蛋白的克数。比色前，应将玻璃棒抽出来，其上面的液体应沥干净，读数应以溶液凹液面最低处相一致的刻度为准。换算成每升血液中所含血红蛋白克数（g/L）。

【注意事项】

1. 取血前要做好充分的消毒。

2. 血液要准确吸取 20μL，若有气泡或血液被吸入采血管的乳胶头中都应将吸管洗涤干净，重新吸血。洗涤方法是先用清水将血迹洗去，然后在一次吸取蒸馏水、95％酒精、乙醚洗涤采血管 1～2 次，使采血管内干净、干燥。作为学生练习，微量采血管可反复使用。

【讨论题】

1. 血红蛋白的含量与动物年龄有何关系？

2. 影响血红蛋白含量的主要因素是什么？

四、红细胞沉降率的测定

【实验目的】

掌握红细胞沉降率的测定方法。

【实验原理】

将抗凝血置于一个特制的具有刻度的玻璃管内，置于血沉架上，红细胞因重力作用而逐渐下沉，上层留下一层黄色透明的血浆。经一定时间，沉降的红细胞上面的血浆柱的高度，即表示红细胞的沉降率。有的疾病可以引起家畜红细胞沉降率显著升高，故测定红细胞沉降率具有临床诊断价值。

【动物、器材与试剂】

1. 健康动物。
2. 血沉管、血沉架、注射器。
3. 3.8％柠檬酸钠、75％酒精、碘酊。

【实验步骤】

1. 采血　将实验动物进行保定。如给牛、马、羊采血，先剪去颈静脉附近的毛，用碘酊消毒，然后用消毒的采血针刺破颈静脉。当血液流出时，用试管接住，试管中应预先加肝素溶液作为抗凝剂，抗凝剂与血液之间的容积比例为1：4。如采兔血，可直接采其心血；采鱼类血液，可采尾静脉血。

2. 血沉的测定　用清洁、干燥的血沉管，小心地吸取血液至最高刻度"0"处，在此之前需将血液充分摇匀（但不可过分震荡，以免红细胞破坏）。吸取血液时，要绝对避免产生气泡，否则需重做，将吸有血液的血沉管垂直置于血沉管架上，分别在15min、30min、45min、1h、2h时检查血沉管上部血浆的高度，以mm为单位来表示，并将所得结果记录于表2-3。

【注意事项】

1. 抗凝剂与血液比例为1：4，并充分混匀。
2. 血沉管放置要垂直，不得有气泡和漏血。
3. 最好在18～25℃，并在采血后2h内完成。

表2-3　血沉结果记录表

被检动物	时间				
	15min	30min	45min	1h	2h

【讨论题】

　　1. 决定红细胞沉降率的因素有哪些？

　　2. 在什么情况下，沉降率将升高？

　　3. 何谓红细胞悬浮稳定性？原理如何？

五、血液凝固现象的观察

【实验目的】

　　以血液凝固时间作为指标，了解影响血液凝固的因素，加深对生理止血过程的理解。

【实验原理】

　　血液凝固是一个酶的有限水解激活过程，在此过程中有多种凝血因子参与。根据凝血过程启动时激活因子来源不同，可将血液凝固分为内源性激活途径和外源性激活途径。内源性激活途径是指参与血液凝固的所有凝血因子在血浆中。外源性激活途径是指受损的组织中的组织因子进入血管后，与血管内的凝血因子共同作用而启动的激活过程。

　　肝素可增强抗凝血酶Ⅲ与凝血酶的亲和力，加速凝血酶的失活；抑制血小板的黏附聚集；增强蛋白 C 的活性，刺激血管内皮细胞释放抗凝物质和纤溶物质。枸橼酸根离子与血中钙离子生成难解离的可溶性络合物——枸橼酸钙，此络合物易溶于水但不易解离，凝血过程受到抑制，从而阻止血液凝固。

【动物、器材与试剂】

　　1. 家兔。

　　2. 兔手术台、常规手术器械、动脉夹、动脉插管（或细塑料导管）、注射器、试管 8 支、小烧杯 2 个、试管架、竹签 1 束（或细试管刷）、秒表。

　　3. 25％氨基甲酸乙酯溶液、肝素（8U/mL）、2％草酸钾溶液、生理盐水、液体石蜡、肺组织浸液（取兔肺剪碎，洗净血液，浸泡于 3～4 倍量的生理盐水中过夜，过滤收集的滤液即成肺组织浸液，存冰箱中备用）、4％枸橼酸钠溶液。

【实验步骤】

　　1. 静脉注射氨基甲酸乙酯溶液，按每千克体重 5mL 的量将兔麻醉，仰卧固定于兔手术台上。正中切开颈部，分离一侧颈总动脉，远心端用线结扎阻断血流，近心端夹上动脉夹。在动脉当中斜向剪一小口，插入动脉插管（或细塑料导管），结扎导管以备取血。

2. 按表 2-4 准备好前面 7 支试管。

（1）放开动脉夹，每管加入血液 2mL。将多余的血盛于小烧杯中，并不断用竹签搅动直至纤维蛋白形成，取出纤维蛋白，将该血液取 2mL 加入试管 8 中。

（2）记录凝血时间。每个试管加血 2mL 后，即可开始计时，每隔 15s 倾斜一次，观察血液是否凝固，至血液成为凝胶状不再流动为止，记录所经历的时间。5、6、7 号试管加入血液后，用拇指盖住试管口将试管颠倒两次，使血液与药物混合。

（3）如果加肝素和草酸钾的试管不出现血凝，可再向两管内分别加入 0.025mol/L 的 $CaCl_2$ 溶液 2～3 滴，观察血液是否发生凝固。

3. 将实验结果及各种条件下的凝血时间按照表 2-4 填写，并进行比较、分析解释产生差异的原因。从实验结果谈谈抗凝血药的作用特点。

表 2-4 血液凝固及其影响因素

实验管号	实验处理	凝血时间
1	不加任何处理（对照组）	
2	用液体石蜡润滑整个试管的内表面	
3	放少许棉花	
4	置于冰块的小烧杯中	
5	加肝素 8U	
6	加草酸钾 1～2mL	
7	加肺组织浸液 0.1mL	
8	脱纤维蛋白血液	

【注意事项】

1. 采血的过程尽量要快，以减少计时的误差。对照实验的采血时间要紧接着进行。

2. 判断凝血的标准要力求一致。一般以倾斜试管达 45°时，试管内血液不见流动为准。

3. 每支试管口径大小及采血量要相对一致，不可相差太大。

【讨论题】

1. 简述血液凝固的机制及影响血凝的外界因素

2. 为什么有几支试管血液不凝固？为什么有几支试管比对照组试管的凝血时间长？为什么有几支试管比对照试管的凝血时间短？

第三节　循环生理

一、蛙类心脏起搏点自律性分析

【实验目的】

1. 掌握暴露蛙心的手术方法，熟悉其心脏的解剖结构，观察心脏各部分活动的顺序。

2. 利用结扎的方法观察蛙心的正常起搏点以及心脏的不同部位传导系统自动节律性的高低。

【实验原理】

心脏的特殊传导系统具有自动节律性，但各部分的自动节律性的高低不同。哺乳动物窦房结的自律性最高，能自动产生节律性的兴奋，并依次传到心房、房室交界区、心室，引起整个心脏兴奋和收缩，因此窦房结是主导整个心脏兴奋和搏动的正常部位，被称为正常起搏点；其他部位的自律组织因受窦房结的控制，在正常情况下不表现自律性，仅仅起着兴奋传导的作用，故称为潜在起搏点。两栖类动物心脏的正常起搏点是静脉窦，心脏活动的顺序为静脉窦—心房—心室。

【动物、器材与试剂】

1. 蛙或蟾蜍。

2. 解剖器械（手术剪、手术镊、手术刀、金冠剪、眼科剪、眼科镊）、探针、蛙板、蛙心夹、玻璃分针、乳头滴管、结扎线。

3. 任氏液。

【实验步骤】

1. **暴露蛙心**　取一只蛙（或蟾蜍），破坏脑和脊髓后，用蛙钉将蛙仰卧固定于蛙板上，在胸骨剑突软骨下方向左右两侧肩关节方向将皮肤剪一个 V 形切口，用镊子轻轻提起胸骨的剑突软骨，剪断肌肉并插入体躯，沿皮肤切口剪开肌肉，剪断左右鸟喙骨和锁骨，即可看到心包内跳动着的心脏。然后用眼科镊夹起心包，用眼科剪小心剪开心包膜，暴露心脏。

2. 实验项目

（1）观察心脏结构，分析心脏的各部分。从心脏的腹面可看到一个心室，左右两个心房，以及动脉球（动脉圆锥）和左右主动脉分支，房室之间有一个房室沟；用玻璃分针将心室翻向头侧就可看到心房下端相连的静脉窦，心房和静脉窦之间有一个半月形白色条纹称为窦房沟（图 2-20）。

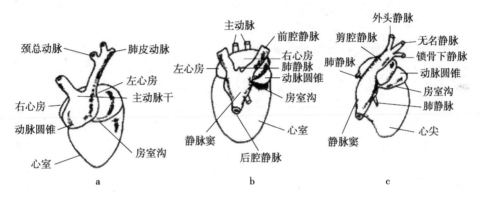

图 2-20　蛙心的解剖结构

a. 腹面　b. 背面　c. 右侧面

（2）观察心脏的活动。观察静脉窦、心房、心室舒缩的顺序，并记录其每分钟搏动的次数。在整个观察过程中，随时要以任氏液湿润蛙心，以防干燥。

（3）斯氏第一结扎。分离主动脉两分支的基部，用眼科镊在主动脉干下引一根细线。将蛙的心尖翻向头端，于静脉窦及心房交界处的白色条纹上进行结扎，以阻断静脉窦与心房之间的传导（图 2-21a）。开始时慢慢拉，当线正确地落在条纹上时，再迅速拉紧线结。观察蛙心各部分节律有何变化，并记录各自的跳动频率。

此时如以大头针刺激心房和心室，则刺激一次收缩一次。等候一定时间（30～40min）后，心房、心室又能恢复跳动，在分别记录心房、心室的复跳时间和蛙心各部分的跳动频率，比较结扎前后有何变化。

（4）斯氏第二结扎。第一结扎完成后，再在心房、心室之间及房室沟处用线做第二结扎（图 2-21b）。结扎后，心室停止跳动，而静脉窦和心房继续跳动，记录其各自的跳动频率。经过较长时间的间歇后，心室又开始跳动，记录

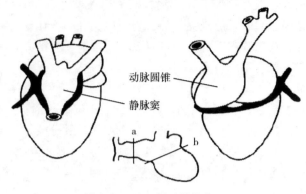

图 2-21　蛙心斯氏结扎位置

a. 斯氏第一结扎　b. 斯氏第二结扎

心室复跳时间和蛙心各部分跳动频率。

（5）把上述结果记录于表 2-5。

表 2-5　蛙类心脏起搏点分析结果

项目	静脉窦频率 （次/min）	心房频率 （次/min）	心室频率 （次/min）	心房、心室复跳时间 （min）

【注意事项】

1. 结扎前要认真识别心脏各个部分的结构特征。

2. 斯氏第一结扎后，若心脏长时间不恢复跳动，实施斯氏第二结扎则可使心脏恢复跳动。

【讨论题】

1. 哺乳动物和两栖类动物心脏的自律组织分别是什么？

2. 如何证明两栖类动物心脏的正常起搏点是静脉窦？

3. 斯氏第一结扎和第二结扎后，静脉窦、心房、心室的跳动频率分别有何变化？为什么？

二、蛙类心搏曲线观察及强心药对离体蛙心作用

【实验目的】

1. 掌握蛙类心脏活动的描记方法。

2. 在心脏活动的不同时期给予刺激，观察心动周期中心脏兴奋性变化的

规律以及心肌收缩的特点。

3.观察强心苷、咖啡因、肾上腺素对离体蛙心的作用，并掌握每种药品的作用特点。

【实验原理】

心脏兴奋性变化的规律为有效不应期特别长，约相当于整个收缩期和舒张早期，在此期内给予心脏任何刺激都不能引起心肌兴奋和收缩。因此心脏不会像骨骼肌那样产生强直收缩，这对于心脏实现其泵血功能具有重要意义。但是在有效不应期之后，给予心脏单个的有效刺激，则心肌可产生一次比正常节律提前的兴奋及收缩，称为期前收缩。而由于期前收缩也存在有效不应期，当窦房结（两栖动物为静脉窦）下传的正常节律兴奋传到心室肌时，正好落在期前收缩的有效不应期内，不能引起心脏兴奋及收缩，会出现一个较长的舒张期，称为代偿间歇，如图 2-22。

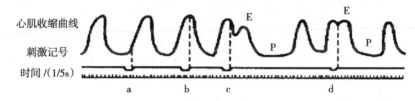

图 2-22　期前收缩与代偿间歇曲线

E. 期前收缩　P. 代偿间歇

a～b. 刺激落在有效不应期无反应

c～d. 刺激落在相对不应期产生期前收缩与代偿间歇

强心苷药物小剂量时有强心作用，增强心肌收缩力；大剂量引起各型心律失常。安全范围小、个体差异大。磷酸二酯酶抑制剂可抑制磷酸二酯酶活性，升高细胞内 cAMP 水平，加强心肌收缩力。β_1 受体激动剂可激动心脏 β_1 受体，心收缩力加强和输出量增加。钙敏化剂可增加心肌对钙敏感性，延长钠通道开放。

【动物、器材与试剂】

1.蛙或蟾蜍。

2.生物信号采集处理系统、张力换能器、刺激输出线、双极刺激电极、解剖器械（手术剪、手术镊、手术刀、金冠剪、眼科剪、眼科镊）、探针、蛙板、蛙心夹、铁支架、双凹夹、玻璃分针、胶头滴管、结扎线。

3.任氏液、2%安钠咖溶液、0.1%盐酸肾上腺素溶液、0.04mg/mL 毒毛旋花子苷溶液。

【实验步骤】

1. 暴露蛙心　取一只蛙（或蟾蜍），破坏脑和脊髓，仰卧固定于蛙板上，参照实验蛙类心脏起搏点自律性分析中的操作暴露蛙心脏。

2. 连接实验装置　在心室舒张期用蛙心夹夹住心尖部，将系于蛙心夹上的线与张力换能器相连，调整蛙心夹连线，使其与地面及张力换能器均垂直。将张力换能器输出端与生物信号采集处理系统的输入通道连接。

将生物信号采集处理系统的刺激输出线与双极刺激电极相连，固定刺激电极，使心室处于两电极之间，且保证心室无论收缩或舒张时，均能与两极良好接触，不影响心脏活动，如图 2-23。

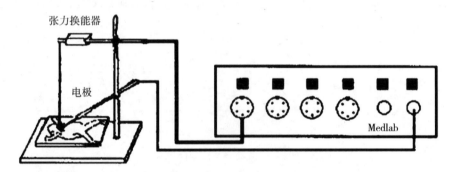

图 2-23　生物信号采集处理系统记录蛙心收缩装置

3. 实验项目

（1）描记正常心搏曲线。打开计算机，启动生物信号采集处理系统，设置实验环境，点击"记录"键，此时可在屏幕上观察到正常的心搏曲线。曲线向上表示心室收缩，向下表示舒张。调节横向缩放与纵向缩放，使波形适中。

（2）用中等强度的单个阈上刺激分别在心室收缩期和舒张早、中、晚期刺激心脏，观察心脏反应，是否出现期前收缩和代偿间歇。

（3）给心脏以连续刺激，观察心脏是否会出现强直收缩。

（4）用下列药品逐次滴入套管内，每试完一种药品，即行吸出，更换任氏液，并反复用任氏液冲洗数次。

①2%安钠咖溶液 2～3 滴。

②0.1%盐酸肾上腺素溶液 2～3 滴。

③0.04mg/mL 毒毛花苷溶液 2～3 滴。

若有条件的话，可制成甲、乙、丙 3 个离体蛙心，分别连于生物机能工作系统上，然后向 3 个离体蛙心内分别加入上述 3 种药液，再进行记录。

【注意事项】

1. 用蛙心夹夹心尖部时应适度，做到既不能夹破心脏，又不易滑脱。

2. 实验期间，经常以任氏液湿润心脏，防止其干燥。

3. 张力换能器与蛙心夹之间的细线应有适当的紧张度，张力过大或过小均会影响收缩曲线。

【讨论题】

1. 分析期前收缩与代偿间歇现象产生的原理。

2. 分别在心室收缩期和舒张早、中、晚期给心脏单个阈上刺激，能否出现期前收缩？为什么？

3. 期前收缩后是否一定会出现代偿间歇？为什么？

4. 心肌有效不应期较长有何生理意义？

5. 根据描绘的曲线图（幅度、频率等），谈谈这 3 种药品对心脏的作用特点。

三、离体蛙心灌流

【实验原理】

心脏有自动节律性收缩的特性，蛙心离体后，若用接近于血浆的任氏液灌流，保持心脏活动的适宜环境，在一定时间内，仍能产生自动的有节律的舒缩活动。但当改变灌流液的理化性质时，心脏的活动也会随之改变，说明内环境理化因素的相对稳定是维持心脏正常节律性活动的必要条件。因此，可通过改变心脏灌流液的理化成分，如 Na^+、K^+、Ca^{2+}、酸、碱、肾上腺素、乙酰胆碱等，观察其对心脏活动的影响。

【动物、器材与试剂】

1. 蛙或蟾蜍。

2. 生物信号采集处理系统、张力换能器、解剖器械（手术剪、手术镊、手术刀、金冠剪、眼科剪、眼科镊）、探针、蛙板、蛙心插管、蛙心插管夹、蛙心夹、双凹夹、万能支架、玻璃分针、胶头滴管、恒温水浴箱、温度计、结扎线。

3. 0.4%肝素-任氏液、2% NaCl、2% CaCl$_2$、1% KCl、2.5% NaHCO$_3$、

3％乳酸、0.01％肾上腺素、0.01％乙酰胆碱。

【实验步骤】

1. 离体蛙心标本制备（斯氏蛙心插管法）

（1）取一只蛙或蟾蜍，破坏其脑或脊髓，仰卧固定于蛙板上，暴露蛙心脏（图 2-24）。

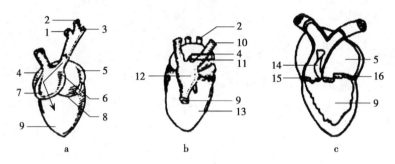

图 2-24 蛙心脏解剖结构

a. 腹面（箭头指示剪刀口径及插管路径） b. 背面 c. 纵剖面

1. 颈总动脉 2. 大动脉 3. 肺皮动脉 4. 右心房 5. 左心房 6. 主动脉干

7. 主动脉球 8. 房室沟 9. 心室 10. 前腔静脉 11. 肺静脉 12. 静脉窦

13. 后腔静脉 14. 螺旋瓣 15. 半月瓣 16. 三尖瓣

（2）在右主动脉下方穿一条线并结扎，用玻璃分针将心尖向上翻转，在心脏背侧找到静脉窦，分离后腔静脉，用备用线在静脉窦意外的地方做 1 个结扎（切勿扎住静脉窦），以阻止血液继续回流心脏。

（3）在左主动脉下方穿两条线，一条在左主动脉远心端结扎同时做插管时牵引用，另一条在动脉球上方打一个活结备用（用以结扎或固定套管）。左手提起左主动脉上方的结扎线，右手持眼科剪在左主动脉根部（动脉球前端）沿向心方向剪一个斜口，将盛有少许 0.4％肝素-任氏液的蛙心插管由此开口处轻轻插入动脉球。当插管尖端到达动脉球基部时，应将插管稍向后退（因主动脉内有螺旋瓣会阻碍插管前进），并使插管尖端向动脉球的背部后方及心尖方向推进，在心室收缩时经主动脉瓣进入心室（图 2-25）。注意插管不可插的过深，以免插管下方被心室壁堵住。若插管中任氏液面随心室的收缩而上下波动，则表明套管进入心室，可将动脉球上已经准备好的松结扎紧，并固定于插管侧面的钩上，以免蛙心插管滑出心室。

（4）剪断结扎线上方的血管，轻轻提起插管和心脏，在左右肺静脉和前后腔静脉下引一条细线并结扎，于结扎线外侧剪去所有相连的组织，则得到离体蛙心。此步操作中应注意静脉窦不受损失，并与心脏连接良好。最后，用任氏液反复换洗套管内的液体，直到插管中无残留血液为止，保持液面高度为 1～2cm。至此离体蛙心标本制备完成。

2. 连接实验装置　将蛙心插管固定于支架上，将连有细线的蛙心夹，在心脏舒张时夹住心尖部，并将细线以适宜的紧张度通过滑轮与张力换能器相连（图 2-26）。将张力换能器输出端与生物信号采集处理系统的输入通道连接。

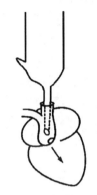

图 2-25　蛙心插管进入心脏

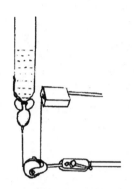

图 2-26　离体蛙心灌流实验装置

3. 实验项目

（1）记录正常心搏曲线。打开计算机，启动生物信号采集处理系统，设置实验环境，注意观察心搏频率和心室收缩舒张幅度。在记录状态下，用鼠标左键在其波形上选择两点，确定测量区域，则系统将自动在数据板中给出相应参数值。

（2）Na^+ 的作用。将 4～5 滴 2%NaCl 溶液加入灌流液中，观察记录心搏曲线变化。

（3）Ca^{2+} 的作用。将 1～2 滴 2%$CaCl_2$ 溶液加入灌流液中，观察记录心搏曲线变化。

（4）K^+ 的作用。将 1～2 滴 1%KCl 溶液加入灌流液中，观察记录心搏曲线变化。

（5）肾上腺素的作用。将 1～2 滴 0.01%肾上腺素加入灌流液中，观察记录心搏曲线变化。

（6）乙酰胆碱的作用。将 1～2 滴 0.01%乙酰胆碱加入灌流液中，观察记录心搏曲线变化。

（7）酸的作用。将 1～2 滴 3%乳酸加入灌流液中，观察记录心搏曲线变化。

（8）碱的作用。将 1～2 滴 2.5%$NaHCO_3$ 加入灌流液中，观察记录心搏曲线变化。

（9）温度的作用。将插管内的灌流液吸出，加入 4℃任氏液，观察记录心搏曲线变化。

每项有变化出现时应立即以等量任氏液换洗数次，至心跳曲线恢复正常。

【注意事项】

1. 制备离体心脏标本时，切勿伤及静脉窦。插管时要特别小心，应逐渐试探插入，以免损伤心肌。

2. 实验期间，经常以任氏液湿润心脏，防止其干燥。

3. 在实验过程中，套管内灌流液面高度应保持恒定；仪器的各种参数一经调好，应不再变动。

4. 给药后若效果不明显，可再适当增加药量。当出现明显效应后，应立即吸出全部灌流液。

5. 每一个观察项目都应先描记一段正常曲线，然后再加药观察记录结果。加药时应及时在心搏曲线上予以标记，以便观察分析。

6. 各种滴管应分开使用，不可混用。

7. 标本制备好后，若心脏功能状态不好（不搏动），可向插管内滴加 $1\sim2$ 滴 2% $CaCl_2$ 或 0.01% 肾上腺素，以促进心脏搏动。在实验程序安排上也可考虑促进和抑制心脏搏动的药物交换作用。

【讨论题】

1. 为什么常用两栖类动物做离体蛙心灌流，而不用哺乳类动物的离体心脏？

2. 根据心肌生理特性分析 Na^+、K^+、Ca^{2+}、酸、碱、肾上腺素、乙酰胆碱对心肌活动的影响极其机制。

3. 机体酸中毒时，心肌功能有什么变化？

4. 临床上静脉注射钙剂、钾盐时，为什么必须缓慢滴注？

四、蛙肠系膜血流观察

【实验目的】

利用显微镜或图像分析系统观察蛙肠系膜微循环内动脉、静脉及毛细血管中血液流动状况，了解微循环各组成部分的结构和血流特点。

【实验原理】

微循环是指微动脉和微静脉之间的血液循环。包括微动脉、后微动脉、毛细血管前括约肌、真毛细血管网、微静脉以及通血毛细血管和动-静脉吻合支。

蛙类的肠系膜很薄，易于透光，在显微镜下或利用图像分析系统可以观察微循环血流状态、微血管的舒缩活动以及不同因素对微循环的影响。

显微镜下观察可见，小动脉、微动脉管壁厚，管腔内径小，血流速度快，血流方向是由主干流向分支，并随心脏的舒缩出现波动，红细胞呈现轴流现象；小静脉、微静脉管壁薄，管腔内径大，血流速度慢，无轴流现象，血流方向是由分支汇合成主干；而毛细血管管径最细，近乎无色，仅允许单个血细胞通过。

【动物、器材与试剂】

1. 蛙或蟾蜍。

2. 显微镜或计算机微循环血流（图像）分析系统、解剖器械（手术剪、手术镊、手术刀、金冠剪、眼科剪、眼科镊）、有孔蛙板、大头针、胶头滴管。

3. 20％氨基甲酸乙酯溶液、0.01％肾上腺素溶液、0.01％组胺、任氏液。

【实验步骤】

1. 实验准备

（1）取蛙（或蟾蜍）1只，称重，按每克体重2mg剂量，皮下淋巴囊注射20％氨基甲酸乙酯溶液进行麻醉，10～15min蛙（或蟾蜍）进入麻醉状态。

（2）将蛙（或蟾蜍）固定于蛙板上（背位或腹位），在腹部旁侧做1个纵向切口，拉出一段小肠，将一片肠系膜展开，小心覆于蛙板孔上，用大头针将肠襻固定。然后在肠系膜上滴1滴任氏液，以免干燥。

（3）将蛙板放于显微镜的载物台上，使置有肠系膜的蛙板孔对准物镜，然后进行观察（图2-27a）。

2. 实验项目

（1）在低倍镜下，分辨动脉、微动脉、微静脉和毛细血管（图2-27b），观察血管壁厚薄、口径粗细、血流方向和血流速度有何特征。图像经摄像头进入计算机微循环血流分析系统，对微循环血流做进一步分析。

（2）用小镊子给肠系膜血管以轻微的机械刺激，观察此时血管口径及血流有何变化。

（3）用一小片滤纸小心地将肠系膜上的任氏液吸干，再于其上加一滴0.01％肾上腺素，观察血管有何变化，出现变化后立即用任氏液冲洗。

（4）血流恢复正常后，滴加两滴0.01％组胺于肠系膜上，观察血管口径及血流的变化。

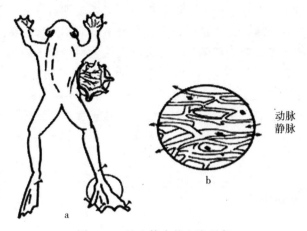

图 2-27　蛙血管内的血流观察
a. 蛙肠系膜固定方法　b. 蛙肠系膜微循环观察

【注意事项】

1. 肠系膜要展平，不能扭转，也不能拉得太紧；手术过程中要避免出血，以免影响血液流动。

2. 为防止肠系膜干燥，实验过程中需不断滴加任氏液。

【讨论题】

1. 显微镜下如何区分小动脉、小静脉和毛细血管？各种血管内血流有何特点？

2. 机械性刺激、肾上腺素和组胺对微循环有何影响？为什么？

五、蛙心容积导体与心电描记

【实验目的】

了解容积导体的概念，观察心脏位置对心电波形的影响，掌握心电记录的方法。

【实验原理】

凡是具有一定体积的整块导电体，均称为容积导体，这个导体的导电方式在电学上称为容积导电。心脏活动所产生的变化之所以能从机体表面记录出来，是因为心脏周围组织和体液含有大量电解质，具有一定的导电性能。因此，可以说人体和动物体也是一个容积导体。这个导体可将心电传导到体表面，所以把引导电极置于体表的不同部位，可通过心电图机记录到心脏活动所产生的周期性变化。本试验就是要验证心电的容积导电原理。在动物进化过程中，虽然心脏的结构和功能不断变化，逐渐完善，但心肌细胞的基本电活动却大同小异。动物的心电图与人的心电图相似，基本包括 P 波、QRS 波群和 T 波。但由于某些动物（如鳝鱼、乌龟等）心电活动的电压偏低，在 I 导联上常常描记不出明显的波形。另外，在一些动物心电图的 QRS 波群中，Q 波较小或缺失。在变温动物中，心率受温度或其他方面的影响较大。

【动物、器材与试剂】

1. 蟾蜍或蛙。
2. 生物信号采集处理系统、心电测量线、手术器械、探针、培养皿、烧杯、大头针、蛙板。
3. 任氏液。

【实验步骤】

1. 取蟾蜍 1 只，捣毁脑和脊髓后，用大头针将其背位固定于蛙板上，暴露心脏。

2. 开启计算机，进入生物信号采集处理系统，将心电测量线的插头接放大器面板的输入通道 3 或 1（第 3 或第 1 通道记录），设定以下参数。

显示模式：连续记录；输入方式：AC；放大倍数：1 000～2 000 倍；采样间隔：1ms；滤波：低通滤波（选上限 40Hz）；通道采样内容设为"心电"。

3. 模拟标准导联 II，将心电测量线上的鳄鱼夹夹到固定蛙四肢的大头针上（将大头针作为引导心电的肢体电极），右后肢接地（黑线），右前肢接负输入极导线（红线），左后肢接正输入极导线（绿线），如图 2-28 所示。

4. 调整放大倍数及 X、Y 轴压缩、扩展比，待曲线合适后，进入"写盘"状态，观察正常心电波形。需要打标记时点击"标记"按钮逐一添加即可。注意其主波的方向及每一个心动周期出现的心电次数以及每次心电波形是否相同。

5. 将蛙心连同静脉窦一同快速剪下，放入盛有任氏液的培养皿中，观察体表心电图是否仍然存在。

6. 从培养皿中取出蛙心立即放回原位，观察是否又出现心电图。再将蛙心倒放，即心尖朝向头端，心电波向是否改变。

7. 将心脏位置复原后，改变肢体电极输入导联方式（如模拟标准导联 I：左前肢接正输入极导线，右前肢接负输入极导线，右后肢接地），观察是否出现心电图，并注意其波形和波幅是否有改变。

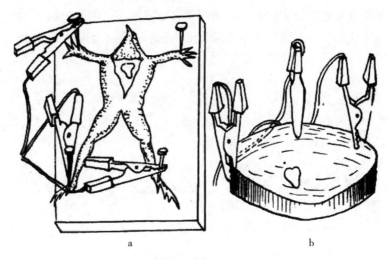

图 2-28　蛙心电及离体蛙心容积导体心电描记

a. 蛙心电引导法　b. 心电容积导体引导法

8. 取下鳄鱼夹，按顺序夹住盛有任氏液的培养皿边缘，并使鳄鱼夹接触到皿中任氏液。将蛙心放入培养皿中部，观察此时是否有心电波形出现。改变蛙心位置，观察心电波形发生什么变化。

9. 采样结束按"停止"键，将文件换名存盘，并对结果进行观察测量、编辑、打印输出结果。

【注意事项】

1. 剪取心脏时，勿伤及静脉窦，且动作迅速以免心脏损伤过大。

2. 用鳄鱼夹夹住培养皿边缘时，可垫一点脱脂棉，既避免滑脱，又利于良好接触任氏液。

3. 换导联方式时应重新调节显速、增益等。

4. 培养皿内任氏液不宜过多，以防止心脏随心搏漂移。

5. 蛙板、仪器应良好接地，导线不要互相缠绕以免干扰。

6. 如果按上述方法连接出现干扰，则可将左前肢也与心电图机左前肢导线连接起来，以克服干扰。

7. 培养皿中的任氏液温度最好保持在 30℃ 左右。

8. 与心电测量线上的鳄鱼夹相连的蛙钉不能刺入肌肉内，以防肌电干扰。

【讨论题】

1. 各项实验结果分别说明了什么问题？

2. 比较心肌细胞动作电位各期与心电图各波及间期的对应关系。

3. 心电图在临床诊断中有什么作用?

六、动脉血压的直接测定及神经、体液调节

【实验目的】

学习动脉血压直接测定的急性实验方法,观察某些神经、体液因素对动脉血压的影响。

【实验原理】

动脉血压是心脏和血管功能的综合指标,通常是相对稳定的,这种相对稳定性是靠神经、体液的调节实现的。神经调节是指中枢神经系统通过反射调节心血管活动。各种内外感受器的传入信息进入心血管中枢,经整合处理后,改变支配心脏和血管的交感及副交感神经的紧张性活动,进而使动脉血压得到调节。如交感神经兴奋,末梢释放去甲肾上腺素,作用于心肌细胞膜上的 β_1 受体,使心率加快,收缩力增强,从而心输出量增加,动脉血压升高;迷走神经兴奋,末梢释放乙酰胆碱,作用于心肌细胞膜上 M 受体,引起心率减慢,兴奋传导减慢,收缩力减弱,从而心输出量减少,动脉血压降低。

支配血管的植物性神经主要是交感缩血管神经,兴奋时末梢释放去甲肾上腺素,作用于血管平滑肌细胞膜上的 α 受体,使平滑肌收缩,血管口径变小,外周阻力增大,血压升高;若释放的去甲肾上腺素作用于血管平滑肌的 β_2 受体,则使平滑肌舒张,血管口径变大,外周阻力减小,血压降低。体液调节也是影响心血管活动的重要因素,以肾上腺髓质释放的肾上腺素和去甲肾上腺素为主。肾上腺素作用于 α、β 受体,使心跳加速,兴奋传导加速,心肌收缩力加强,心输出量增加,血压升高。对血管作用则取决于哪种受体占优势。一般在整体情况下,小剂量肾上腺素主要引起体内血液重新分配,对总外周阻力影响不大;但超生理剂量可使外周阻力明显升高。体液中的去甲肾上腺素主要作用于 α 受体,引起外周血管广泛收缩,增大外周阻力,使动脉血压升高。对心脏作用较小,强心作用不如肾上腺素。外源性给予时常由于明显的血压升高而反射性地引起心率减慢。

【动物、器材与试剂】

1. 家兔。

2. 生物信号采集处理系统、压力换能器(血压传感器)、保护电极、动脉导管、三通管、注射器、动脉夹、铁支架、小动物手术台、手术器械、玻璃分

针、有色丝线、脱脂棉。

3.20％氨基甲酸乙酯溶液、3.8％柠檬酸钠溶液（或 0.5％肝素生理盐水）、生理盐水、0.01％肾上腺素溶液、0.001％乙酰胆碱溶液。

【实验步骤】

1. 仪器装置

（1）将压力换能器插头连到相应通道的输入插座（1、2、3 或 4 通道均可），压力腔内充满抗凝液体，排出气泡，经三通管（或直接）与动脉导管相连。

（2）开机启动生物信号采集处理系统操作界面。设定以下参数。

显示模式：连接记录；输入方式：DC；触发方式：刺激器触发；刺激模式：单刺激或串刺激（中等强度）；放大倍数：200～500 倍；采样间隔：1ms。

2. 手术操作

（1）麻醉。称重后，按每千克体重 1g 的剂量，耳缘静脉注射 20％氨基甲酸乙酯溶液麻醉家兔，麻醉后，背位固定于手术台上。注射过程中注意观察动物肌张力、呼吸频率及角膜反射变化，防止麻醉过深，并遵循"先快后慢"的注射原则。

（2）分离颈部神经和血管。剪去颈部被毛，沿正中线做 5～7cm 切口，再沿气管钝性分离皮下组织和肌肉，将胸锁乳突肌向外侧分开，即可见到位于气管两侧的血管神经束（图 2-29），轻轻分离右侧减压神经、交感神经及双侧的迷走神经、颈动脉，分别下穿不同颜色丝线备用。

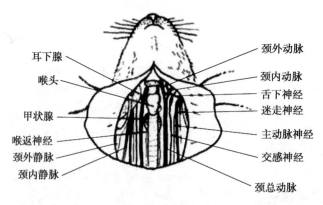

图 2-29　兔颈部血管、神经毗邻关系（朱大诚，2009）

（3）动脉插管。分离左侧颈动脉 2～3cm（尽量向头端分离），动脉夹夹闭其近心端，穿线结扎其头端，血管下穿线备用。在头端结扎线的近端剪一斜口，将充满抗凝液的动脉导管由切口处向心脏方向插入动脉内，用线扎紧动脉套管，打开三通管和动脉夹，待血压稳定后，开始实验。调节放大倍数及 X、Y 轴压缩、扩展比，直至图形合适为止。

3. 观察项目（需要时请按"标记"按钮逐一做标记）

（1）记录正常血压曲线。识别心搏波、呼吸波和梅耶氏波。动脉血压随心室的收缩和舒张而变化。心室收缩时血压上升，心室舒张时血压下降，这种血压随心动周期的波动称为"一级波"（心搏波），其频率与心率一致。此外，动脉血压也随呼吸而变化，吸气时血压先是下降，继而上升；呼气时血压先是上升，继而下降，这种波动称为"二级波"（呼吸波），其频率与呼吸频率一致。有时可见到一种低频率（几次到几十次呼吸为一周期）的缓慢波动称为"三级波"（梅耶氏波），可能与心血管运动中枢紧张性的周期变化有关（图 2-30）。

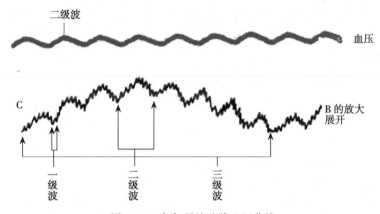

图 2-30 家兔颈总动脉血压曲线

（2）地心引力的影响。松开后肢固定绳，并迅速抬起后肢使之高于心脏位置（保持心脏水平位），观察此时血压变化。

（3）夹闭颈动脉。夹闭对侧颈动脉，阻断血流 15s，观察血压变化。

（4）用薄橡皮手套将动物的鼻子和嘴套起，使其中有少量空气，一段时间后手套内 CO_2 浓度逐渐升高，观察此时血压变化。

（5）刺激减压神经。用中等强度电刺激减压神经，观察血压变化。血液恢复后，用两根丝线分别结扎减压神经，并在两结间剪断，观察血压变化。分别用电刺激向中端和离中端，观察血压变化。

（6）刺激迷走神经。用中等强度电刺激迷走神经，观察血压变化。结扎，并于结的向中端剪断一侧迷走神经，观察血压变化。刺激迷走神经离中端，观察血压变化。剪断另一侧迷走神经，观察血压变化。再刺激减压神经向中端，观察血压变化。

（7）耳缘静脉注射 0.01％肾上腺素 0.2～0.3mL，观察血压变化。

（8）耳缘静脉注射 0.001％乙酰胆碱 0.1～0.2mL，观察血压变化。

（9）血容量改变对血压的影响。自对侧颈动脉放血 10mL，观察血压变化。然后，自耳缘静脉注入 20mL 38℃生理盐水，观察血压变化。

（10）点击"停止"按钮，结束采样，换名存盘，并编辑、打印输出实验结果。

【注意事项】

1. 每项实验后需待血压基本恢复正常后，再进行下一项。

2. 动脉套管与颈动脉保持平行位置，防止刺破动脉或堵塞管口。压力传导系统应严格密封。

3. 注意动脉保暖及麻醉深度，若实验时间较长，麻醉变浅可酌量补加。

【讨论题】

1. 为什么换能器应与动物心脏保持同一水平位置？

2. 支配心血管的神经有哪些？参与血压调节的主要反射有哪些？如何进行调节？

3. 肾上腺素与去甲肾上腺素的作用有何不同？为什么？

4. 动脉血压是如何保持相对稳定的？

5. 解释失血或输血后的血压及心搏变化。

第四节　呼吸生理

一、呼吸运动的调节

【实验目的】

1. 学会气管插管术和颈部神经、血管分离术。

2. 掌握测定动物呼吸运动的方法。

3. 观察血液中化学因素的改变对动物呼吸运动（呼吸频率、节律、幅度）的影响，并分析机制。

4. 观察迷走神经在动物呼吸运动调节中的作用，并分析其机理。

【实验原理】

呼吸运动是呼吸中枢节律性活动的反应。在不同生理状态下，呼吸运动所发生的适应性变化有赖于神经系统的反射性调节，其中较为重要的有呼吸中枢、肺牵张反射以及外周化学感受器的反射性调节。因此，体内外各种刺激可以直接作用于中枢部位或通过不同的感受器反射性地影响呼吸运动。

【动物、器材与试剂】

1. 家兔。

2. 小动物手术台、常用手术器械1套、铁支架、双凹夹、生物信号采集处理系统、呼吸换能器（或张力换能器）、刺激电极、保护电极、气管插管、注射器（20mL和1mL）、玻璃分针、橡皮管（长0.5m，内径0.7cm）、CO_2球胆（或选用含$CaCO_3$的广口瓶、浓HCl）、空气球胆、钠石灰瓶、纱布、药棉、棉线。

3. 20％氨基甲酸乙酯溶液、3％乳酸溶液、生理盐水等。

【实验步骤】

1. 麻醉及固定　取家兔1只，称重，按每千克体重1g的剂量，耳缘静脉注射20％氨基甲酸乙酯溶液麻醉，待其麻醉后，仰卧固定在手术台上，先后固定四肢及兔头。

2. 颈部手术及气管插管　剪去颈部与剑突腹面的被毛，沿颈部正中纵行做3～4cm长的切口，分离气管并插入气管插管（图2-31）。再分离出一侧颈总动脉与双侧迷走神经，穿线备用。

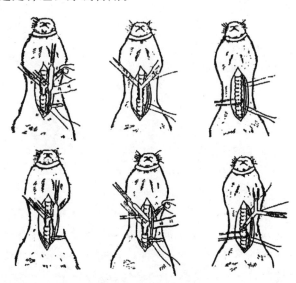

图2-31　兔气管插管

3. 呼吸运动的描记 急性实验时，记录呼吸运动的方法有两种，一种为通过与气管插管相连的呼吸换能器记录呼吸运动（图 2-32）；另一种是通过张力换能器记录膈肌的运动。

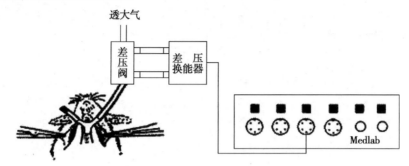

图 2-32 呼吸流量法记录呼吸运动

（1）通过与气管插管相连的呼吸换能器记录呼吸运动。将呼吸换能器与气管插管相连接，然后接入生物信号采集处理系统，以描记呼吸运动曲线。

（2）通过张力换能器记录膈肌运动。

方法 1：切开胸骨下端剑突部位的皮肤，沿腹白线剪开约 2cm 的切口，打开腹腔。细心分离剑突表面的组织，并暴露剑突软骨与骨柄。暴露出剑突内侧面附着的两块膈小肌，仔细分离剑突与膈小肌之间的组织，并剪断剑突软骨柄（注意止血），使剑突完全游离（图 2-33）。此时剑突软骨与胸骨完全分离。提起剑突，可观察到剑突软骨完全跟随膈肌收缩而上下自由运动。用 1 个缚有长线的金属弯钩勾于剑突中间部位，线的另一端与张力换能器相连，换能器接入生物信号采集处理系统。调节换能器和线的紧张度，由换能器将信息输入生物信号采集处理系统，以描记呼吸运动曲线。

剑突骨柄

图 2-33 游离剑突软骨的方法

方法 2：用带线的架子夹住（或用线拴住）胸廓运动最高点的皮肤或毛，将线的另一端连接到张力换能器上，换能器接入生物信号采集处理系统。调节换能器和线的紧张度，将呼吸运动变化的信息输入生物信号采集处理系统，以描记呼吸运动曲线。

方法 3：将呼吸（张力）换能器的感应部位放在随呼吸运动起伏最大的部

位，固定换能器，并接入生物信号采集处理系统。由换能器将信息输入生物信号采集处理系统，以描记呼吸运动曲线。

4. 观察项目

（1）启动"记录"按钮，描记一段正常呼吸波曲线，观察正常呼吸运动与曲线的关系，并区分心搏波、呼吸波和梅耶氏波（图 2-34）。

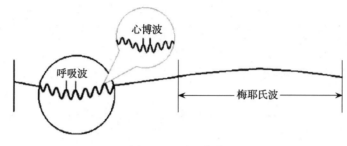

图 2-34　呼吸曲线

（2）窒息。将气管插管的两个侧管同时夹闭 10～20s，观察并记录呼吸运动的变化。

（3）增加吸入气中 CO_2 浓度。夹闭气管套管一端的侧管，待呼吸平稳后，将充满 CO_2 的球胆出口对准气管套管的另一端侧管口，松开球胆夹子，缓慢增加吸入气中 CO_2 浓度，观察呼吸曲线的变化，待呼吸变化明显时夹闭球胆。

（4）缺 O_2。夹闭一侧气管套管，待呼吸平稳后，将另一侧气管套管通过 1 只钠石灰瓶与盛有空气的球胆相连，使动物呼吸球胆中的空气。经过一段时间后，球胆中的 O_2 明显减少，但 CO_2 并不增多（钠石灰将呼出气中的 CO_2 吸收），观察此时呼吸运动的变化。

（5）增加无效腔。夹闭一侧气管套管，待呼吸平稳后，将长约 0.5m、内径 0.7cm 的橡皮管连于气管插管的另一个侧管上，使无效腔增加，观察并记录呼吸运动的改变。

（6）增加血液中 H^+ 浓度。从耳缘静脉注入 3% 的乳酸 2mL，观察呼吸曲线的变化。

（7）肺牵张反射。将装有约 20mL 空气的注射器（或洗耳球）经细乳胶管与气管套管的一侧相连，记录一段对照呼吸运动曲线之后，在吸气末堵塞另一个侧管，同时立即准确地将注射器内约 20mL 的空气迅速注入肺内，可见呼吸运动暂时停止于呼气状态。当呼吸运动出现后，开放堵塞口，待呼吸运动平稳之后再于呼气末堵塞另一个侧管，同时用注射器立即由肺内抽取气体，可见呼吸运动暂停于吸气状态。分析上述变化产生的机制。

（8）提起一侧迷走神经的备用线，剪断迷走神经，观察呼吸曲线的变化。

（9）再将另一侧迷走神经的备用线结扎并剪断，观察呼吸曲线的变化。

（10）重复步骤（7）（向肺内注入空气与由肺内抽取气体），观察并记录呼吸运动是否改变，与迷走神经完整时有何异同。

注意：分析哪些是肺牵张反射的效应，哪些属于机械因素引起的后果。如膈肌呼吸运动曲线的变化，除了由于膈肌的收缩和舒张造成外，尚有向肺内推注空气与抽取气体所引起的膈肌的被动位移变化。

（11）分别刺激迷走神经中枢端与外周端，观察并记录呼吸运动。注意是否都有变化并阐述原因。

（12）自腹中线剖开腹腔，推开腹腔的脏器，露出膈肌，注意膈肌收缩极其位置变化与呼吸运动的关系。

（13）打开胸腔，找到膈神经（在心基部），观察是否当电刺激膈神经时，可引起膈肌收缩，产生吸气动作。

【注意事项】

1. 麻醉剂注射速度要慢，密切注意动物的呼吸情况及对刺激的反应。

2. 气管插管时用力不要过猛，以免损伤气管黏膜而出血。

3. 气管插管前应注意对气管剪口处进行止血，并将气管内清理干净，再行插管。

4. 分离剑突下膈肌角时不能向上分离过多，避免造成气胸，剪断胸骨柄时切勿伤及膈肌角。

5. 气流不易过急，以免直接影响呼吸运动，干扰实验结果。

6. 每项实验前后均应有正常呼吸运动曲线作为比较。

7. 当增大无效腔出现明显变化后，应立即打开橡皮管的夹子，以恢复正常通气。

8. 注射乳酸时切忌乳酸从静脉中漏出，以免家兔因疼痛而挣扎，影响实验结果。

【讨论题】

1. 血液中 CO_2 增多或减少 O_2 时，呼吸运动有何改变？通过哪些途径进行调节？

2. 增加吸入气中的 CO_2 浓度、缺 O_2 刺激和血液 pH 下降均使呼吸运动加强，机制有何不同？

3. 如果将双侧颈动脉体麻醉，分别增加吸入气中的 CO_2 浓度和给予缺 O_2 刺激，结果有何不同？

4. 根据实验结果分析肺牵张反射，包括迷走神经吸气抑制反射与迷走神经吸气兴奋反射的反射途径以及对维持正常呼吸节律的意义。

5. 切断双侧迷走神经以后，呼吸运动的变化说明了什么问题？

6. 迷走神经在节律性呼吸运动中起何作用？

二、胸膜腔内负压的观察

【实验目的】

1. 学习胸内负压的测定方法。

2. 直接观察胸内压在呼吸过程中的周期性变化及影响其变化的因素。

3. 通过制造气胸，加深对胸内负压生理意义的理解。

【实验原理】

在呼吸过程中肺能随胸廓扩张，是因为在肺和胸廓之间有一个密闭的胸膜腔。胸膜腔是由胸膜脏层与壁层所构成的密闭而潜在的间隙。胸膜腔内的压力通常低于大气压，称为胸内负压。胸内负压是由肺的弹性回缩力所产生，其大小随呼吸深度和呼吸周期的变化而改变。吸气时，肺扩张，回缩力增强，胸内负压加大；呼气时，肺缩小，回缩力减小，负压降低。如果破坏胸膜腔的密闭性，使胸膜腔与外界相通造成开放性气胸，则胸内负压消失，结果造成肺不张，引起呼吸困难。

【动物、器材与试剂】

1. 家兔。

2. 小动物手术台、常用手术器械、止血钳、气管插管、胸内套管（或带橡皮管的粗穿刺针头或尖端磨钝带输液管的粗针头）、水减压计。

3.20％氨基甲酸乙酯溶液。

【实验步骤】

1. 麻醉与固定　取家兔 1 只，称重，按每千克体重 1g 的剂量，耳缘静脉注射 20％氨基甲酸乙酯溶液麻醉，待其麻醉后，仰卧固定在手术台上，先后固定四肢及兔头。

2. 颈部手术及气管插管　剪去颈部与右前胸部的被毛，沿颈部正中纵行做 3～4cm 长的切口，分离气管并插入气管插管。

3. 插胸内套管　将胸内套管（或带橡皮管的粗穿刺针头或尖端磨钝带输液管的粗针头）与高灵敏度的压力感受器相连（套管内不充水），若仅做定性观察可直接与水检压计连接。

沿右侧胸部腋前线第 4～5 肋骨上缘做一个长约 2cm 的皮肤切口，用止血钳稍稍分离表层肌肉，将胸内套管的箭头形尖端从肋间插入胸膜腔（如果另一端与高灵敏度的压力感受器相连，则此时可记录到零位线下移，并随呼吸运动上下移动，说明已插入胸膜腔内；如果另一端与水检压计相连接，则可见水检压计与胸膜腔相通的一侧液面上升，而与空气相通的一侧液面下降，且水检压计内的水柱随呼吸运动而上下移动，

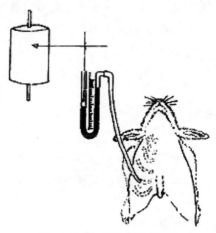

图 2-35　胸内套管插管部位

说明针头已进入胸膜腔内）。旋转胸内套管的螺旋，将套管固定于胸壁（图 2-35）。然后开始测定胸内负压，如图 2-36。

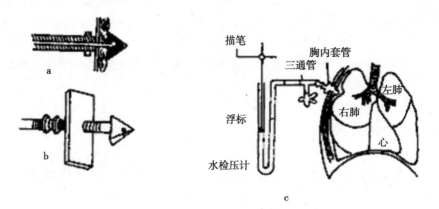

图 2-36　胸内负压的测定

a. 胸内套管剖面（已固定于胸壁上）　b. 胸内套管外形　c. 用检压计测量胸腔内压

4. 观察项目

（1）胸内负压的观察。

（2）胸内负压随呼吸运动的变化。观察吸气与呼气时胸内负压的变化，记下平静呼吸时胸内负压的数值。此时吸气与呼气均为负值。

（3）增大无效腔对胸内负压的影响。将气管套管的一个侧管上接 1 个长约 0.5m，内径为 0.7cm 的橡皮管，并夹闭另一个侧管，使无效腔增大，造成呼吸运动加强，观察呼气和吸气时胸内负压的变化，记下其胸内负压之数值。

（4）气胸对胸内负压的影响。剪开前胸皮肤，切断肋骨，打开右侧胸腔，

造成人工开放性气胸，或者用 1 支粗的全套管针穿透胸腔，使胸膜腔与大气直接相通，形成气胸，观察胸内负压和呼吸运动的变化。

（5）迅速关闭创口，用注射针头刺入胸膜腔内抽出气体，观察胸膜腔内压力的变化，可见胸内负压又重新出现，呼吸运动也逐渐恢复正常。

【实验结果】

观察并记录正常呼吸、增大生理无效腔、气胸和迅速关闭创口时的胸内负压值。

【注意事项】

1. 做气管插管前应注意对气管剪口处进行止血，并将气管内清理干净，再行插管。

2. 如用粗针头代替胸内套管，则在插入胸膜腔之前，需将针头尖部磨钝，并检查针孔是否通畅，连接处是否漏气。

3. 如用粗针头代替胸内套管，穿刺时，针头斜面应朝向头侧，首先用较大的力量穿透皮肤，然后控制进针力量，用手指抵住胸壁，以防刺入过深，刺破肺组织和血管，形成气胸或出血过多。

4. 形成气胸后，可迅速封闭漏气的创口，并用注射器抽出胸膜腔内空气，此时肺内压可重新呈现负压。

【讨论题】

1. 胸内负压是怎样形成的？为什么在呼气和吸气时胸内负压的数值会发生变化？

2. 平静呼吸时胸内压为什么始终低于大气压？

3. 用长橡皮管增大无效腔时，呼吸运动有何变化？为什么？

4. 胸内负压的生理意义是什么？

5. 在什么情况下，胸内压高于大气压？

6. 人工气胸后，将胸壁切口严密缝合，再将胸膜腔内的空气抽出，胸内负压能否恢复？为什么？

三、膈神经放电

【实验目的】

1. 学习家兔在体膈神经放电的电生理学实验方法。

2. 观察膈神经自发放电与呼吸运动的关系，以加深理解呼吸节律来源于中枢神经的认识。

3. 理解某些因素对膈神经放电的影响机制。

【实验原理】

神经元活动出现脉冲性的电位变化称为放电。平静呼吸运动是由包括膈肌和肋间外肌在内的呼吸肌的收缩和舒张活动引起胸廓的扩大和缩小活动，为自动节律性活动。当延髓吸气中枢兴奋时，传出冲动到达脊髓，引起支配吸气的运动神经元兴奋，发出神经冲动，经膈神经和肋间神经传到膈肌和肋间外肌，引起膈肌和肋间外肌收缩，胸廓扩大产生吸气。延髓吸气中枢活动暂停，膈神经和肋间神经放电停止，膈肌和肋间外肌舒张，胸廓缩小产生呼气。这种起源于延髓呼吸中枢的节律性呼吸运动，受到来自中枢和外周的各种感受器，特别是化学感受器和机械感受器传入信息的反射调节。当动脉血中 p（O_2）、p（CO_2）与［H^+］发生变化时，通过延髓腹外侧浅表的中枢化学感受器和外周化学感受器来影响呼吸运动。当肺过度扩张或过度萎陷时，通过气道平滑肌中的牵张感受器发出冲动经迷走神经到达延髓，反射性抑制或兴奋吸气。家兔的肺牵张反射在其呼吸调节中起着重要作用。膈神经放电活动和膈肌收缩代表吸气运动的开始，而膈神经放电活动停止和膈肌舒张与呼气运动同步。此外，膈神经的放电活动状态的变化，反映了呼吸中枢神经系统机能活动的变化。

【动物、器材与试剂】

1. 家兔。

2. 小动物手术台、常用手术器械 1 套、气管插管、生物信号采集处理系统、引导电极、刺激电极、保护电极、注射器（10mL、20mL）及针头、玻璃分针、橡皮管（长 0.5m，内径 0.7cm）、CO_2 球胆、空气球胆、钠石灰瓶、纱布、药棉、棉线。

3. 20％氨基甲酸乙酯溶液、3％乳酸溶液、生理盐水等。

【实验步骤】

1. 麻醉固定 取家兔 1 只，称重，按每千克体重 1g 的剂量，耳缘静脉注射 20％氨基甲酸乙酯溶液麻醉，待其麻醉后，仰卧固定在手术台上，先后固定四肢及兔头。

2. 颈部手术

（1）气管插管。剪去颈部与右前胸部的被毛，沿颈部正中纵行做 3～4cm

长的切口，分离气管并插入气管插管。

（2）分离两侧迷走神经。在两侧颈总动脉鞘内分离出迷走神经，在其下方穿线备用。

（3）分离颈部膈神经。用止血钳在颈外静脉（在外侧皮下）和胸锁乳突肌之间向深处分离，直到气管边上，可看到较粗的臂丛神经向后外行走。家兔的膈神经主要是由 C4、C5、C6 脊神经腹支的分支构成，较细，于臂丛神经的内侧横过臂丛神经并与其交叉，由颈部前上方斜向胸部后下方（在喉头下方约 1cm 的部位，可见向下、向内侧走行的膈神经），用玻璃分针在尽可能靠近锁骨的部位，小心、仔细地分离出一小段神经，并除去神经上附着的结缔组织，于其下穿线备用（图 2-29）。

最后用温热生理盐水纱布覆盖手术野。

3. 膈神经放电的引导　将膈神经勾在悬空的引导电极上，为避免触及周围组织，最好在放电极之前，将神经周围的液体吸干，神经下垫 1 个绝缘薄膜，电极内加 1 滴液体石蜡。同时将接地电极夹在颈部皮肤上，以减少干扰。将引导电极的输入端与生物信号采集处理系统通道 1 的输入接口连接后启动。依据记录的神经放电波形的大小、形状，适当调节实验参数，如扫描速度、增益大小。以便获得最佳的实验效果。打开监听器开关，将音量调整到合适大小，即可听到膈神经放电的声音。

4. 观察项目

（1）描记一段正常的膈神经电活动变化曲线。

（2）增加无效腔。将气管插管一侧的橡胶套管夹闭，描记一段膈神经放电曲线。然后在气管插管的另一侧管上连接一个长 50cm 的橡皮管，使无效腔增大，观察记录膈神经电活动的变化。

（3）增加吸入气中 CO_2 浓度。将气管插管的一侧管夹闭，然后将装有 CO_2 的球胆管口靠近气管插管的另一侧管开口，逐渐打开 CO_2 球胆管上的螺旋，让动物吸入含 CO_2 的气体，观察记录膈神经电活动的变化。

（4）窒息。同时将气管插管的两侧管夹闭 10～20s，观察记录膈神经电活动的变化。

（5）缺 O_2。夹闭一侧气管套管，待呼吸平稳后，将另一侧气管套管通过一只钠石灰瓶与盛有空气的球胆相连，使动物呼吸球胆中的空气。经过一段时间后，球胆中的 O_2 明显减少，但 CO_2 并不增多（钠石灰将呼出气中的 CO_2 吸收），观察记录膈神经电活动的变化。

（6）血液酸碱度的改变。由耳缘静脉注入 3％的乳酸溶液 2mL，观察记录膈神经电活动的变化。

（7）肺牵张反射对膈神经放电的影响。

①肺扩张反射。将 20mL 注射器连于气管插管一侧的橡皮管上，抽气 20mL 备用，在动物吸气之末（膈神经放电之末）用手指堵住气管插管另一侧的同时，向肺内注入 20mL 空气，并维持肺扩张状态 10 余秒钟，观察并记录膈神经电活动的变化。

②肺缩小反射。在呼气之末（膈神经放电开始之前）用手指堵住气管插管另一侧的同时，抽出肺内空气，并维持肺缩小状态几秒钟，观察并记录膈神经电活动的变化。

（8）迷走神经在呼吸运动中的作用。描记一段正常膈神经放电后（记录每分钟膈神经放电的次数），先切断一侧迷走神经，观察每分钟膈神经放电次数的变化；再切断另一侧迷走神经，观察每分钟膈神经放电次数的改变。

（9）重复步骤（7）中肺牵张反射对呼吸运动的影响，观察并记录膈神经电活动的变化。

【注意事项】

1. 分离膈神经的操作很关键，直接关系到本实验的成败，所以动作要轻柔，分离要干净，不要让凝血块或组织块黏着在神经上。

2. 引导电极尽量放在膈神经向中端，以便神经有损伤时可将电极移到向心端。注意动物和仪器的接地要可靠，以避免电磁干扰对实验结果的影响。

3. 每项实验做完，待膈神经放电和呼吸运动恢复后，方可继续下一项实验，以便前后对照。自肺内抽气时，切勿使抽气过多或使抽气时间过长，以免引起家兔死亡。

4. 膈神经放电的观察是指群集放电的频率、振幅。呼吸运动的观察是指它的频率和深度。

【讨论题】

1. 本实验结果说明膈神经放电与呼吸运动有何关系？

2. 膈神经与迷走神经在肺牵张反射中各起什么作用？为什么？

第五节　消化生理

一、小肠吸收和渗透压的关系

【实验目的】

了解小肠吸收与肠内容物渗透压的关系。

【实验原理】

肠内容物的渗透压是制约肠吸收的重要因素。同种溶液在一定浓度范围，浓度愈高吸收愈慢。过浓时可致反渗透现象，要在浓度降低至一定程度后，溶质才被吸收。而水的吸收是被动的渗透过程，即需待溶质被吸收后，溶液成低渗时，水再向肠壁、血液中转移。由于饱和硫酸镁溶液对肠壁具有反渗透作用，因此可用作泻盐。

【动物、器材与试剂】

1. 家兔，雌雄均可，白色，体重 2.5～3.0kg。
2. 解剖台、手术器械、注射器、棉线。
3. 75％酒精、生理盐水、戊巴比妥钠、饱和硫酸镁溶液、0.7％氯化钠溶液。

【实验步骤】

1. 按每千克体重 30～40mg 的剂量，耳缘静脉注射戊巴比妥钠，麻醉兔子并保定于兔手术台。
2. 剖开腹腔，拉出约 16cm 长的一段空肠，中间环线结扎，另在距中点上下各 8cm 处分别结扎，分为两段等长的肠腔（设为 A 段、B 段）。
3. A 段中注入 5mL 饱和硫酸镁溶液，B 段中注入 30mL 0.7％氯化钠溶液，并将空肠放回腹腔，30min 后检查和记录两段空肠内容物体积的变化。

【注意事项】

1. 结扎肠段时应防止把血管结扎，以免影响实验效果。
2. 注意实验动物的保温。
3. 肠管的结扎以不使肠管内液体相互流通为准。

【讨论题】

为什么可将饱和硫酸镁用作泻药？

二、胰液和胆汁分泌的调节

【实验目的】

了解动物胰液和胆汁的分泌，以及神经、激素对它们分泌的调控。

【实验原理】

胰液和胆汁的分泌受神经和体液两种因素的调节。与神经调节相比较，体液调节更为重要。在稀盐酸和蛋白质分解产物及脂肪的刺激作用下，十二指肠黏膜可以产生胰泌素和胆囊收缩素。胰泌素（促胰液素）主要作用于胰腺导管的上皮细胞，引起水和碳酸盐的分泌；而胆囊收缩素主要引起胆汁的排出和促进胰酶的分泌。此外，胆盐（或胆酸）也可促进肝脏分泌胆汁，称为利胆剂。

【动物、器材与试剂】

1. 家兔，雌雄均可，白色，体重 2.5～3.0kg。

2. 手术台、常用手术器械、注射器及针头、各种粗细的塑料管（或玻璃套管）、纱布、丝线等。

3.40％酒精、生理盐水合剂、0.4％ HCl 溶液、胆囊胆汁、肾上腺素（1∶10 000 稀释）、乙酰胆碱 1∶1 000 稀释。

【实验步骤】

1. 气管插管 按常规行气管插管术后，于剑突下沿正中线切开腹壁 10cm，拉出胃；双结扎肝胃韧带从中间剪断。将肝脏上翻找到胆囊及胆囊管；然后，用注射器抽取胆囊胆汁数毫升备用。

2. 胆管插管 通过胆囊及胆囊管的位置找到胆总管，插入胆管插管，并同时将胆总管十二指肠端结扎。

3. 胰管插管 从十二指肠末端找出胰尾，沿胰尾向上将附着于十二指肠的胰液组织用盐水纱布轻轻剥离，在尾部向上 2～3cm 处可看到一个白色小管从胰腺穿入十二指肠，此为胰主导管。待认定胰主导管后，分离胰主导管并在下方穿线，尽量在靠近十二指肠处切开，插入胰管插管，并结扎固定。

【注意事项】

1. 术前应充分熟悉手术部位的解剖结构。

2. 手术操作应细心，防止出血，若遇大量出血需完全止血后再行分离手术。

3. 剥离胰液管时要小心谨慎，操作时应轻巧仔细。

4. 实验前 2～3h 给动物少量喂食，用以提高胰液和胆汁的分泌量。

【讨论题】

为什么实验前 2～3h 需要给动物少量喂食？

三、离体肠运动的描记

【实验目的】

研究 17℃台氏液、0.01％乙酰胆碱（Ach）、0.01％肾上腺素（E）、1mol/L NaOH、1mol/L HCl、缺氧等条件对家兔离体肠肌运动的影响。

【实验原理】

将浸有离体家兔肠肌的 38℃的台氏液迅速换成 17℃的台氏液并依次滴加 0.01％ Ach、0.01％E、1mol/L NaOH、1mol/L HCl 及停止供氧，并用生物信号采集处理系统记录肠肌的收缩情况。将 38℃的台氏液迅速换成 17℃的台氏液后，肠肌运动张力与频率先迅速降低后逐渐增大；滴加 0.01％ Ach、1mol/L NaOH 后，肠肌运动张力和频率都增大；滴加 0.01％E、1mol/L HCl 肠肌运动张力与频率迅速降低；停止通氧后，肠肌运动张力和频率逐渐降低；恢复通氧后，肠肌运动张力和频率逐渐升高。

【动物、器材与试剂】

1. 家兔，雌雄均可，白色，体重 2.5～3.0kg。

2. 恒温水泵、空气泵、固定器、恒温离体小肠灌流装置、微调固定器、张力换能器、铁支架、电脑、生物信号采集处理系统、木槌、止血钳、手术刀、20mL 注射器、手术剪、持针器、手术圆针、缝线、烧杯、手术盘、钢碗。

3. 台氏液、0.01％乙酰胆碱（Ach）、0.01％肾上腺素（E）、1mol/L NaOH、1mol/L HCl。

【实验步骤】

1. 离体家兔肠肌制备　取家兔一只，将其倒提，用木槌猛击后脑勺，使之昏迷，将其仰卧位固定，用手术剪从剑突下沿腹部白线向耻骨联合方向剪开皮肤约 5cm 长，打开腹壁，暴露腹腔，顺着胃找到与胃相连的十二指肠，沿十二指肠向空肠的方向取出小肠段约 30cm，放入一小手术盘中，用注射器抽取预冷台氏液冲洗肠内容物，直至冲洗干净为止。将干净的小肠段放入另一盛有预冷台氏液的小手术盘中，用手术刀刮去肠管外的血管和系膜，将小肠段切割成小段，每小段肠约 2cm 长，并在小段肠的两端、距断端约 1mm 处各穿约

30cm 长的线。

2. 标本固定

（1）取出固定架，将肠段的下端的线头尽量靠近并牢固地绑紧在固定架的小钩，将固定架放回内槽，使小钩尽量靠近槽底（尽量减少台式液的使用），重新用张力微调器固定固定架，将空气泵重新连接至固定架，并通过固定架将空气输入内槽的台氏液中。

（2）将肠段上端的线头与张力换能器的应变梁连接，用张力微调器缓慢升降拉线，保持线有一定紧张度，肠段、线应与地平面垂直，同时，肠段及上端的线头不得碰及槽壁和固定架。

（3）换液。打开灌流槽的内槽排水阀门，排去原来的台氏液，用 20mL 注射器从恒温水泵的小烧杯中抽取被加温的台氏液放入灌流槽的内槽中，其每次用量以淹过肠段的量为准。调节位于固定架尾部的空气流量调节旋钮，使气泡既细小、均匀，又不影响肠段的运动。

3. 实验观察

（1）记录一段 38℃的台氏液环境中小肠平滑肌收缩活动曲线，观察其收缩活动的特点。关闭恒温水泵，将原 38℃台氏液换成等量的 17℃台氏液，观察肠活动的改变，待其活动改变明显时，冲洗 1 遍，再加入等量的 38℃台氏液。

（2）待肠活动恢复后，向台氏液中加入 0.01%乙酰胆碱（Ach）2 滴，观察小肠收缩活动的改变，待反应稳定后冲洗 2 遍，再加入等量的 38℃台氏液。

（3）待肠活动恢复后，向台氏液中加入 0.01%肾上腺素（E）2 滴，观察小肠活动的改变，待反应稳定后冲洗 2 遍，再加入等量的 38℃台氏液。

（4）待肠活动恢复后，向台氏液中加入 1mol/L NaOH₂ 滴，观察小肠收缩活动的改变，待反应稳定后冲洗 2 遍。

（5）待肠活动恢复后，向台氏液中加入 1mol/L HCl2 滴，观察小肠收缩活动的改变，反应稳定后冲洗 2 遍。

（6）待肠活动恢复后，停止空气泵的工作，观察肠活动的改变，待其收缩活动改变明显时，反应稳定后冲洗 1 遍，再加入等量的 38℃台氏液，空气泵描记一段肠段收缩活动恢复曲线后终止实验。

【注意事项】

1. 肠道连接线要具有一定的紧张度，勿牵拉过紧或者过松。

2. 通氧量要适量，不得影响肠段运动描记。

3. 加药前，准备好更换用的预热台氏液。

4. 每次试验项目效果明显后，立即更换台氏液，冲洗肠段，待肠段恢复稳定活动后，再观察下一次实验项目。

【讨论题】

1. 肌张力很高时，滴加乙酰胆碱反而使肌张力降低，为什么？
2. 肌张力较低时，滴加肾上腺素反而使肌张力增高，为什么？

四、胃肠运动的观察

【实验目的】

观察胃肠道各种形式的运动，以及神经和体液因素对胃肠运动的调节。

【实验原理】

消化管平滑肌具有自动节律性，可以形成多种形式的运动，主要有紧张性收缩、蠕动、分节运动及摆动。在整体情况下，消化管平滑肌的运动受神经和体液的调节。

【动物、器材与试剂】

1. 家兔，雌雄均可，白色，体重 2.5～3.0kg。
2. 固定器、微调固定器、张力换能器、铁支架、电脑、生物信号采集处理系统、木槌、止血钳、手术刀、20mL 注射器、手术剪、持针器、手术圆针、缝线、烧杯、手术盘。
3. 生理盐水、0.01％乙酰胆碱（Ach）、0.01％肾上腺素（E）、阿托品。

【实验步骤】

1. 实验的准备

（1）棒击兔的后脑使其昏迷。将兔仰卧固定于手术台上，剪去颈部和腹部的被毛。

（2）按常规行气管插管术。

（3）从剑突下，沿正中线切开皮肤、打开腹腔，暴露胃肠。

（4）在膈下食管的末端找出迷走神经的前支，分离后，下穿一条细线备用。以浸有温台氏液的纱布将肠推向右侧，在左侧腹后壁肾上腺的上方找出左侧内脏大神经，下穿一条细线备用。

2. 实验项目

（1）观察相对正常情况下胃肠运动的形式，注意胃肠的蠕动、逆蠕动和紧张性收缩，以及小肠的分节运动等。在幽门与十二指肠的接合部可观察到小肠的摆动。

（2）用连续电脉冲（波宽 0.2ms、强度 5V，10～20Hz）作用于膈下迷走神经 1～3min，观察胃肠运动的改变，如不明显，可反复刺激几次。

（3）用连续电脉冲（波宽 0.2ms、强度 10V，10～20Hz）刺激内脏大神经 1～5min，观察胃肠运动的变化。

（4）耳郭外缘静脉注射 0.01％肾上腺素 0.5mL，观察胃肠运动的变化。

（5）将肾上腺素或乙酰胆碱分别滴在小肠上，观察小肠运动有何变化。

（6）耳郭外缘静脉注射阿托品 0.5mg，再刺激膈下迷走神经 1～3min，观察胃肠运动的变化。

【注意事项】

1. 胃肠在空气中暴露时间过长时，会导致腹腔温度下降。为了避免胃肠表面干燥，应随时用温台氏液或温生理盐水湿润胃肠，防止降温和干燥。

2. 实验前 2～3h 将兔喂饱，实验结果较好。

【讨论题】

为什么刺激膈下神经会使胃肠运动增强？

第六节　内　分　泌

一、摘除甲状腺对机体的影响

【实验目的】

1. 学习摘除器官的慢性实验方法。

2. 观察甲状旁腺对机体的作用。

【实验原理】

甲状旁腺分泌甲状旁腺素，其主要作用是调节血液中的钙、磷代谢，使血液中的钙、磷维持在正常水平。动物的甲状旁腺被摘除后，可引起血钙下降，使神经和肌肉的兴奋性升高，导致肌肉痉挛的现象。

犬的甲状旁腺普通有 4 个，也可以多至 5 个。甲状旁腺为椭圆形或圆形小体，长 2～3mm，位于甲状腺的表面或埋藏在甲状腺组织中。一般上一对甲状旁腺常在甲状腺背面上部的外表面，容易看见；下一对甲状旁腺较小，通常埋藏在甲状腺下部的组织深处，极不易用肉眼看见。由于甲状腺切除的效应出现较慢，而甲状旁腺被切除后，在 2～3d 内动物便出现抽搐症状。所以在犬体上观察切除甲状旁腺的作用时，常将二者一并摘除。

【动物、器材与试剂】

1. 犬，4～5kg。
2. 常用手术器械、止血钳、手术台、高压消毒器、持针钳、缝针、丝线、布巾钳、手术巾、手术衣帽、纱布垫、口罩、医用手套、注射器。
3. 75％酒精、碘酒、3％戊巴比妥钠、10％氯化钙、生理盐水。

【实验步骤】

1. 灭菌的方法 在动物身上施行外科手术也要注意严格灭菌，才能取得良好的实验效果。参加手术人员要按规定方法戴无菌帽和口罩，手和前臂进行灭菌并且要穿无菌手术衣。

（1）手术前手和前臂的灭菌主要包括修剪指甲、用肥皂刷洗手和前臂几次，共 6～7min，即用无菌纱布擦干，再在 70％ 的酒精中泡手（这种 70％ 酒精是按重量配制的，即约用 95％ 的酒精 815mL，加水至 1 000mL，再用酒精比重计校准）。约 2min，用酒精纱布擦前臂和手，然后穿无菌手术衣。

（2）器械和用品的灭菌通常用化学药品、煮沸和高压蒸汽。锋利的器械，如手术刀、剪刀和缝针，浸泡在 70％酒精中，30min 即可灭菌。盛放酒精的器皿和其他外科器械，可以煮沸 5min 灭菌。布类用品，如手术衣帽、手术巾、口罩、布单、纱布、棉线和丝线等，通常在 103～137kPa 的蒸汽压力下蒸 30min 灭菌。

2. 手术

（1）选重 4～5kg 的犬一只，以每千克体重静脉注射戊巴比妥钠 30～50mg 进行麻醉，背位固定于手术台上。剃去颈部的被毛，用纱布沾肥皂液擦洗两次，以去油垢，然后用纱布沾 70％酒精擦净，再涂抹碘酒（3.5％）两次。等碘酒干后，再用 70％酒精擦去碘质。皮肤消毒完毕后，便可用无菌敷布遮盖手术区的周围。并用布巾钳把手术巾固定在皮肤上。

（2）施行手术时，在颈部中线由甲状软骨起向下切开皮肤 4～6cm，用止血钳分离皮下结缔组织，可见沿气管左右各一块胸舌骨肌和斜向走的胸头肌。分离一侧的胸舌骨肌和胸头肌，并在靠近咽喉部将胸头肌向内翻，可见一橄榄形腺体，即甲状腺。用止血钳在甲状腺的侧面边缘夹住并提起，分离周围的结缔组织，可见两条血管进入甲状腺。用线把血管结扎并剪断，便可将一侧甲状腺全部切除。同样的方法把另一侧甲状腺摘除。

（3）除去手术巾，用连续缝合术把颈前肌肉缝合，再用间断缝合术把颈部皮肤切口缝合。用绷带包扎伤口，手术后需小心护理。为防止感染，可在手术后给犬腹腔注射青霉素（20万单位/只）。然后将犬放到铁笼里，观察何时出现痉挛。切除甲状旁腺后，抽搐症状出现的时间和程度，常随动物的年龄、生理情况和种类而不同。一般年轻、怀胎和授乳的动物较易发生抽搐。

（4）当犬出现抽搐时，立即腹腔注射10％氯化钙2～3mL，再观察症状的变化。

【注意事项】

1. 做手术切口时，注意解剖结构，避免切断神经和血管，以免使组织萎缩和血液循环不良。对组织应加爱护，手法轻柔，避免猛力牵拉。缝线不宜太紧。

2. 做皮肤切口时，要避免把皮肤和下层筋膜剥离，也不要把皮下筋膜和更下层的肌肉剥离，以避免增加"死腔"。

3. 手术过程中，尽可能注意止血。对出血点的处理需视破裂血管的大小而定。纱布只用以吸血，不可在组织上用力揩擦。微血管出血可用湿热的纱布按压止血；较大的血管流血需用止血钳夹住，并用线结扎。

【讨论题】

动物血钙浓度降低导致抽搐的生理机制是什么？

二、肾上腺摘除动物的观察

【实验目的】

了解研究内分泌腺功能的摘除实验法；并检验肾上腺的作用及其对生命活动的重要性。

【实验原理】

肾上腺皮质释放糖皮质激素、盐皮质激素和性激素等三类激素，生理功能较广泛而复杂；而髓质产生肾上腺素和去甲肾上腺素。正常情况下，肾上腺糖皮质激素和髓质激素共同参与调节机体对抗有害刺激的反应，增强应激能力。

【动物、器材与试剂】

1. 成年雄性小鼠2只。

2．小动物手术器械、秒表、大烧杯、棉球。

3．乙醚、75％酒精、生理盐水、碘酊。

【实验步骤】

　　每组选体重、健康状况相近的小鼠2只，一只摘除肾上腺，另一只做假手术对照。取小鼠置于倒扣的大烧杯中，投入一小团浸有乙醚的棉球，将其麻醉后，取俯卧位固定于蛙板上。剪去腰部的毛，用75％酒精消毒术部皮肤。从最后胸椎处向后沿背部正中线做约2cm长的皮肤切口。先把切口牵向左侧，于最后肋骨后缘和背最长肌的外缘分离肌肉。用镊子扩大切口，用小镊子夹盐水棉球轻轻推开腹腔内脏器和组织，在肾脏前内侧脊柱下方就可看到淡黄色的肾上腺（图2-37），与其周围不规则的脂肪组织有明显区别。用外科镊子钳住肾上腺与肾之间的组织，不必结扎就可轻轻摘除腺体。同法摘除右侧肾上腺（位置稍靠前，注意勿伤附近血管），缝合肌肉和皮肤，并涂以碘酊。摘除的肾上腺放在一张纸上，备查。对照组也应进行与实验相似的手术，但不摘除肾上腺。

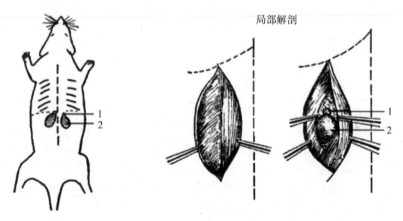

局部解剖

图 2-37　肾上腺

　　每只鼠做好明显的记号。待各鼠恢复清醒和活动后，按组将实验组、对照组同时投入盛有冰水的面盆中，按动秒表，记录各动物在水中的游泳时间，直至它溺水下沉时为止。同时比较各组动物的游泳姿势与速度。动物下沉后立即捞出，记录并比较其恢复时间和恢复情况。

　　颈部脱臼法处死小鼠，剖验其肾上腺是否已完全被摘除或存在。

【注意事项】

　　1．掌握麻醉深度，过浅则将乙醚棉球接近鼠口鼻，过深则移远。

2. 仔细找准手术部位，避免切口过长或内脏移位、出血较多等过度损伤。

3. 先做假手术后做真手术。完整摘除肾上腺，切勿直接夹取，以防止夹破腺体导致摘除不全。

4. 标记要可靠、醒目并避免对鼠的伤害（如剪耳、断尾等）。

【讨论题】

1. 本实验中肾上腺髓质存在与否对小鼠应激能力会起到什么作用？

2. 本实验中应如何尽量避免由于动物的个体差异或实验条件差异所造成的影响？

三、胰岛素和肾上腺素对动物血糖的影响

【实验目的】

1. 掌握各种激素（胰岛素和肾上腺素）对血糖的调节作用。

2. 掌握血糖的定义、正常值及其测定的原理。

3. 了解血液的抗凝方法。

【实验原理】

葡萄糖在有机酸溶液中能与某些芳香胺类化合物如苯胺、联苯胺、邻甲苯胺等起缩合反应，生成希夫氏（Schiff）碱式有色衍生物，再通过分光光度计比色测定得到葡萄糖浓度。本实验用的是邻甲苯胺法。

邻甲苯胺不与非还原性糖物质显色，而与己醛糖显色。葡萄糖的醛基在热醋酸溶液中与邻甲苯胺的氨基互相缩合成蓝绿色的希夫氏碱，该蓝绿色在一定范围内与葡萄糖浓度成正比。此法测得正常人空腹的血糖值为每 100mL 70～100mg，兔约为每 100mL 130mg。

【动物、器材与试剂】

1. 健康饥饿家兔 2 只。

2. 试管、刀片、酒精、棉球、注射器、烧杯、蒸馏水、微量移液器、离心机、分光光度计。

3. 肝素、胰岛素、肾上腺素、邻甲苯胺、己醛糖。

【实验步骤】

1. **采血前准备**　取 4 支试管，编号 1、2、3、4，分别加入肝素抗凝剂

0.01mL。取健康饥饿家兔两只，分别编号 A 和 B，称体重并记录。

2. 注射前采血（用耳静脉采血法）　剪去兔耳静脉处的毛，并用酒精擦拭兔耳部静脉，在其周围抹上凡士林（防止污染、润滑），用刀片轻轻挑破边缘耳静脉，放血入含抗凝剂的试管 1 和 2，需 2～3mL，边滴边摇，以防凝固。取血完毕，用干棉球压迫血管止血。

3. 注射激素并再采血　A 兔腹部皮下注射胰岛素，剂量为每千克体重 4U，1h 后于心脏取血入含抗凝剂的试管 3 测定血糖。将 B 兔腹部皮下注射 0.1％肾上腺素液，剂量为每千克体重 0.4mL，观察兔子情况。30min 后，心脏取血入含抗凝剂的试管 4 中。心脏采血法：将 10mL 注射器肝素化后，将家兔仰卧，固定四肢，在左侧胸壁第 3～4 肋间，用左手食指摸到心搏最明显处（颈静脉切迹与胸骨剑突中点旁）垂直进针（不可左右前后摆动针头），深度约 3cm，当有落空感时，可感觉到针尖随心搏而动，固定针头，采血 8mL 左右，放入抗凝管中。

4. 测定注射前后的血糖　将收集的 4 管血液离心 10min（2 500r/min），分别取上层清液置于另外编号为①、②、③、④的 4 支洁净干燥的试管内，分别制成胰前①、胰后③、肾前②、肾后④4 管标本。再取 2 支洁净干燥试管，编号 a 和 b 分别为空白管和标准管，并按表 2-6 操作。

5. 计算　混匀各管，置沸水浴中加热 15min，冷却，用波长 630nm 进行分光测定，读取吸光度值，按下面公式计算葡萄糖含量。

表 2-6　血糖计算

试剂（mL）	空白管	标准管	测定管
蒸馏水	0.1	—	—
葡萄糖标准溶液	—	0.1	—
血糖	—	—	0.1
邻苯甲胺试剂	5.0	5.0	5.0
A630			

每 100mL 血浆中葡萄糖的含量（mg）＝（测定管吸光度/标准管吸光度）× 100（mg）

6. 观察的项目和指标　6 支试管的吸光度值。

7. 实验预期结果　注射胰岛素后血糖含量下降，注射肾上腺素后血糖含量上升。

【注意事项】

1. 离心机的使用：离心前一定要配平，使用时离心机的盖子一定要盖紧，要等离心机完全静止后才能打开盖子，防止发生危险。

2. 取血时注意注射器、刀片的使用。

3. 注射器在取血前要肝素化。

4. 心脏取血时要注意进针的位置和深度。

5. 邻甲苯胺具有毒性和腐蚀性，操作时要注意安全。

【讨论题】

胰岛素降低血糖的生理机制是什么？

第六章 动物病理生理学实验

第一节 疾病概论

一、家兔吸入氨实验

【实验目的】

观察机体的防御反射和神经系统在防御反射机制中的作用。

【实验原理】

疾病发生的基本机制是指疾病过程中各种变化发生发展的基本原理，其不同于个别疾病的特殊机制。近年来由于医学的飞速发展，各种新方法新技术的应用，边缘学科的出现和形成，人们对疾病基本机制的研究逐步从系统水平、器官水平、细胞和亚细胞水平深入到分子水平。疾病的基本机制可概括为 4 个方面：神经机制、体液机制、组织细胞机制和分子机制。其中神经机制是指某些致病因素或病理产物作用于神经系统的不同部位（如感受器、传入纤维、中枢神经、传出纤维等），引起神经调节功能改变，而发生相应疾病或病理变化。神经系统在动物生命活动的维持和调控中起主导作用，因此神经系统的变化与疾病的发生发展密切相关，疾病发生时也常有神经系统的变化。神经机制可分为神经反射和中枢神经的直接作用。其中神经反射的作用是指刺激物作用于感受器，通过神经反射活动，引起神经调节功能改变。氨气具有刺激气味，属于化学性致病因素。吸入后，通过神经反射，引起迷走神经兴奋，可引起反射性的呼吸暂停。

【动物、器材与试剂】

1. 家兔，雌雄均可，白色，体重 $2.5 \sim 3.0 \text{kg}$。

2. 兔手术台，小红，白旗，小动物手术器械（手术刀、小止血钳、牙科镊、普通镊子、眼科剪、玻璃分针、小号缝合针及缝线），银钩冷却装置。

3. 2% 可卡因溶液、3% 氨水、生理盐水。

【实验步骤】

1. 将未麻醉的家兔仰卧固定在兔手术台上，然后颈部剪毛，沿颈部正中线切开皮肤约 5cm，分离肌肉后，在气管的两侧，找到神经血管束，小心地分别分离出其中的神经，然后用浸有生理盐水的纱布罩上手术部位。

2. 把一端附有小白旗的铁针插入肋间肌并接触横膈膜（倒数第 2 肋间），另一带小红旗的铁针在左边第 3～4 肋插入心脏。白旗、红旗摆动，分别显示呼吸、心跳状态。

3. 观察家兔正常时的呼吸、心跳情况，即小旗摆动情况。

4. 将浸有氨水的棉棒迅速放置到家兔鼻孔附近，注意不要碰着鼻孔，观察小旗的摆动情况。

5. 当小红旗、小白旗停止摆动后，移去氨水棉棒。

6. 待呼吸恢复后，再轻轻提起迷走神经，用银钩冷却装置冷却迷走神经，再给吸入氨，观察小旗摆动的情况。

7. 经 3～4min 后迷走神经的传导性恢复，用 2% 可卡因溶液浸泡的棉球放入家兔的鼻孔中前部，进行表面麻醉，过 1～2min 取出可卡因棉球，再给吸入氨，观察小旗摆动情况。

【实验结果】

根据本实验的观察项目，填写呼吸情况和心跳情况（表 2-7）。

表 2-7　实验观察记录

实验次序	呼吸情况	心跳情况
吸入氨前		
吸入氨后		
冷却两侧迷走神经后吸氨		
可卡因表面麻醉后吸氨		

【注意事项】

1. 兔要固定住，使它不能挣扎，否则影响呼吸和心跳情况的观察。

2. 两次嗅氨水的条件尽可能相同，如蘸氨水的量、嗅的时间和离鼻孔的距离。

【讨论题】

吸入氨时，动物呈现反射性呼吸暂停的机制是什么？具有什么意义？

二、电击不同年龄及不同个体小鼠的实验

【实验目的】

通过以同样电流作用于不同年龄、不同个体的小鼠，观察其在电击伤过程中的不同反应，以说明机体反应性在疾病发生、发展上的意义。

【实验原理】

在疾病的发生和发展中，内部因素具有很重要的作用。当机体防御功能降低、机体遗传免疫特性改变以及机体对致病因素的易感性增加时，机体就会在外部因素或内部因素作用下发生疾病。内部因素对机体反应性在疾病发生、发展上具有重要意义。机体反应性是机体对各种刺激的反应性能。正常情况下，机体反应性可因种属、个体、年龄、性别等的不同而不同。机体反应性不同，对致病因素的抵抗能力和感受性也不尽相同。用同样电流作用于不同年龄、不同个体的小鼠，所产生的反应不同。

【动物、器材与试剂】

1. 成龄小鼠，刚出生（2～3d）的小鼠。
2. 细电线（20～30cm 长）、鱼嘴夹、中等大玻璃漏斗、小型玻璃钟罩。
3. 乙醚。

【实验步骤】

1. 将鱼嘴夹分别接于电线上，然后将电线分成四组并联于电匣火线及地线上，合上电匣后，能使电匣与电源（220V 交流电）相连。
2. 取一只成龄小鼠，放入小钟罩内，同时将药棉吸足乙醚，投入钟罩，使小鼠麻醉。
3. 取两只未麻醉成龄小鼠、一只乳鼠，与一只麻醉成龄小白鼠，分别用鱼嘴夹一极夹耳，一极夹对侧后肢，能使电流通过其全身。
4. 用玻璃漏斗扣在鼠上面，压住电线两极，防止鼠活动时两极短路。
5. 合上电匣通电 5s，观察各小鼠的状态。

【注意事项】

1. 未实验前，不能接上电源。
2. 用玻璃漏斗扣在鼠上面，一定压住电线两极，防止鼠活动时两极短路。

三、疾病发生发展中的因果关系规律实验

【实验目的】

通过对家兔造成一侧性和两侧性开放性气胸，从其呼吸、血压及其他各种生命活动的病理变化中，分析疾病发展过程中的主导环节及因果关系。

【实验原理】

原始病因作用于机体后引起发病，产生一定的病理变化，即为原始病因作用的结果，这个结果作为病因又可引起新的病理变化，即转化为新的病理变化的原因。如此原因、结果交替出现，互相转化，形成一个连锁式的发展过程，推动疾病的发展。疾病过程中的这种因、果交替的关系，称为因果转化规律。决定病程发展和影响疾病转归的主要变化，称为主导环节或主要病理变化。

在动物医学临床实践中，要正确掌握疾病过程的因果关系，善于识别病程发展不同阶段的主导环节，采取合理的医疗措施，预防其主导环节的发生或打断其主导环节的发展，防止疾病恶化，提高机体的抵抗力，才能有效地防治疾病。

【动物、器材与试剂】

1. 家兔，雌雄均可，白色，体重 2.5～3.0kg。

2. 小动物手术器械一套、小骨剪、生理二道记录仪、动脉套管、人工呼吸器、注射器（20mL）。

3. 速眠新、肝素溶液、纱布绷带。

【实验步骤】

1. 将家兔仰卧固定于手术台上，颈部及胸部两侧剪毛；以速眠新做麻醉；分离左颈动脉，插入动脉套管，连接呼吸、血压换能器，并与生理记录仪相接，以描记呼吸、血压，记录气胸前家兔的呼吸和血压曲线。

2. 于胸骨外缘 1.5～2cm 处切开皮肤，将右侧第 6 肋骨剪断，制造一个 2cm 大小的一侧创口造成一侧性气胸。描记一侧性开放气胸时家兔的呼吸、血压曲线。

3. 用止血钳封闭创口（即将切开的皮肤、肌肉一同钳住），然后用注射器将胸腔积气排除，描记呼吸和血压。

4. 再次开放并扩大创口，观察呼吸是否仍能代偿，血压是否下降；用手

指伸入胸腔，压迫腔静脉使血液回流障碍，观察此时血压有无下降的变化；再次封闭创口，排除积气，观察呼吸和血压是否能恢复。描记一段时间后，停止描记。

5. 将另侧胸壁也同样造成创口，打开两侧胸壁，将记录仪放大器测量开关打开，描记呼吸和血压。待动物呈现严重缺氧，如呼吸困难，全身挣扎，血压下降及动脉套管内血液呈蓝紫色时，立即施行人工呼吸（用人工呼吸器或脚踏鼓风器进行），接着观察呼吸、血压及心脏活动能否恢复。待恢复后，又封闭两侧胸壁创口，排除积气，停止人工呼吸，观察动物能否维持正常生命活动。

6. 待动物恢复后，再次开放两侧胸壁创口，重复造成气胸。当发生的窒息严重影响动物生命活动时，仅仅封闭两侧胸壁创口，排除积气，观察动物能否恢复正常。

【注意事项】

1. 本实验手术多，注意麻醉药品剂量的使用。当动物在实验中途苏醒后，及时给药。

2. 当进行步骤 5，动物出现严重缺氧时，要立即施行人工呼吸。

【讨论题】

1. 一侧性气胸时仅排除胸腔积气，动物即能恢复健康；而两侧气胸后期单纯排除胸腔积气都不能挽救动物的生命，为什么？

2. 从实验结果看，你认为开放性气胸时的病理变化中，因果关系和主导环节是哪些？

第二节　遗传与疾病

一、外周血淋巴细胞培养和染色体标本的制作

【实验目的】

学习外周淋巴细胞的培养方法和染色体标本的制作与观察，以了解做遗传性疾病检查的一种方法。

【实验原理】

外周血中的小淋巴细胞几乎都在 G1 期或 G0 期，一般情况下是不分裂的。

当在离体培养条件下加入植物凝血素（PHA），小淋巴细胞受刺激转化为淋巴母细胞，随后进入有丝分裂。经过短期培养，秋水仙素的处理，低渗和固定，就可获得大量的有丝分裂细胞。

【动物、器材与试剂】

1. 牛或猪。

2. 离心机、普通天平、恒温培养箱、试管架、镊子、注射器、针头、刻度离心管、烧杯、乳头吸管、载玻片、酒精灯、10mL 小玻璃瓶等。

3. 植物血凝素（PHA）、秋水仙素（2μg/mL）、RPMI1640 细胞培养基、抗生素、3.5％～5％碳酸氢钠、0.075mol/L 氯化钾溶液、固定液（3 份甲醇：1 份冰醋酸）、姬姆萨（Giemsa）染色液。

【实验步骤】

1. 微量外周血淋巴细胞培养法

（1）在无菌条件下抽取动物外周血 1～3mL，以肝素抗凝。

（2）以无菌操作法，将抗凝血注入含有培养基液的 10mL 小瓶（培养基成分：80％RPMI1640 液＋20％小牛血清＋3mg PHA/5mL＋双抗），每 5mL 培养基液加抗凝血 0.5mL。将抗凝血与培养基成分轻轻混匀后，放入 38±0.5℃培养箱内培养 72h。

（3）培养终止前 4～6h，每瓶培养物内加入 2μg/mL 的秋水仙素溶液 0.05～0.1mL。

2. 染色体标本制备

（1）从恒温箱内取处终止培养物，用乳头吸管轻轻将细胞从瓶壁上冲下，打散，移入有刻度的 10mL 离心管内。

（2）以 200g 离心沉淀 5～10min，吸去上清液，并连同细胞留下 1mL 培养液。

（3）加入 8～10mL 预温 38℃的 0.075mol/L 氯化钠低渗液，用吸管轻轻反复吸吹将细胞与低渗液混匀，而后仍放回恒温箱中，进行低渗处理 15min，使淋巴细胞膨胀。染色体散开，红细胞解体。

（4）200g 离心沉淀 8min，吸弃上清液。

（5）加入新配的固定液 5mL，乳头吸管小心将细胞团块吸吹散开，使均匀分布于固定液中并停放 20～30min。

（6）200g 离心沉淀 8min，弃去上清液，保留沉淀物。

（7）重复（5）和（6）的步骤。

（8）加入几滴新鲜固定液，打散细胞即制成均匀的细胞悬液。

（9）把细胞悬液滴在预冷的载玻片上（浓者一滴，稀者两滴，轻轻吹气，细胞便均匀分布），自然干后，将载玻片通过酒精灯的火焰，使细胞固定于载玻片上。

（10）用蜡笔于玻片的一端标记编号。

3. 染色体标本的染色（Giemsa 染色法）

（1）将 Giemsa 染色液原液，以 pH7.4 磷酸缓冲液做 8 倍稀释（现用现稀释）。

（2）用乳头吸管吸取稀释的 Giemsa 染色液，覆盖玻片上细胞膜。

（3）染色 20～30min 后，用蒸馏水冲去玻片上的染液，空气干燥。

（4）镜检，可见染色体被染成紫红色，以油镜观察分散良好、长短适宜的分裂象细胞染色体，并照相以备核型分析。

4. 染色体的常规分析

染色体的常规分析主要包括染色体数目、染色体形态、染色体的测量、着丝点的位置和有无次缢痕及随体；染色体和染色单体的自发畸变，如裂隙、断裂、缺失、移位等，最后做出核型分析图。

【注意事项】

1. 器皿要洗涤干净。

2. 离心速度要得当。

3. 培养基要保存得当。

4. 正确把握秋水仙素的用量及时间。

【讨论题】

1. 什么是核型？

2. 常见动物的染色体数目是多少？

二、蛙骨髓细胞染色体标本的制备

【实验目的】

学习骨髓细胞染色体标本的制作与观察，以了解做遗传性疾病检查的一种方法。

【实验原理】

骨髓细胞具有丰富的细胞质和高度分裂能力，因此不必经过体外培养，也不需要植物凝血素（PHA）的刺激，可直接观察到分裂的细胞。经秋水仙素处理后，分裂的骨髓细胞被阻断在有丝分裂中期，再经低渗和固定，便可制作出理想的染色体标本。

【动物、器材与试剂】

1. 蛙。

2. 离心机、普通天平、试管架、镊子、注射器、针头、刻度离心管、烧杯、乳头吸管、载玻片、酒精灯、10mL 小玻璃瓶等。

3. 秋水仙素（2μg/mL）、固定液（3 份甲醇∶1 份冰醋酸）、0.65％NaCl 溶液、Giemsa 染色液。

【实验步骤】

1. 称蛙的体重，然后按每克体重 0.002mg 的剂量腹腔注射秋水仙素（注意用 0.65％NaCl 配制）。

2. 间隔 3.5～4h 后处死蛙，迅速取出后肢长骨，剪开两端，用盛有 0.65％NaCl 溶液的注射器冲洗出骨髓细胞。

3. 静置片刻，待大块物质沉底后小心用滴管将骨髓细胞悬液移至刻度离心管中，200g 离心 5～8min.

4. 弃去上层清液，留下 0.2mL，加双蒸水 1mL 在室温下低渗 20min。

5. 200g 离心 8min，弃去上清液加入固定液 1mL，固定 15min。

6. 重复步骤 5，再离心弃去上清液后，用新鲜固定液沉淀细胞制成细胞悬液。

7. 空气干燥法制片，Giemsa 染色，蒸馏水冲洗、晾干、加标签，镜检。

【注意事项】

1. 低渗的目的是让细胞体积胀大，染色体松散，时间不能过长或过短。

2. 室温过低时，应该放入 37℃温箱中低渗 20min。

3. 掌握秋水仙素的作用时间。

4. 染色要深一些，但脱色要脱干净，这样保证背景有较大对比度。

【讨论题】

简述染色体标本制作的主要步骤。

第三节　缺　氧

一、不同类型缺氧的特征

【实验目的】

学习复制乏氧性、血液性、组织中毒性缺氧的方法，了解缺氧的类型，观察不同类型缺氧对呼吸的影响和血液颜色的变化，探讨其发生机制。

【实验原理】

动物机体在生命活动中所消耗的能量主要来自营养物质在体内的氧化分解。营养物质在机体内氧化分解释放能量称为生物氧化。由于这个氧化过程是在组织细胞内进行，并且消耗 O_2 和放出 CO_2，故又称为组织呼吸（或细胞呼吸或内呼吸）。由于体内氧的储备极其有限，仅能够组织消耗 $3\sim5\min$。因此必须不断地从外界获得 O_2 并将其输送到组织中，才能维持机体生命活动的进行。当氧的供给不能满足机体需要或者组织对氧的利用发生障碍时，则可使机体的功能、代谢和形态结构等发生一系列变化，严重时甚至危及生命。

【动物、器材与试剂】

1. 小鼠。

2. 小鼠缺氧瓶、CO 发生装置、刻度吸管（1mL、2mL）、1mL 注射器、酒精灯、剪刀、镊子、搪瓷盘。

3. 钠石灰（$NaOH \cdot CaO$）、甲酸、浓硫酸、5%亚硫酸钠、1%美蓝、0.1%氰化钾、生理盐水、凡士林。

【实验步骤】

1. 乏氧性缺氧

（1）将小鼠称重后置于含少许钠石灰（约 5g）的小鼠缺氧瓶内。

（2）观察动物的一般情况：呼吸频率（次/10s）、呼吸深度、皮肤和口唇的颜色。

（3）将瓶塞塞紧，夹紧通气孔胶管防止漏气，同时记录时间，以后每 3min 重复观察上述指标一次（动物出现变化则随时记录）直到动物死亡为止。

（4）动物尸体留待后面三项实验做完后，一起做剖检比较观察。

2. 一氧化碳中毒性缺氧

（1）将小鼠称重后置于具有两个气孔的缺氧瓶中，观察以上实验各项指标。

（2）装好 CO 发生装置。取甲酸 3mL 放于试管中，再慢慢沿管壁加入浓硫酸 2mL，塞紧胶皮盖。

$$HCOOH \stackrel{\Delta}{=\!=\!=} H_2O + CO \uparrow$$

（3）将装有小鼠的缺氧瓶与 CO 发生装置连接，并从另一出气孔缓慢抽气，使 CO 从连接发生装置口逐渐进入缺氧瓶。

（4）可用酒精灯在试管旁稍稍加热以促进 CO 的产生，但不可过热以至液体沸腾，甚至硫酸溅出造成事故，再则因加热过度可使 CO 产生过多过快而造成动物突然死亡，观察不到各种特殊的变化。

（5）观察动物的运动、呼吸、皮肤色泽等各项指标的变化，直至动物死亡，留待尸检。

（6）小鼠死后，即刻关闭 CO 发生装置，将装有酸的试管浸入水中，制止继续产生 CO。

3. 亚硝酸钠中毒性缺氧

（1）取体重相近的两只小鼠，观察前面实验的各项指标。

（2）分别给两鼠腹腔注入 5% 亚硝酸钠 0.3mL，其中一只注入亚硝酸钠后，立即再向腹腔内注入 1% 美蓝溶液 0.3mL，另一只再注入生理盐水 0.3mL。

（3）注意观察前面实验的各项指标。

（4）比较两鼠表现及死亡时间有无差异。

（5）动物死亡后，将未注美蓝的小鼠尸体留做剖检。

4. 氰化钾中毒性缺氧

（1）取小鼠一只，置 500mL 烧杯内，观察其状态、呼吸频率及深度和皮肤颜色。

（2）给该小鼠腹腔注入氰化钾 0.2mL，记录注射时间。

（3）将注射后小鼠放回烧杯，观察并记录小鼠呼吸、肤色、活动状况，记录出现变化的时间，直至动物死亡。

5. 观察指标 将以上 5 只死亡小鼠，从缺氧瓶或烧杯内取出，依次放在小盘内，对比它们的口、爪颜色，眼球变化；然后沿腹正中线剪开腹、胸腔，观察内脏颜色（肝、脾、心），将乏氧性缺氧、一氧化碳中毒性缺氧和氰化钾中毒性缺氧的小鼠心脏剪破，各取血约 0.05mL（1 滴），分别置于 3 个装有

3mL 蒸馏水的小试管中混匀，然后滴数滴 10％NaOH，观察血色有何不同？

【实验结果】

只有 CO 中毒的血液可保持桃红色，其他变成棕绿色（因为正常氧合血红蛋白遇碱溶液呈现棕绿色）。

【注意事项】

1. 缺氧瓶一定要密闭。

2. CO 装置加热时要缓慢，防止事故，严格听从课堂指导教师的安排。实验后应将缺氧瓶中的 CO 排放至室外。

3. 氰化钾（钠）有剧毒，勿沾染皮肤、黏膜，特别是有破损处。实验后将器具洗涤干净。

4. 小鼠腹腔注射，应稍靠左下腹，勿损伤肝脏，并避免将药液注入肠腔或膀胱。

5. 为了便于取血，应尽量使乏氧性缺氧、一氧化碳中毒性缺氧和氰化钾中毒性缺氧小鼠死亡时间相近，故各实验小组要做好合理分工，打好时间差。

6. 3 个血混合液试管要同时加碱，以便对比观察颜色变化。

【讨论题】

1. 本试验中各种类型缺氧的原因和发病机制是什么？

2. 分析各型缺氧时，小鼠口唇黏膜、内脏及血液颜色的改变为什么不同？

3. 实验 1 中为何要在缺氧瓶中加少量钠石灰？

4. 实验 3 中的两只小鼠死亡时间有无差异，原因是什么？

二、影响机体对缺氧耐受性的因素

【实验目的】

观察实验动物在不同的环境温度及机体神经系统机能状态不同的情况下，对缺氧耐受性的变化，了解环境因素及机体神经系统机能状态在缺氧发生发展过程中的作用和临床应用低温治疗的实用意义。

【实验原理】

年龄、机能状态、营养、锻炼、气候等许多因素都可影响机体对缺氧的耐受性，这些因素可以归纳为两点，即代谢耗氧率与机能的代偿能力。当代谢耗氧率升高或机体的代偿能力降低时，机体对缺氧的耐受性下降。体温降低、神经系统的抑制均能降低机体耗氧率，使机体对缺氧的耐受性升高。故低温麻醉可用于心脏外科手术，以延长手术所必需阻断血流的时间。

【动物、器材与试剂】

1. 小鼠。

2. 小鼠缺氧瓶、测耗氧量装置、测瓶内气体容积装置、恒温水浴锅、测氧仪、温度计、天平、剪刀、镊子、注射器、抽气机、水银检压计、厚胶管、小动物减压装置（用玻璃真空干燥器改装）。

3. 1%咖啡因、0.25%氯丙嗪、生理盐水、钠石灰、无氧水（用时临时配制）、碎冰块。

【实验步骤】

1. 环境温度对缺氧耐受性的影响

（1）取 3 只有出气口的小鼠缺氧瓶，瓶上分别贴上温度及小鼠体重的标签。然后各放入钠石灰少许（约 5g）。

（2）取一只 500mL 烧杯，加入碎冰块和冷水（一般为 0～4℃）。将恒温水浴箱中调至 40～42℃。

（3）称取 3 只体重相近的小鼠，分别装入缺氧瓶内，将体重填写在瓶子的标签上，各瓶分别标明高温、低温和室温。盖紧瓶盖（注意千万不能漏气），将标有低温、高温的缺氧瓶分别置于盛有冰水的烧杯和 42℃水浴内的烧杯里；另一只置室温中，开始计时。

（4）观察各鼠在瓶中的活动情况，待小鼠死亡后，计算存活时间 t，处于低温和高温条件下的缺氧瓶，待动物死亡后，必须在室温放置 15～20min 以使瓶内温度与室温平衡。

（5）用测氧仪测定瓶内空气的剩余氧浓度 C 或用测耗氧量装置测定总耗氧量 A，然后再用测瓶内气体容积装置测定瓶内空气的容积 B，A、B、C 三者的测法附后。

（6）根据小鼠体重 W、存活时间 t 及总耗氧量 A，计算小鼠耗氧率 R（mL/g/min）。

（7）计算。

①由剩余氧浓度 C 和瓶内空气容积 B，求总耗氧量 A。

$$A（mL）=（20.94\%-C）\cdot B$$

②用测耗氧量装置测得总耗氧量 A 和瓶内空气容积 B，可求出瓶内空气

的剩余氧浓度 C。

$$C= \left(20.94\% - \frac{A}{B}\right) \times 100\%$$

③小鼠耗氧率 R

$$R\ (mL/g/min) = \frac{总耗氧量\ A\ (mL)}{体重\ W\ (g) \times 存活时间\ t\ (min)}$$

2. 机体状况不同对缺氧耐受性的影响

（1）取 3 只体重相近的小鼠。分别做如下处理：

甲鼠，按每 10g 体重腹腔注射 1‰咖啡因 0.1mL。

乙鼠，按每 10g 体重腹腔注射 0.25%氯丙嗪 0.1mL。

丙鼠，按每 10g 体重腹腔注射生理盐水 0.1mL。

（2）15～20min 后，将 3 只小鼠分别放入有钠石灰的缺氧瓶内，密闭后开始计时。

（3）观察各鼠在瓶内的活动情况，计算存活时间 t，以下步骤同于"实验1"的（4）、（5）、（6）、（7）步骤。

3. 种属或年龄对低气压性缺氧耐受的影响

（1）安装小动物低气压装置，各连接处以石蜡密封、干燥盖涂以凡士林，开动抽气机直至无漏气现象为止。

（2）将蛙（蟾蜍）、初生小鼠和成年小鼠一同放入真空干燥器内。

（3）观察动物四爪及唇部皮肤的色泽、活动及呼吸状态，呼吸频率、腹围大小等并做详细记录，而后盖严干燥器的盖。

（4）开动抽气机（1/4 马力即可）抽气（同时开始计时），当与真空干燥器相连的水银检压计中水银柱上升时，观察并记录水银柱上升到标尺的4 000m、7 000m、10 000m 时的动物表现，分别记录其死亡时间。

【注意事项】

1. 以上各项实验是否成功，关键是必须保证缺氧瓶完全密闭。

2. 测耗氧量前，做高温与低温实验的两个缺氧瓶必须放在室温中，使瓶温与室温平衡。

【附】

（1）耗氧量装置测定小鼠的总耗氧量

①向量筒内充水至刻度，然后将玻璃管接头与缺氧瓶塞上的一个橡皮管出气口相连。

②由于缺氧瓶内负压，打开上述橡皮管的螺旋夹后，装置中移液管内水平

面上升，甚至进入缺氧瓶，而量筒内液面下降，当液面下降稳定后的刻度读数即为小鼠的总耗氧量 A。

（2）缺氧瓶内空气容积 B 的测定方法

①将测瓶内气体容积装置的全部系统内充满水，并向量筒内加水至刻度。

②将缺氧瓶塞上的两橡皮管全部打开，其中之一与装置相连。

③装置内水因虹吸作用进入缺氧瓶内，待瓶内全部充满水时，立即夹紧装置上的弹簧夹。

④读出量筒上液面下降的毫升数，即为缺氧瓶内空气的容积。此时请注意：测缺氧瓶空气容积时，一定要将所有与瓶相连的部位（如两个出气口）的空间体积都要计算在内。

（3）测氧仪测定瓶内空气氧浓度（％）的方法：其主要方法为将缺氧瓶塞上的一个出气口与测氧仪的进样管相连，而另一个出气口同测瓶内空气体积装置相连。打开夹子后装置内的水即因负压而进入缺氧瓶内，推动瓶内气体进入测氧仪进样管，这时再从测氧仪出样管口缓慢抽气，使缺氧瓶内气体缓慢进入测氧仪的测量池，此时测氧仪的表头指针摆动或数字显示，待指针或数字稳定后，直接读出瓶内空气剩余氧的浓度 C。

【讨论题】

1. 缺氧类型试验中的各项实验分别属于哪一类型的缺氧？各有什么特点？
2. 环境温度、机体状况、种属或年龄对缺氧耐受性有何影响？为什么？

第四节　酸碱平衡障碍

酸碱平衡障碍实验模型的制备

【实验目的】

学习复制急性酸碱平衡紊乱的动物模型。观察不同类型的酸碱平衡紊乱动物功能的变化；了解纠正酸中毒的方法及观察过量补碱性溶液引起的代谢性碱中毒时酸碱平衡指标的变化；学习结合病史（复制原理）及血气指标进行酸碱平衡紊乱类型的判断，设计治疗方案。

【实验原理】

体液酸碱度的相对恒定，是维持机体内环境稳态，保证生命活动正常进行的基本条件。绝大多数哺乳动物的细胞外液为弱碱性，其 pH 为 7.25～7.54，平均为 7.40，变动范围较小，各种动物之间差异不大。正常情况下，尽管动物机体经常由肠道摄入一些酸性或碱性物质，并在代谢过程中，不断地产生酸性或碱性物质，机体通过各种调节功能，如缓冲系统（碳酸盐缓冲对、磷酸盐缓冲对、蛋白质缓冲对和血红蛋白缓冲对），肺脏呼出 CO_2 和肾脏排 H^+ 保 Na^+、排 NH_3 保 Na^+ 等，使体液 pH 值稳定在正常范围内。这种生理条件下体液酸碱度相对稳定性的维持，称为酸碱平衡（acid-base balance）。

病理情况下，当机体酸性或碱性物质的量发生变化（过多或过少），超过机体的调节能力，使血浆 pH 超出正常范围；或由于肺、肾对酸碱平衡调节功能发生障碍，以及因 H_2O、电解质紊乱，使 HCO_3^- 和 H_2CO_3 的含量，甚至 HCO_3^- 和 H_2CO_3 的比值发生改变，称为酸碱平衡障碍（acid-base disturbance）。

【动物、器材与试剂】

1. 家兔。
2. 兔固定台、剪毛剪、小手术器械一套、RM6240 系统、注射器及针头。
3. 速眠新、0.3％肝素生理盐水、5％乳酸、12％磷酸二氢钠、5％碳酸氢钠、0.1％肾上腺素、生理盐水。

【实验步骤】

1. 固定和麻醉 称重后将家兔仰卧位固定于兔台上，颈部和一侧腹股沟部剪毛。以速眠新静脉注射麻醉。

2. 连接好张力感受器，开机进入 RM6240 系统 重要参数设置如下，通道模式：1 通道生物电模式，2 通道血压；采集频率：10kHz；扫描速度：80ms/div；灵敏度：50μV；时间常数：0.001；滤波常数：3kHz；50Hz 陷波：开。用注射器经三通的侧管向动脉插管中推注肝素生理盐水，使动脉插管与之相通的橡皮管和换能器压力腔内全部充满，检测无漏液现象，待用。

3. 经耳缘静脉注入 0.3％肝素溶液，使动物全身肝素化

4. 颈部手术 沿颈部正中做一个长 4～6cm 的纵行皮肤切口，分离出气管、一侧颈总动脉和一侧颈外静脉。分别行气管插管、颈总动脉插管（与检压装置相连）和颈外静脉插管（与输液器相连）。

5. 分离股动脉和股神经 沿股动脉走形的方向做 3～4cm 长的皮肤切口，钝性分离皮下组织，可以看到由外而内依次是股神经、股动脉和股静脉。分离股动脉，并将带有三通开关的动脉插管向心性插入，结扎固定，供血气分析取血用。并分出股神经备用。

6. 记录正常的血压和呼吸

7. 血气分析　打开股动脉的动脉夹，缓慢打开三通开关，弃去最先流出的 2、3 滴血液后，立即将插管口直接对准电极板芯片的注血口，注入全血到标准刻度，盖上小盖，插入血气分析仪，进行血气分析。

8. 复制病理模型

（1）代谢性酸中毒及其补碱治疗。

①按每千克体重 6mL 由耳静脉缓慢注入 5％乳酸溶液，注射过后，描记呼吸曲线。10min 后按步骤 7 的方法采集血液标本，并测定血气指标。

②根据测得的碱剩余（BE）值进行补碱，公式如下：

BE 绝对值×体重（kg）×0.3＝所需补充碳酸氢钠的量（mmol）

（0.3 是 HCO_3^- 进入体内的分布间隙，即体重×30％）

所需补充 5％碳酸氢钠的毫升数＝所需补充碳酸氢钠的毫摩尔数/0.6

③由耳静脉注入 5％碳酸氢钠，补碱治疗后 10min，再取血测血气，观察是否恢复到接近正常，并描记呼吸曲线。

（2）呼吸性酸中毒。将上述补碱治疗后测得的血气指标作为本实验对照组，进行呼吸性酸中毒的实验。将兔气管插管的通气管用止血钳夹闭（开始时做不完全夹闭）1.5～2min，随即取血测定其血气指标，观察其呼吸、血压的变化。

（3）呼吸性碱中毒。待动物呼吸恢复正常后，取动脉血测血气对照值后，用 RM6240 系统中的刺激器对兔的股神经进行疼痛刺激：①将输出的无关电极末端的鳄鱼夹夹住股部切口周围组织，刺激电极末端的蛙心夹夹住股神经；②刺激输出电压 5V，频率 10Hz，连续刺激 15s 后迅速取血测定血气指标。

（4）代谢性碱中毒。待兔恢复正常后（15～20min），从颈外静脉缓慢注入 5％$NaHCO_3$（每千克体重 3mL），以造成代谢性碱中毒。注射后 5min，取血测定其血气指标，观察其呼吸、血压的变化。

（5）代谢性酸中毒合并呼吸性酸中毒。另取 1 只家兔，分离颈总动脉并插管，取颈动脉血测定血气指标作为对照。经耳缘静脉注射 0.1％肾上腺素（每千克体重 0.5mL），造成急性肺水肿。待动物出现呼吸困难，躁动不安，发绀，口鼻流出粉红色泡沫液体时，再取颈动脉血测血气。

【观察项目】

1. 各型酸碱平衡紊乱发生前后呼吸及血压的情况。

2. 各型酸碱平衡紊乱发生前后血气的变化〔pH，$p(O_2)$、BE、K^+、

$p(CO_2)$、Na^+、Cl^-]。

【讨论题】

当向静脉内注射乳酸和碳酸氢钠后，机体分别呈现什么变化？再次注射碳酸氢钠后又有什么变化？为什么？

第五节　水和电解质代谢障碍

肺水肿模型的复制

【实验目的】

1. 复制压力性肺水肿的动物模型。
2. 观察肺水肿的表现并探讨肺水肿的发生机制。

【实验原理】

肺水肿的发生与血管内外液体交换障碍有关，即肺的组织液生成大于回流。本实验通过静脉注射生理盐水和肾上腺素，使血液由体循环急速转移到肺循环，导致肺毛细血管流体静压突然升高而发生水肿。

【动物、器材与试剂】

1. 家兔。
2. 兔固定箱和手术台，手术器械 1 套（手术直剪、弯剪和眼科剪各 1 把，有齿镊子、眼科镊和无齿镊子各 1 把，直和弯止血钳各 2 把），注射器（5mL，1mL）听诊器 1 个，气管插管，静脉输液装置 1 套，磅秤，天平，滤纸，纱布，抹布，线。
3. 3%戊巴比妥钠、1%普鲁卡因、肾上腺素、生理盐水。

【实验步骤】

1. 全班分为实验组和对照组，各组正确捉拿家兔 1 只，称重，用 3%戊巴比妥钠按每千克体重 1mL 耳缘静脉麻醉，固定兔于手术台上。
2. 剪去颈部的兔毛，于颈部正中处切开皮肤，暴露气管，分离出颈外静脉并依次进行气管插管和颈外静脉插管（颈外静脉插管后，小量输液保持通畅）。
3. 观察和记录家兔的呼吸，用听诊器贴在家兔胸壁听正常的呼吸音。

4. 按每千克体重从颈外静脉快速（200 滴/min）输入生理盐水 100mL，在输液过程中观察并记录上述指标（呼吸、呼吸音）的变化；观察气管插管内是否有泡沫状液体出现。

5. 实验组在生理盐水即将输入完毕时，按每千克体重加入肾上腺素 0.45mg，继续输液；对照组不加入肾上腺素，只输生理盐水。密切观察呼吸、呼吸音的改变，观察是否有粉红色泡沫液体从气管中流出。

6. 待实验组家兔死亡后，用剪刀剪开胸壁并用线在气管分叉处结扎（防止水肿液流出），小心分离心脏和血管（勿损伤肺），把肺取出，用滤纸吸干表面的血液和水分，在天平上称重，按下列公式计算肺系数：肺系数 = $\dfrac{\text{肺湿重（g）}}{\text{体重（kg）}} \times 100\%$。正常家兔肺系数为 4.1%～5%。

7. 对照组家兔在输液完成后 20min 放血处死动物，参照上述方法计算肺系数。

8. 肉眼观察并记录肺的形态变化，再切开肺组织，观察并记录切面是否有泡沫状液体涌出。

【注意事项】

1. 输液前，输液管要充分排气，避免空气栓塞。

2. 听诊时要紧贴胸壁，正常呼吸音性质柔和，家兔肺水肿时，听诊可发现呼吸音变得粗糙、干啰音，而湿啰音不容易听到。

3. 正确掌握肾上腺素加入时间。

4. 取肺时，注意保持完整性。

【讨论题】

1. 实验组和对照组家兔的呼吸变化是否相同？为什么？

2. 听诊时，两组家兔是否相同？为什么？

3. 两组家兔肺肉眼病理变化及切面情况有何异同？为什么？

4. 哪些证据支持实验组家兔发生肺水肿？请分析其发生机制。

第六节 炎 症

一、急性炎症的渗出现象

【实验目的】

通过观察兔耳炎症时血液内台盼蓝的渗出，了解炎症时血管通透性增高，发生血液成分渗出的机理。

【实验原理】

炎症时，毛细血管通透性增加，从而导致血液成分的渗出。

【动物、器材与试剂】

1. 家兔。
2. 注射器（5mL）、剪毛剪、兔筒、针头（6号）。
3. 二甲苯或2％石炭酸、1％台盼蓝生理盐水。

【实验步骤】

1. 称兔体重，而后剪去两耳壳被毛。
2. 按每千克体重2mL的量，由耳缘静脉注入1％台盼蓝生理盐水。
3. 用二甲苯或2％石炭酸涂擦对侧耳壳皮肤表面，注意观察耳壳血管反应。
4. 40min后，观察两耳的颜色变化。

【注意事项】

注射时要注意防止台盼蓝漏出血管和污染耳壳，要确保台盼蓝溶液注入一侧耳静脉的深部，不要在擦二甲苯的耳壳上注射。

二、炎性渗出白细胞的吞噬作用

【实验目的】

观察炎症时，渗出物中白细胞的吞噬作用。

【动物、器材与试剂】

1. 豚鼠、鸡。
2. 注射器（2mL）、针头、载玻片、显微镜。
3. 15％蛋白胨、10％鸡红细胞混悬液、瑞氏染色液。

【实验方法】

1. 提前1d，给豚鼠腹腔内注射15％蛋白胨2mL，使形成腹膜炎。
2. 实验时，将豚鼠仰卧固定于固定板上，而后向豚鼠腹腔内注入10％鸡红细胞混悬液 2mL。

3.30min 后，剪开豚鼠腹壁，将注射器针头取下，用注射器头部伸入腹腔吸取腹腔渗出液，做推片，自然干燥后，用瑞氏染色液染色。

4.显微镜下观察。

【附】

10％鸡红细胞的配制：

1.取一只健康鸡，颈动脉或腋下静脉采血，用肝素抗凝。

2.以 300g 离心 10min，弃去血浆。

3.用生理盐水轻轻冲洗红细胞，用同上速度离心 10min，洗涤两次，最后弃去上清液，留沉淀红细胞。

4.吸取沉下的红细胞 2mL 加入生理盐水 20mL，轻轻摇匀，便成 10％鸡红细胞混悬液。

三、炎灶分解产物对神经系统机能的影响

【实验目的】

观察兔耳炎症时交感神经的缩血管反应受抑制来说明炎性产物对神经末梢的毒性作用。

【实验原理】

化学性致炎因子涂擦兔耳 24h 后引起兔耳局部组织损伤，变质组织的崩解产物及一些炎症介质对神经末梢有毒性作用，致使交感神经的缩血管反应受到抑制，并且兔耳由于静脉性淤血和炎性水肿致使兔耳呈蓝紫色，耳壳增厚。

【动物、器材与试剂】

1.家兔。

2.兔固定台、剪毛剪、小手术器械一套、RM6240 系统、注射器及针头。

3.20％石炭酸、速眠新。

【实验步骤】

1.连接好张力感受器，开机进入 RM6240 系统，重要参数设置如下，通道模式：1 通道生物电模式，2 通道血压；采集频率：10kHz；扫描速度：80ms/div；灵敏度：50μV；时间常数：0.001；滤波常数：3kHz；50Hz 陷波：开。

2. 实验前 24h，剪去耳壳被毛，于一侧耳壳涂擦 20％石炭酸，使其发生明显的炎症。

3. 实验时，将兔仰卧固定，颈部剪毛，经速眠新全身麻醉后，手术暴露出颈部两侧交感神经，于其下各引一条线并结扎近心端。

4. 靠近心端结扎线后面切断正常耳壳侧的交感神经，轻轻提起远心端神经纤维，用刺激器刺激其末梢，以灯光透射该侧耳壳，看其血管有无收缩反应。

5. 再以同样方法，刺激发炎侧耳壳的交感神经纤维，观察该侧耳郭血管有无收缩反应。

四、炎灶的局部屏障机能

【实验目的】

用直观的功能变化观察炎症的局部屏障功能，掌握制备炎性肉芽囊的方法。

【动物、器材与试剂】

1. 大鼠。
2. 无菌注射器（1mL、30mL）及针头、大鼠固定板。
3. 1％巴豆油、1％硝酸士的宁、无菌生理盐水。

【实验步骤】

1. 在实验课前一周，先给大鼠制造背部无菌性炎症肉芽囊，方法如下：

（1）先将两只大鼠固定在固定板上，剪去背毛直至颈部。

（2）右手持已抽吸 25mL 空气的注射器，左手提起背部皮肤，在背部正中部将针头刺入皮下，然后缓慢注入空气，令空气集中形成一个椭圆形气囊，如果在开始注射空气时出现多个小气囊，可将针头送进其中之一，然后继续注气，使其继续膨胀，成为一个孤立的，界线分明的气囊，注入过程中左手食指放到颈部阻止气体向颈部皮下扩散。

（3）左手固定针头，卸下针筒换接上装有 1％巴豆油的注射器，缓慢注射 1％巴豆油 1.0mL。拔出针头时，在针孔处涂上少量凡士林油，防止漏气，然后将大鼠体位向各方向转动，使巴豆油充分与气囊四壁黏着。

（4）给此鼠做记号，以区别注射与未注射巴豆油鼠。

另一只大鼠作为对照，重复上述操作步骤，但不注射巴豆油而注射灭菌生理盐水 1.0mL。

2. 一周后，取实验大鼠及对照大鼠，称重后向上述囊腔内各注入1％硝酸士的宁（每100g体重1.0mL）；如果囊内张力较高，可在注射士的宁之前，抽出部分气体。

3. 观察两组大鼠肌肉兴奋性有什么变化？记录各种变化出现的时间及死亡时间。

【注意事项】

1. 由于大鼠不麻醉，捉拿大鼠时注意勿被咬伤。

2. 注射时针头进入皮下不宜太深也不宜太浅。太深时，气体在皮下窜行，不能形成一个孤立的气囊。太浅时，气体注入困难。造成的气囊必须具有明显的界线边缘，位于背中部，体积不宜过大，以免囊壁与巴豆油黏附不完全。

3. 注射硝酸士的宁时，必须确保药液在囊腔内。

【讨论题】

1. 以上四项实验分别说明什么问题？

2. 第二、四项实验证明炎症具有什么生物学意义？为什么？

第七节　DIC

一、家兔肠系膜微循环 DIC 形成过程的观察

【实验目的】

学习家兔肠系膜微循环的观察方法。观察高分子右旋糖酐对家兔肠系膜微循环的影响，以及DIC发生发展过程中的各种特点。

【实验原理】

弥散性血管内凝血（disseminated or diffuse intravascular coagulation，DIC）是由某些致病因素导致机体的凝血-抗凝血功能平衡紊乱，而引起的临床常见病理过程。其特点是首先凝血因子和血小板被激活，大量促凝物质入血，凝血酶活性增高，血液凝固性增强，进而在微循环中形成以纤维蛋白和血小板聚集为主的广泛性微血栓，并由此而产生一系列病理变化，如凝血因子和血小板被大量消耗而减少，继发性纤溶活性增强、血管内溶血、广泛性出血、休克和器官功能障碍等。

高分子右旋糖酐、羊水中胎儿脱落的上皮细胞、脂肪栓子、蛇毒等进入血

液，可直接激活凝血因子Ⅻ，启动内源性凝血系统；或者使血小板聚集及释放血小板因子，促进 DIC 发生。

【动物、器材与试剂】

1. 家兔。

2. 手术器械一套，肠系膜微循环观察装置一套，注射器（20mL、10mL），针头（9、7 号）。

3. 10％～15％高分子右旋糖酐生理盐水（用时新配）、3％戊巴比妥钠、3％普鲁卡因、1％肝素生理盐水。

【实验步骤】

1. 取家兔，按每千克体重 30mg 静脉注射 3％戊巴比妥钠，做全身麻醉，固定于兔台上，颈部剪毛，行颈总动脉插管术，连接血压换能器。再于侧壁连接呼吸换能器。

2. 于剑突软骨后 4cm 处，向后沿腹白线做长 6cm 纵行切口，打开腹腔后，推开大网膜，找到盲肠游离端，并沿盲肠系膜轻轻从腹腔拉出一段回肠肠袢。然后令兔右侧卧，使肠袢对准储肠槽观察台，立即将肠袢放入保温储肠槽内，使肠管浸于槽内恒温（37℃）的生理盐水中，让肠系膜在槽内的观察台上自然地展开。盖上一层透明塑料薄膜，不使肠管或肠系膜受到牵连或挤压，在腹壁切口与槽间的肠管，应用恒温生理盐水纱布覆盖。

3. 将储肠槽放在显微镜的载物台上，让展开的肠系膜在视野之下，恒温生理盐水的液面高度以刚覆盖过肠系膜为宜。

4. 使光源投射肠系膜，以低倍镜观察肠系膜正常微循环血管及血流状态并选一固定视野观察记录毛细血管开放数、管径、血液状态（线流、线粒流、粒缓流、粒摆流和停滞等）。

5. 描记一段正常时血压及呼吸曲线，而后由颈动脉或股动脉放血 20～30mL，观察肠系膜微循环变化及血压、呼吸变化。

6. 当微循环血管出现收缩反应后，于耳缘静脉注入 37℃预热的 10％～15％高分子右旋糖酐生理盐水 5～10mL，3min 内注完全量。

7. 连续观察肠系膜微循环的变化并描记血压、呼吸变化曲线。

【注意事项】

1. 实验所用家兔应选择 2kg 以上的较大家兔。

2. 家兔在实验的当天要禁食、禁水。

二、家兔急性弥散性血管内凝血时凝血性变化的观察

【实验目的】

通过 DIC 动物模型的复制，进一步了解 DIC 的发病原因以及发病机理。联系理论，观察急性 DIC 时各期血液凝固性的变化，并讨论这些变化的原因及病理意义。了解 DIC 的实验室检查方法。

【动物、器材与试剂】

1. 家兔。

2. 小动物手术器械一套、光学显微镜、离心机、光电比色计、恒温水浴箱、秒表、细胞记数板、动脉夹、$50\mu L$ 微量加样器、静脉输液装置一套（小型的，也可用 $30\sim50mL$ 注射器代替）、$5mL$ 注射器、$20mm^3$ 血红蛋白吸管、$1.5mm^3$ 外径塑料管（40cm 及 15cm 长各一根）、试管、试管架、吸管、兔台。

3. 3％普鲁卡因溶液、3.8％柠檬酸钠溶液、$12.5％Na_2SO_3$ 溶液、双缩脲试剂、血小板稀释液、3％标准蛋白液、1％硫酸鱼精蛋白液、K 试液、P 试液、生理盐水、兔脑凝血活素浸液。

【实验步骤】

1. 取肝素抗凝管和 $12\times75mm$ 的小试管各 4 个，分别做好标记 u_1、u_2、u_3、u_4。在 4 个小试管中各放入 3.8％柠檬酸钠溶液 0.3mL。

2. 将实验家兔称好体重，固定于兔台，剪去颈部手术术野被毛。

3. 用 3％普鲁卡因局部麻醉手术部位，做颈部正中切口。分离家兔的颈总动脉及颈外静脉，分别在颈总动脉及颈外静脉插管（用 1.5mm 塑料管，长40cm 的插入颈外静脉，长 15cm 的插入颈总动脉），用线固定塑料插管。颈总动脉插管用以采血，颈外静脉插管用以滴注兔脑凝血活素浸液。

4. 放开动脉夹，最先流出的数滴血弃去，然后分别在肝素抗凝管 u_1 内放入兔血 1.5mL 及有柠檬酸钠的小试管（u_2）放入兔血 3mL，然后将二支试管上、下颠倒混匀，注意勿震荡，离心 $400\times g$，20min。肝素抗凝管内血浆用以测定纤维蛋白原，另一小试管（柠檬酸钠抗凝）内血浆用以测定凝血酶原时间（PT）、白陶土部分凝血活酶时间（KPTT）、鱼精蛋白付凝（3P）试验。在上述取血的同时，取兔血一大滴，用于血小板计数。

5. 用预先制备好的兔脑凝血活素浸液造病，在滴注前先将兔脑凝血活素浸液置于 37℃水浴中 10min，然后经颈外静脉插管滴注，要求在 1h 左右完成。滴注剂量为每千克体重 $8\sim10mL$，浓度为 20mg/mL。

6. 分别在滴注兔脑凝血活素浸液开始后的 15min、45min、75min 采血样，方法均同步骤 4。

7. 进行血小板计数（BPC）、PT、KPTT、纤维蛋白原含量及 3P 试验的测定。然后比较，分析这些变化的原因。

【观察项目】

实验完毕后，可将动物处死解剖。注意观察：

1. 血液凝固性的变化，有无血液不易凝固的情况？有无出血情况？

2. 观察内脏（肺、肾、心、肝，特别是肺）大体情况，有无病理改变？

3. 如有条件，可将内脏用 10％甲醛固定，做病理切片。

【注意事项】

1. 兔脑浸出液滴注速度与实验成败关系极大。原则是"先慢后快"，要求在 30min 内较均匀地滴注总量的 2/5，后 30min 内滴注总量的 3/5。切忌过快，否则极易造成实验动物死亡。

2. 在插管时，应该先用生理盐水充满塑料管后再插入兔的动、静脉，这样可以防止空气进入动物体内，造成空气栓塞。在每次采血样完毕后也要用生理盐水冲洗塑料管（可用 5mL 注射器）以防管内血栓形成，但应注意不能使用抗凝剂，以免影响测试数据。

3. 实验用的血浆如暂时不用，可置入冰箱 4℃保存，但时间也不宜过长，一般不长于 4h，如室温较低（＜20℃），血浆在测试前应在 37℃水浴箱温育1min 左右。

【讨论题】

1. 静脉内输入高分子右旋糖酐后，肠系膜微循环有什么变化？为什么发生这种变化？

2. 结合上述两个实验简述弥散性血管内凝血的发生发展机制。

第八节　肝功能不全和黄疸

一、黄疸实验模型的制备

【实验目的】

了解复制阻塞性黄疸模型的方法，观察总胆管阻塞后，胆红素对肝脏及尿液成分的影响，了解诊断阻塞性黄疸的常用指标及操作方法，加深对阻塞性黄疸发病机理的理解。

【实验原理】

黄疸是由于胆色素代谢失常，血浆中胆红素含量增高，并在皮肤、黏膜、巩膜以及其他组织沉着，使其黄染的一种病理变化。临床上任何引起肝外胆道阻塞或胆汁淤滞的原因（如结石等）均能引起胆红素的排泄障碍，造成阻塞性黄疸。此类型黄疸是由于酯型胆红素逆流入血造成的。

【动物、器材与试剂】

1. 白色家兔。

2. 兔手术台、消毒手术器械、注射器（1mL、5mL）、试管、吸管（1mL、2mL、10mL）、秒表、电热恒温水浴箱、离心机、光电比色计、试管架、导尿管、皮肤缝针、消毒巾及敷料。

3. 3%普鲁卡因、95%酒精、0.25%碘醇溶液、SGPT 检测需用溶液、不同浓度重铬酸钾溶液标准管。

凡登白试验试剂（重氮试剂）配制：

甲液：取对氨基苯磺酸 1g，浓盐酸 15mL，加蒸馏水 1 000mL。

乙液：取 50%亚硝酸钠液（亚硝酸钠 25g，加蒸馏水 50mL，置冰箱中保存）0.5mL，加蒸馏水 50mL，此液可用一周。临用前，取甲液 5mL，加乙液 0.15mL 混合，在 3h 内有效。

【实验步骤】

1. 实验前准备　于实验前 3d，将白色家兔称体重，细致记录动物的一般状态，巩膜、耳、口腔黏膜及皮肤的颜色后，自兔耳缘静脉采血 3～5mL，放入清洁干燥的试管内，待血液凝固后，用 $400 \times g$ 离心 10min，用尖吸管将血清吸出放入另一干燥试管内，以测定 SGPT、黄疸指数和进行凡登白试验。用导尿管导尿 3～5mL，以测定尿中胆红素。将所测结果作为对照。

将兔固定于兔台上，腹部剃毛。术者按外科手术常规洗手，消毒，穿手术衣；手术部位用碘酒、酒精消毒，铺开创巾，暴露手术部位，做无菌手术。

在局麻下于右侧肋缘下距腹正中线 1～1.5cm 处做 5～8cm 纵行切口，切开皮肤后用手术镊将腹壁提起，并剪开腹壁肌肉与腹膜（注意切勿损伤腹腔脏器），打开皮肤后用温盐水纱布将胃轻轻向左侧推移，沿幽门向下找出十二指肠的法特氏壶腹部向十二指肠右侧即可见到一条较宽的黄色透明管，此管即为总胆管，小心剥离，穿线做不完全结扎。

关闭腹腔，缝合腹壁及皮肤，用消毒敷料包扎伤口，注意护理，防止感染，可根据情况每日注射适量青霉素。

2. 进行实验 实验时先观察上述动物一般状态及巩膜、耳、口腔黏膜及皮肤的颜色与术前做比较。沿耳缘静脉抽血 3～5mL，放入干燥试管内，按前述方法处理后，测定 SGPT、黄疸指数，做凡登白试验。用导尿管导尿 3～5mL，以测定尿中胆红素。将所测结果作为对照。

（1）凡登白试验。取血清 0.2mL 放入小试管内，沿管壁加入新鲜配制的重氮试剂 0.5mL，立即开动秒表进行观察。如在 30s 内试剂与血清交界处出现紫红色环，为直接反应阳性；如加入试剂后 10min 仍不显色，当加入 95％酒精 0.2mL 后才显色者，则为阴性反应。

（2）黄疸指数测定。利用与胆红素颜色相似的重铬酸钾溶液配制成不同浓度的标准管，以 1：10 000 浓度的重铬酸钾的色度与被稀释的血清色度相同时作为黄疸指数一个单位。

①取血清 0.1mL 于小试管内，用 1mL 吸管吸取生理盐水溶液稀释血清，至与某一单位标准颜色相同时，注意所用生理盐水毫升数。

②按公式求出黄疸指数单位。

$$黄疸指数 = \frac{用生理盐水毫升数 + 0.1}{1} \times 标准管单位$$

正常值：4～6 单位；隐性黄疸：7～15 单位；显性黄疸：15 单位以上。

（3）尿胆红素试验。取尿液 2mL 放入小试管内，沿管壁轻轻滴入 0.25％碘醇溶液 1～2mL，盖于尿面上，切勿摇动，若两液交界处显绿色环，表明尿内有胆红素存在。否则为阴性。

【注意事项】

1. 标本溶血不能用，试剂应新鲜。

2. 试管应清洁干燥，重铬酸钾标准管口径要一致。

3. 吸取血清与试剂应力求精确。

4. 血清检查与尿胆红素试验最好用同一只动物作为对照。

5. 若血清不易保存时，也可异体对照。

【附】

黄疸指数标准比色管配制：

1％重铬酸钾溶液：精确称取重铬酸钾 1g，放于 100mL 定量瓶内，加蒸馏水约 90mL 溶解，再加入浓硫酸 0.1mL，并用蒸馏水稀释至刻度。

取 5mL 小试管 10 只，按表 2-8 配制标准比色管。各管混合后，密封管口，标明黄疸指数。

表 2-8　标准比色管的配制

试管	1	2	3	4	5	6	7	8	9	10
1%重铬酸钾（mL）	0.05	0.1	0.2	0.3	0.4	0.5	0.75	1	1.25	1.5
蒸馏水（mL）	4.95	4.9	4.8	4.7	4.6	4.5	4.25	4	3.75	3.5
黄疸指数单位	1	2	4	6	8	10	15	20	25	30

二、肝性脑病实验模型的制备

【实验目的】

学习局部麻醉手术和制备肝功能不全的动物模型的方法，通过复制肝功能不全的动物模型，观察肝性脑病的症状，了解氯化铵在肝性脑病发生中的作用及肝性脑病的治疗原则。

【实验原理】

肝性脑病（HE）又称肝性昏迷，是继发于肝功能紊乱的一系列严重的神经精神综合征，临床症状严重，病死率高。其发病机制复杂，现在认为主要是脑组织的代谢和功能障碍所致。主要的假说有氨中毒学说、假性神经递质学说、血浆氨基酸失衡学说及 γ-氨基丁酸学说等。本试验采用家兔肝大部分切除术，复制急性肝功能不全的动物模型，造成肝解毒功能急剧降低，在此基础上经十二指肠灌入复方氯化铵溶液，导致肠道中氨生成增多并吸收入血，引起家兔血氨迅速升高，出现震颤、抽搐、昏迷等类似肝性脑病症状，通过与假手术组家兔比较，证明氨在肝性脑病发病机制中的作用及肝脏在解毒过程中的重要作用。

肝性脑病的防治原则是应在去除病因的前提下采取综合措施（减少肠道氨的生成和吸收、促进体内氨的代谢、减少或颉颃假性神经递质支链氨基酸等），改善临床症状，防止脑细胞损伤。

【动物、器材与试剂】

1. 家兔（雄）、母鸡。

2. 台秤、兔手术台、哺乳动物手术器械、导尿管、烧杯、注射器及针头、角膜刺激针、瞳孔测量尺、粗棉线、动脉夹、动脉套管、张力换能器、血压换能器、RM6240 系统。

3. 1%盐酸普鲁卡因、复方氯化钠、复方氯化铵、复方谷氨酸钠、1%醋酸。

【实验步骤】

将 4 只家兔随机分为肝大部分切除＋复方氯化铵溶液组、肝大部分切除＋复方氯化钠溶液组、假手术＋复方氯化铵溶液组、肝大部分切除＋复方氯化铵溶液＋治疗组。

1. 肝大部分切除＋复方氯化铵溶液组

（1）取家兔称重后，将其侧仰卧固定在兔手术台上，颈部剃毛，用注射器抽取一定量的 1％盐酸普鲁卡因溶液，每隔 1cm 打一皮丘，整个皮丘长度大约 10cm，进行局部浸润麻醉。气管插管及动脉插管，通过血压换能器与生物机能实验系统相连，描记血压变化。

（2）沿剑突下腹部剃毛，用 1％盐酸普鲁卡因溶液进行局部浸润麻醉。自胸骨剑突起于上腹部正中做一长约 8cm 纵向切口，沿腹白线打开腹腔，左手向后下压肝膈面，剪断肝脏与膈肌之间的镰状韧带；然后将肝叶向上翻起，用手剥离肝胃韧带，使肝叶游离，分辨肝叶的各叶后，用右手指、中指夹持粗棉线沿肝脏左外叶、左中叶、右中叶及方形叶的根部围绕 1 周结扎，当被结扎的肝叶逐渐变为暗褐色时，从结扎线上方逐叶剪除（仅保留右外叶及尾状叶），完成肝大部分切除术。

（3）剪断剑突软骨柄，游离剑突。用一弯钩勾住剑突软骨，另一端与张力换能器相连，由换能器将信号传入生物机能实验系统，描记呼吸运动。

（4）沿胃幽门向下找出十二指肠，先用眼科圆缝合针做荷包缝合，然后用眼科剪在荷包中央剪一小口，将细导尿管向空肠方向插入肠腔 4～5cm，收紧荷包结扎固定，将肠管回纳腹腔，最后将留置的导尿管皮下穿出，并用胶带固定，以免家兔自行拔出。检查腹内无出血后关闭腹腔。

（5）放开家兔，观察家兔一般情况、角膜反射、对疼痛刺激的反应、肌张力震颤及有无角弓反张等。

（6）每隔 5min 向十二指肠插管中注入复方氯化铵溶液 5mL，仔细观察动物情况（有无反应性增强、肌肉痉挛、抽搐等），直至动物全身性抽搐，角弓反张为止。记录所有复方氯化铵溶液的总量。

2. 肝大部分切除＋复方氯化钠溶液组 家兔称重后，手术操作与肝大部分切除＋复方氯化铵溶液组相同，只是在手术后每隔 5min 向十二指肠插管中注入复方氯化钠溶液 5mL，仔细观察动物情况。

3. 假手术＋复方氯化铵溶液组 家兔称重后，除肝叶不结扎和切除外，其余步骤同肝大部分切除＋复方氯化铵溶液组，如前所述，每隔 5min 向十二指肠插管中注入复方氯化氨溶液 5mL，直至动物出现全身性抽搐，角弓反张为止，并与肝大部分切除＋复方氯化铵组比较，记录所用复方氯化铵溶液总量的差异。

4. 肝大部分切除＋复方氯化铵溶液＋治疗组　家兔称重后，手术操作与肝大部分切除＋复方氯化铵溶液组相同，只是在出现肝性脑病症状后，立即经耳缘静脉按每千克体重注射复方谷氨酸钠 30mL 进行抢救，同时按每千克体重向十二指肠注射 1‰的醋酸 5mL，观察记录症状有无缓解。

5. 启动生物机能实验系统　从软件主界面菜单条 1 通道选择"压力"（动脉血压）和 2 通道选择"呼吸"。其他不使用的通道关闭。

【观察项目】

1. 观察和记录正常呼吸、血压曲线、角膜反射、瞳孔大小以及对疼痛刺激的单独反应等。

2. 复制肝性脑病模型，每隔 5min 向十二指肠插管中注入复方氯化铵溶液 5mL，仔细观察动物情况（有无反应性增强、肌肉痉挛、抽搐等），直至动物出现全身性抽搐，角弓反张为止。观察和记录正常呼吸、动脉血压曲线、角膜反射、瞳孔大小及所用复方氯化铵溶液的总量。

3. 实验性抢救。根据肝性脑病的病理生理变化及防治原则，设计抢救方案，观察并记录治疗组的抢救效果。

【注意事项】

1. 剪断镰状韧带时，注意勿损伤肝脏与膈肌。
2. 肝脏手术时，动物宜轻柔，以免肝脏破裂出血，结扎线应结扎于肝叶根部。
3. 十二指肠插管要插向空肠方向，并防止复方氯化铵溶液溢出漏入腹腔。

【讨论题】

1. 血中氯化铵浓度升高，引起肝性脑病的机制是什么？
2. 由氨中毒引起的肝性脑病的表现有哪些？
3. 谷氨酸钠和醋酸为何能缓解肝性脑病症状？

第九节　心功能不全

急性右心衰竭实验模型的制备

【实验目的】

通过增加右心前、后负荷，复制家兔急性右心衰竭病理模型，观察急性右心衰竭时血流动力学的主要变化，以加深理解心力衰竭的发生发展机理。

【实验原理】

心功能不全是指由于心肌原发性或继发性收缩或/和舒张功能障碍（即心脏"泵"功能障碍），使心输出量绝对或相对减少，以至不能满足机体代谢需要的一种病理过程或临床综合征。

凡能引起心脏"泵"功能异常的各种因素均可成为心功能不全的原因。包括原发性心肌收缩、舒张功能障碍和心脏负荷过度等。心脏负荷分为前负荷和后负荷两类。心脏负荷增加时，一般能通过代偿在一定时间内保持良好的心功能。但当上述负荷过度并超过心脏代偿能力，或因存在其他某些诱因，可促进心功能不全的发生。前负荷过度也称容量负荷过度，主要取决于心室舒张末期心室容积。容积增大，则要求每搏输出量增加，从而使心脏负荷加重。后负荷过度又称压力负荷过度，主要取决于心脏搏出血液时所遇到的阻力（压力），阻力增大，心肌必须加强收缩才能将血液搏出，因而心肌负荷加重，耗能增加。心脏负荷增加时，一定时间内，机体可通过提高心率和加强心肌收缩力等措施进行代偿，仍可输出足够血量以供组织、细胞代谢需要。长期负荷过重，由于代偿能力降低，则可使心肌收缩力减弱，以致引起心功能不全。

【动物、器材与试剂】

1. 家兔。

2. 小动物手术器械、小拉钩、中心静脉压和静脉输液装置、计算机、听诊器、注射器（10mL、5mL、1mL）。

3. 速眠新、1％肝素溶液、3.5％Fe（OH）$_3$溶液（或液体石蜡）。

【实验步骤】

1. 称重后，由耳缘静脉按每千克体重30mg的剂量，注入速眠新做全身麻醉。而后将兔仰卧固定于兔台，颈部剪毛。

2. 颈部手术，分离一侧颈总动脉做动脉插管，连接血压换能器以描记血压曲线；分离对侧颈外静脉，做插管连接中心静脉压测定装置。

3. 耳缘静脉注射1％肝素（每千克体重5～10mg），使全身肝素化；胸壁连接张力感受器以描记呼吸曲线。

4. 观察并记录心率、血压、呼吸、中心静脉压。做心音和呼吸音听诊（注意背部有无水泡音）。

5. 由耳缘静脉或股静脉按每千克体重注入 3.5‰ Fe（OH）$_3$ 0.5～1mL（或注入 37℃的液体石蜡 0.5mL）。注射要缓慢，在 1～2min 注完。注射时观察呼吸、血压、中心静脉压，当有一项指标出现明显变化时即终止注入。注射一半和注射完时测各项指标一次。如果注射后无明显变化，5min 后可再注入一次。

6. 注射栓塞剂（氢氧化铁或液体石蜡）后观察 5min，再测各项指标一次。如心衰不明显，可于血压、呼吸平稳后以每分钟每千克体重 5mL 的速度，输入生理盐水。当每千克体重输入 5mL 时测定各项指标，每千克体重输入 50mL 时再测各项指标，直至动物死亡。

7. 动物死亡后，开胸（注意不要损伤脏器和大小血管）。观察有无腹水及其含量、肠系膜血管充盈情况、肠壁有无水肿、肝脏体积，外观心腔大小，挤压胸壁观察气管有无分泌物溢出，剪破胸膜观察胸腔有无积液，肺脏外观和切面情况，最后剪破腔静脉，注意肝脏、心腔的变化。

【实验结果】

列表记录家兔经过不同处理后的临床症状变化和病理剖检变化。

【注意事项】

1. 栓塞剂氢氧化铁易沉淀，虽抽吸前摇匀但在注射中又会在针管内沉淀。故最好用两支 1mL 注射器交换注射，每次仅抽取 0.3mL，注射完后不拔针头，仅取下注射器重接另一吸好氢氧化铁注射器继续注射。若用液体石蜡作栓塞剂时，要给液体石蜡和注射器加热到 37℃，以降低液体石蜡黏稠度，使其在进入血液后易形成小栓子。

2. 栓塞剂注入速度要慢，否则会造成严重急性肺梗死很快死亡。

3. 若输液量每千克体重已超过 200mL，而动物各项指标仍不显著时，可再补充注入栓塞剂。

【讨论题】

注射栓塞剂——氢氧化铁或液体石蜡后，心血管机能发生哪些变化？为什么？

第七章　兽医药理学实验

第一节　总论实验

一、影响药物作用的因素

【实验目的】

掌握药品的理化性质、药品的浓度、药品的剂量、剂型及不同的给药途径对药品作用的影响，同时要了解同种动物对药品反应的差异性。

（一）不同给药途径对药品作用的影响

【动物、器材与试剂】

1. 小鼠。

2. 受皿天平、注射器、针头、小鼠灌胃管（1～2mL 注射器上连接玻璃灌胃管或注射针头磨钝制成灌胃管）。

3. 12％硫酸镁溶液。

【实验步骤】

取体重相近的两只小鼠，称好体重，编号甲、乙，甲鼠以每 10g 体重腹腔注射 12％硫酸镁溶液 12mg 的剂量；乙鼠以同样剂量灌胃，然后观察甲、乙两鼠神经状态，横纹肌及消化道反应有何不同。

【讨论题】

不同的给药途径，对药品反应有何不同？其临床意义是什么？

（二）机体对药品反应的个体差异

【动物、器材与试剂】

1. 小鼠。

2. 注射器、针头（5号）、受皿天平、大烧杯。

3. 0.4％戊巴比妥钠注射液。

【实验步骤】

取小鼠3只，编号，记录性别，称其体重，观察正常活动，然后3只小鼠同时以每10g体重腹腔注射0.4％戊巴比妥钠0.4mg（每10g体重0.35～0.5mg）的剂量，置于大烧杯内，仔细观察各鼠的反应：兴奋、浅睡、深睡、麻醉，并记录每个反应的发生时间和持续时间。

【附】

各个反应的指标：①兴奋指活动增加。②睡眠指翻正反射消失，易受外界刺激而醒。③浅睡（易醒）和深睡（不易醒）仅指睡眠程度上的区别。④麻醉指翻正反射消失，受刺激而不醒，肌肉完全松弛。

【讨论题】

从同种动物对药品反应的差异性，初步了解这些反应与小鼠的体重和性别有何关系？

（三）药品的协同作用和颉颃作用

【动物、器材与试剂】

1. 家兔，雌雄均可，白色，体重2.5～3.0kg。

2. 兔固定箱、游标卡尺、注射器、针头（5号）。

3. 1％毛果芸香碱注射液、0.1％盐酸肾上腺素注射液、1％硫酸阿托品注射液。

【实验步骤】

1. 取兔一只，放入兔固定箱内，要严防阳光照射兔的眼睛。用游标卡尺测量两侧眼睛的瞳孔大小，连测3次，取其平均值（测量瞳孔时光线强度要一致，游标卡尺不宜触及角膜）。

2. 于兔的左眼滴入1％毛果芸香碱溶液3滴，15min后再测量左眼的瞳孔大小，连测3次，取平均值（滴药时，用左手的拇指和食指将下眼睑向上提起，使呈囊状，再用中指压在鼻泪管开口，以防药液流入鼻泪管而起不到作用，再用右手滴入药液）。

3. 滴入 1% 毛果芸香碱后 20min 左右，分别在两眼滴入 0.1% 盐酸肾上腺素溶液 3 滴，15min 后测量两眼瞳孔大小，连测 3 次，取平均值，并进行比较。

4. 在滴入 0.1% 盐酸肾上腺素后 20min 左右，再往两眼各滴入 1% 硫酸阿托品注射液 3 滴，15min 后，观察两眼瞳孔的变化，并测量瞳孔大小。连测 3 次，取平均值。

【讨论题】

哪些现象是药品的协同作用？哪些现象是药品的颉颃作用？药品的这两种作用有何临床意义？

二、肝脏对戊巴比妥的分解作用

【动物、器材与试剂】

1. 小鼠。

2. 天平、手术刀、剪子、滤纸、小烧杯或平皿、试管、试管架、水浴锅、注射器及针头。

3. 0.5% 戊巴比妥钠、生理盐水。

【实验步骤】

1. 取体重 30g 以上的小鼠一只，拉颈脱臼处死，剖腹，取出肝脏（小心去掉胆囊）及肾脏，用生理盐水冲洗干净，用滤纸吸干水分，称取肝、肾组织各 1g 并剪碎。

2. 取 3 支试管，按甲、乙、丙编号，甲管放入 0.5% 戊巴比妥钠生理盐水 5mL，加小鼠肝脏 1g；乙管放入 0.5% 戊巴比妥钠生理盐水 5mL，加小鼠肾脏 1g，丙管放 0.5% 戊巴比妥钠生理盐水 5mL，作为对照管。

3. 将上述 3 支试管，同时放入 37～38℃ 水浴锅中 1h，并反复振摇 2～3 次，取上清液备用。

4. 取体重相近的小鼠 6 只，编号分成 3 组，每组 2 只小鼠。

5. 第 1 组 2 只小鼠按每 10g 体重腹腔注射甲管上清液 0.1mL，第 2 组 2 只小鼠按每 10g 体重腹腔注射乙管上清液 0.1mL，第 3 组 2 只小鼠按每 10g 体重腹腔注射丙管溶液 0.1mL，然后观察各组小鼠出现的症状及持续的时间。

三、药品对肝药酶的诱导作用

【实验目的】

通过实验了解药品的相互作用。

【动物、器材与试剂】

　　1. 小鼠。

　　2. 天平、注射器、鼠笼、针头。

　　3. 1％苯巴比妥钠溶液、0.4％戊巴比妥钠溶液、生理盐水。

【实验步骤】

　　取雄性健康小鼠 8 只，称重编号（体重在 18～20g 为好），其中 4 只每隔 24h 按每 10g 体重腹腔注射 1％苯巴比妥钠 1～1.2mg，连续 3 次；另外 4 只每隔 24h 腹腔注射等容量的生理盐水，作为正常对照组。24～48h 后，将上述 8 只小鼠，分为 4 组，每组 2 只，然后 8 只小鼠同时按每 10g 体重腹腔注射 0.4％戊巴比妥钠 0.1mL（即每 10g 体重 0.4mg）。观察各鼠麻醉情况，并记录平均麻醉时间（翻正反射消失时间为麻醉时间）。

【讨论题】

　　为什么注射过苯巴比妥钠的小鼠，对戊巴比妥钠的耐受量较大？

四、药物半数致死量（LD_{50}）及半数有效量（ED_{50}）的测定

（一）药物半数致死量（LD_{50}）的测定

【实验目的】

　　了解药品半数致死量的测定方法及练习半数致死量的计算。

【实验原理】

　　LD_{50} 的测定方法很多，有改进寇氏（Karber）法、序贯法、加权概率单位法（Bliss 氏法）、简化概率单位法、目测图解法、移动平均法、综合计算法等，均按对数剂量分组实验。报告 LD_{50} 时应说明计算方法。

　　LD_{50} 是指在一群动物中能使半数动物死亡的剂量。由于实验动物的抽样误差，药物的致死量对数值大多在 50％质反应的上下呈正态分布。在这样的质反应中药物剂量和质反应间呈 S 形曲线，S 形曲线的两端处较平，而在 50％质反应处曲线斜率最大，因此这里的药物剂量稍有变动，则动物死或活的反应出现明显差异，所以测定半数致死量能比较准确地反映药物毒性的大小。

　　测定 LD_{50} 最常用 Bliss 氏法。此法要求剂量按等比级数排列，每组小鼠数

相等（不应太少，一般 10～20 只），剂量范围接近或等于 0～100％死亡率之间，一般分 5～8 个剂量组。

1. 测定 LD$_{50}$ 的实验安排

（1）预备试验。找出 0 及 100％估计致死量（D_n、D_m），首先用 10 倍稀释的一系列药液，以每 10g 体重 0.2mL 的容量各试 4 鼠，进而在 4/4 及 0/4 致死组的上下，递减为每 10g 用 0.14mL、0.1mL、0.07mL、0.05mL，或递增为 0.28mL、0.4mL……再各试 4 鼠。如果某组死亡率为 4/4，其前一组是 2/4 或 3/4，则以该组剂量为 D_m，如前一组是 0/4 或 1/4，则以该组剂量的 1.5 倍为 D_m，同法找出 D_n，这样找得到的 D_m、D_n 较可靠，有 90％把握预期正式实验时最高死亡率不低于 70％，最低死亡率不高于 30％，为正式实验不返工提供了保证。

（2）分组。分为 4～9 组为宜，高低剂量比值（1∶K）以 1∶（0.75～0.8）为多用，不宜超出 0.6～0.9 的范围，可按表 2-9 来选择分组数及剂量比值。

表 2-9　选择分组组数及剂量比值

剂量比值（1∶K）K=		0.6	0.65	0.7	0.75	0.8	0.85	0.88	0.9
最高、最低致死量相差的倍数（D_m/D_n）	2 倍左右	—	—	—	3～4 组	4 组	5～6 组	6～7 组	7～8 组
	3 倍左右	—	3～4 组	4 组	4～5 组	5 组	6～8 组	9 组	—
	4 倍左右	3～4 组	4～5 组	5 组	5～6 组	7～8 组	9 组	—	—
	6 倍左右	4～5 组	5～6 组	6 组	7～8 组	9 组	10 组	—	—
	10 倍左右	5～6 组	6～7 组	8 组	9～10 组	10 组	—	—	—
	14 倍左右	6～7 组	7 组	8～9 组	10 组	—	—	—	—

上表根据下式编制，可兼顾分组组数（N）及剂量比值（1∶K），较为实用，也可直接计算如下：

$$\frac{1}{K} = (N-1)\sqrt{\frac{D_m}{D_n}} \quad 或 \quad N = 1 - \log\left(\frac{D_m}{D_n}\right)/\log K$$

（3）配制不同浓度药液系列。用"倍比稀释法"配药，可以提高精确度并可节省药品，举例说明如下：

例：预试中 D_m＝500mg/kg，D_n＝50mg/kg，查表以 K＝0.7、N＝8 较合宜，动物体重为 20±2g，每组 10 只，总重为 200g，用药量为 0.2mL/10g（20mL/kg）。

①一号药液浓度＝最高致死量/用药量＝500（mg/kg）/20（mL/kg）＝

$25mg/mL＝2.5\%$；

②每组药液量＝每组动物总体重数×用药量＝$200g×20mL/kg＝4mL$（最少$4mL$，为了配药方便并留有余地取$4.5mL$）；

③一号药液需用量＝每组药液量/（$1－K$）＝$4.5mL$/（$1－0.7$）＝$15mL$；

④精确配制2.5%药液$15mL$，从中吸出$4.5mL$为一号液，供第一组用药，每$10g$体重注射$0.2mL$；

⑤配二号液，在余下的$10.5mL$一号液中加生理盐水$4.5mL$，混匀后吸出$4.5mL$为二号液；

⑥依此类推，配出一系列比值$1:0.7$的药液；

⑦各组均按每$10g$体重$0.2mL$用药，为了节省动物，可由2、4、6、8组用药，如第2组全死，则省去第一组，再补做第3、5、7⋯⋯组，如发现第8组已有死亡者，可酌增9、10组，以保证实验的完成性（包括100%及0致死组）。

（4）动物的均衡随机化。动物以小鼠为多用，雌雄兼取，体重在$20±2g$为宜，患病及怀孕者应剔除，然后先按体重分笼，再按该笼可分配到每组的动物数（如25只分8组实验，每组可得3只），标以笼号（"$18g$，$0.36mL$，每组3只"、"$19g$，$0.38mL$，每组4只"⋯⋯）。然后抽取某号药液，在$18g$笼中随机取3只各注射$0.36mL$，$19g$笼中取4只各注射$0.38mL$，⋯⋯这样可缩短实验时间，并使各组动物体重相近。

2. LD_{50} 的测定方法　LD_{50}的测定方法比较简单，重复性和稳定性较好，现已成为标志动物毒性强度的重要常数。由于测定的方法较多，不能一一叙述，故仅介绍下面两种方法。

采用改进寇氏（Karber）法的测定与计算

此法常用小鼠或大鼠来进行测定，先以少量动物做预试验，以获得粗略的最大不致死量（LD_0）和最小致死量（LD_{100}），然后，在此剂量范围内，按等比级数分成4～6组。从求得的LD_0及LD_{100}计算各剂量的公式：

$$r = \sqrt[(n-1)]{b/a}$$

式中r为各组剂量的公比n为微分组数；b为预试验LD_{100}的剂量；a为预试验LD_0的剂量。则各组剂量分别为a、ar、ar^2、ar^3、ar^4⋯⋯

设通过预试验，求得普鲁卡因的LD_0为$164mg/kg$，LD_{100}为$250mg/kg$，准备分成5组进行实验，各组剂量为多少？

将以上数据代入公式，对数以10为底进行计算。

$$r = \sqrt[(n-1)]{\left(\frac{b}{a}\right)} = \sqrt[(5-1)]{\frac{250}{164}}$$

$$\lg r = \lg {}^{(5-1)}\!\!\sqrt{\frac{250}{164}} = \frac{1}{4}\lg\frac{250}{164}$$

$$\frac{1}{4}\lg 1.524\,4 = \frac{1}{4}\times 0.183\,1 = 0.045\,8$$

$$r = anti\lg 0.045\,8 = 1.11$$

由此可算出各组量分别为：$a = 164$、$ar = 182$、$ar^2 = 203$、$ar^3 = 225$、$ar^4 = 250$。

将试验结果记录于表 2-10 中。

计算半数致死量（改进寇氏法）

$$LD_{50} = \lg^{-1}\left[X_m - i\left(\sum P - 0.5\right)\right](mg/kg)$$

表 2-10　普鲁卡因 LD$_{50}$的测定方法

组别	小鼠（只）	剂量（D）（mg/kg）	$\lg D = x$	死亡只数	死亡百分数（%）	P
1	16	250	2.397 9	15	94.0	0.94
2	16	225	2.352 2	13	81.3	0.813
3	16	203	2.307 5	8	50.0	0.50
4	16	182	2.260 1	5	31.3	0.313
5	16	164	2.214 8	1	6.3	0.063

式中 X_m 为最大剂量的对数（$\lg 250 = 2.397\,9$），P 为各组动物的死亡率，以小数表示（94%写作 0.94）；式中 $\sum P$ 为各组动物死亡率的总和（$P_1 + P_2 + P_3 + P_4 + P_5 = 0.94 + 0.813 + 0.50 + 0.313 + 0.063 = 2.626$）；式中 i 为相邻两组剂量（D）对数值之差（高剂量为分子），或相邻两组剂量（x）之差，即 $\lg 250 - \lg 225 = 2.397\,9 - 2.352\,2 = 0.045\,7$

$$LD_{50} = \lg^{-1}\left[2.397\,9 - 0.045\,7\,(2.626 - 0.5)\right]$$
$$= \lg^{-1}\left[2.397\,9 - 0.045\,7\times 2.626\right]$$
$$= \lg^{-1}\left[2.397\,9 - 0.097\,1\right]$$
$$= \lg^{-1}2.300\,9 = 200\,(mg/kg)$$

3. 具体实验　用改进寇氏法计算 LD_{50}。

【动物、器材与试剂】

1. 小鼠。

2. 天平、鼠笼、注射器、针头。

3. 2%盐酸普鲁卡因。

【实验步骤】

1. 取体重 18～22g 的小鼠 50 只，随机分为 5 组，每组 10 只，按表 2-10 中的剂量分组给药。腹腔注入 2％盐酸普鲁卡因，观察并记录死亡百分率。

2. 小鼠注射盐酸普鲁卡因后 1～2min 出现不安症状，继而惊厥，然后转入抑制。后有的小鼠死亡；不死者一般都在 15～20min 内恢复常态，故观察 30min 内的死亡率即可。

3. 将实验结果列于表 2-11，并仿前面改进寇氏法例题的计算方法代入公式，求出半数致死量（LD_{50}）。

表 2-11　2％盐酸普鲁卡因 LD_{50} 的测定方法

组别	小鼠（只）	剂量（D）（mg/kg）	$\lg D = x$	死亡只数	死亡百分数（％）	P
1	10	250	2.397 9			
2	10	225	2.352 2			
3	10	203				
4	10	182				
5	10	164				

$$P \text{ 总计（} \Sigma P \text{）} =$$

（二）戊巴比妥钠半数有效量（ED_{50}）的测定

【实验目的】

测定戊巴比妥钠腹腔注射对小鼠催眠作用的 ED_{50} 值。

【实验原理】

戊巴比妥钠为巴比妥类镇静催眠药，用适当剂量给小鼠腹腔注射后产生的催眠效应，常用翻正反射的消失来判断，该指标仅有阳性（睡眠）和阴性（不睡眠）两种现象，属于质反应。

质反应量效曲线的横坐标为对数剂量，而纵坐标采用阳性反应发生的频数时，一般为常态分布曲线。如改用累加阳性频数为纵坐标时，可以得到标准的 S 形曲线。该曲线的中央部分（50％反应处）接近一条直线，斜度最大，其相应的剂量也就是能使群体中半数个体出现某一效应的剂量，通常称为半数效应量。如效应为疗效，则称半数有效量（ED_{50}）；如效应为死亡，则称半数致死量（LD_{50}）。这些数值是评价药物作用强度和药物安全性的重要参数。

测定 ED_{50} 和 LD_{50} 的方法基本一致，只是所观察的指标不同。前者以药效为指标，后者以动物死亡为指标。常用的测定方法有 Bliss 法（加权概率单位法）、Litchfield-Wilcoxon 概率单位图解法、Kaerber 面积法、孙瑞元改进的 Kaerber 法（点斜法）及 Dixon-Mood 法（序贯法）等。其中孙氏改进的 Kaerber 法因其简捷性和精确性更为常用。

改进的 Kaerber 法的设计条件是各组实验动物数相等，各组剂量呈等比数列，各组动物的反应率大致符合常态分布。若以 X_m 为最大反应率组剂量的对数，i 为组间剂量比的对数，p 为各组反应率，P_m 为最高反应率，P_n 为最低反应率，n 为实验组数，则：

$$ED_{50} = \lg^{-1}\left[X_m - i\left(\sum P - 0.5\right) + i/4(1 - P_m - P_n)\right]$$

含 0 及 100% 反应率时，

$$ED_{50} = \lg^{-1}\left[X_m - i\left(\sum P - 0.5\right)\right]$$

ED_{50} 的 95% 可信限 $= \lg^{-1}(\lg ED_{50} \pm 1.96 \cdot S)$

其中

$$S = i\sqrt{\frac{\sum P - \sum P_2}{n-1}}$$

【动物、器材与试剂】

1. 小鼠 60 只（体重 18～24g）。

2. 戊巴比妥钠溶液（2.00mg/mL、2.40mg/mL、2.89mg/mL、3.47mg/mL、4.16mg/mL、5.00mg/mL）。

3. 小鼠笼、天平、注射器（0.5mL 或 0.25mL）。

【实验步骤】

1. 确定给药剂量　先以少量动物做预实验，以获得小鼠对戊巴比妥钠催眠反应率为 100% 的最小剂量（ED_{100}）和反应率为 0 的最大剂量（ED_0）。然后在此剂量范围内，按等比数列分成几个剂量组（一般 4～8 组），各组剂量的公比 r 为 $\sqrt[(n-1)]{\dfrac{ED_{100}}{ED_0}}$ 求得 r 后，自第一剂量组（ED_0）开始乘以 r，可得相邻的下一个组的剂量。若共分为 6 个组，各组剂量分别为 ED_0、$r \cdot ED_0$、$r^2 \cdot ED_0$、$r^3 \cdot ED_0$、$r^4 \cdot ED_0$、$r^5 \cdot ED_0$。

2. 给药　取体重 18～22g 的健康小鼠 60 只，查随机数字表，随机分为 6 个组，每组 10 只。按表 2-11 所列的各组给药浓度分别按每千克体重腹腔注射 10mL。

3. 记录结果　以翻正反射消失为入睡指标，观察药物的催眠效应，记录各组腹腔注射后 15min 内睡眠鼠数，填入表 2-11。

【结果整理及分析】

依表 2-12 所列，分别计算各组 P 和 P^2。再按 $ED_{50} = lg^{-1}[X_m - i(\sum P - 0.5) + i/4(1 - P_m - P_n)]$ 或 $ED_{50} = lg^{-1}[X_m - i(\sum P - 0.5)]$ 来计算 ED_{50}，计算 ED_{50} 的 95% 可信限。

表 2-12　戊巴比妥钠 ED_{50} 计算

组别	小鼠数（只）	药物浓度（mg/mL）	给药剂量（mg/kg）	对数剂量	催眠鼠数	P	P^2
1	10	2.00	20.0	1.301 0			
2	10	2.40	24.0	1.380 6			
3	10	2.89	28.9	1.460 2			
4	10	3.47	34.7	1.539 8			
5	10	4.16	41.6	1.619 4			
6	10	5.00	50.0	1.699 0			
$\sum$							

【注意事项】

1. 若用 50 只小鼠，随机分为 5 个剂量组进行实验，各组动物可参照 20mg/kg、25mg/kg、31mg/kg、39mg/kg、49mg/kg 给药，或药物浓度为 2.45mg/mL、1.96mg/mL、1.57mg/mL、1.25mg/mL、1.00mg/mL 时，以每千克体重 20mL 腹腔注射。

2. 随机分组时，可先称各小鼠体重，将体重相同小鼠放一笼，分别做好标记。再按确定组数查随机数字表分组，使各组平均体重及体重分布尽可能一致。

3. 本实验为定量实验，注射药量必须准确。给药后要仔细观察药物反应，但不可过多地翻动小鼠，以免影响实验结果。

第二节　神经系统药物实验

一、普鲁卡因的局部麻醉作用

（一）普鲁卡因和丁卡因表面麻醉作用的比较

【实验目的】

了解普鲁卡因和丁卡因的表面麻醉作用的差异，以掌握对表面麻醉药的要求。

【实验原理】

局麻药是一类以适当的浓度应用于局部神经末梢或神经干周围的药物，本类药物能暂时、完全和可逆地阻断神经冲动的产生和传导，在意识清醒的条件下可使局部痛觉等感觉暂时消失，同时对各类组织无损伤性影响。表面麻醉是将穿透性强的局麻药涂于黏膜表面。

【动物、器材与试剂】

1. 兔。
2. 兔固定箱、游标卡尺、注射器、针头。
3. 1％盐酸普鲁卡因溶液、1％盐酸丁卡因溶液。

【实验步骤】

1. 取兔一只，放入兔固定箱内，剪去睫毛，用兔须触试角膜面之上、中、下、左、右五处的眨眼反射情况，记录阳性反应率。然后于左眼滴入 1％盐酸丁卡因溶液两滴，于右眼滴入 1％盐酸普鲁卡因溶液两滴。

2. 滴药时宜将下眼睑拉成兜形，并压住鼻小管使其停留 1min，然后任其流出。这样能使药液与角膜表面充分接触及防止药液流入鼻腔吸收中毒。

3. 滴药后每 2min 以及作用发生后每 5min 以同样方法测定眨眼反射一次，记录并比较两药对兔角膜麻醉作用强度、开始时间及持续时间有何不同。

【注意事项】

角膜反射测定与记录方法：

①用兔须刺激角膜时宜采垂直方法，每次用力相同。

②阳性反应率以（ $\dfrac{阳性反应点数}{刺激点数}$ ）表示。数字大则麻醉力小，数字小则麻醉力大。如 5/5 表示角膜未麻醉，0/5 表示角膜全麻醉。

（二）肾上腺素对于普鲁卡因局部麻醉作用的影响

【实验目的】

了解肾上腺素与普鲁卡因合并用药，可延长局部麻醉作用。

【实验原理】

肾上腺素激动血管 α 受体产生缩血管作用，而激动 β_2 则产生扩血管作用。因此，组织内血管的舒缩与血管上受体的分布有关。皮肤、黏膜及内脏血管 α 受体占优势，故出现明显的收缩作用。肾上腺素与普鲁卡因合用可延长局部麻醉的时间。

【动物、器材与试剂】

1. 家兔（白毛为好）。
2. 注射器、针头、酒精棉、毛剪、碘酊棉。
3. 1%盐酸普鲁卡因注射液、含 1/100 000 肾上腺素的 1%盐酸普鲁卡因注射液。

【实验步骤】

取兔一只，将两臀部的毛剪干净，按正规消毒后，针刺试其痛觉反射。然后两臀部分别用 1%盐酸普鲁卡因注射液和含肾上腺素的 1%盐酸普鲁卡因注射液做菱形皮下注射，0.1mL/点。1min、2min 及 5min 后以针尖试注射部位的上、中、下、左、右五点的痛觉。以后每 5min 测一次，记录阳性反应率（表示法同角膜麻醉实验），并比较两种药液的麻醉作用、维持时间及注射后皮肤颜色有何不同。

【讨论题】

从实验结果说明普鲁卡因与肾上腺素合用的临床意义又是什么？

二、药物的镇静作用

（一）氯丙嗪的镇静及其强化麻醉作用

【实验目的】

观察氯丙嗪镇静作用及增强麻醉作用。

【实验原理】

氯丙嗪为中枢多巴胺受体的阻断剂，可减少或消除幻觉、妄想，使思维活动及行为趋于正常。氯丙嗪与麻醉药有协同作用，因此，在与上述药物合用时，应减少后者的用量，避免加深对中枢神经系统的过度抑制。

【动物、器材与试剂】

1. 兔。

2. 5mL 注射器 2 支、针头 3 个、台秤。

3. 0.5％盐酸氯丙嗪针剂、2％戊巴比妥钠溶液、酒精棉。

【实验步骤】

取兔 3 只，称重，编成甲、乙、丙，然后甲兔按每千克体重 50mg 肌内注射 0.5％盐酸氯丙嗪针剂；乙兔也按每千克体重 50mg 肌内注射 0.5％盐酸氯丙嗪针剂，同时再以每千克体重 30mg 肌内注射 2％戊巴比妥钠溶液；丙兔按每千克体重 30mg 肌内注射 2％戊巴比妥钠溶液，并如实记录其反应。

【注意事项】

甲、乙两兔各静脉注射完氯丙嗪 10min 后，再给乙、丙兔分别注射戊巴比妥钠。

【讨论题】

上述实验结果说明了什么问题？

（二）地西泮对于戊巴比妥钠和回苏灵药理作用的影响

【实验目的】

通过认识药物相互作用的协同作用和颉颃作用，学习镇静催眠药的筛选方法。

【实验原理】

镇静催眠药随剂量的递增依此表现为镇静、催眠及麻醉作用。镇静催眠药合用则作用加强，且可对抗中枢兴奋药引起的惊厥行为。

【动物、器材与试剂】

1. 小鼠 5 只，体重 18～22g，性别不限。

2. 1mL 注射器、注射针头、50mL 烧杯、电子天平、钟罩。

3. 0.04％地西泮、0.2％戊巴比妥钠、0.04％回苏灵。

【实验步骤】

取性别相同、体重相近的小鼠 5 只，编号、称重后做下述处置。

甲鼠按每千克体重腹腔注射 0.04％地西泮 8mg（即每 10g 体重 0.2mL）。

乙鼠按每千克体重皮下注射 0.2％戊巴比妥钠 40mg（即每 10g 体重 0.2mL）。

丙鼠先按每千克体重腹腔注射 0.04％地西泮 8mg（即每 10g 体重 0.2mL），10min 后再按每千克体重皮下注射 0.2％戊巴比妥钠 40mg（即每 10g 体重 0.2mL）。

丁鼠按每千克体重皮下注射 0.04％回苏灵 8mg（即每 10g 体重 0.2mL）。

戊鼠先按每千克体重腹腔注射 0.04％地西泮 8mg（即每 10g 体重 0.2mL）。10min 后再按每千克体重皮下注射 0.04％回苏灵 8mg（即每 10g 体重 0.2mL）。

将 5 鼠分别置于钟罩内，比较所出现的药物反应及最终结果。观察小鼠预先注射地西泮对于戊巴比妥钠和回苏灵的药理作用各有何影响。

【注意事项】

1. 注射药物比较多，每次注射之前应充分洗净注射器或更换新的注射器，以免药物相互作用影响实验结果。

2. 镇静催眠药均属于中枢抑制药，故动物实验时其作用往往不能区分。镇静作用的指标主要是自发活动减少；催眠作用的指标是动物的共济失调，当环境安静时，可以逐渐入睡。翻正反射的消失可以代表催眠作用，又可反映巴比妥类催眠药的麻醉作用。

3. 实验环境需安静，室温以 15～20℃为宜。

【方法评价】

镇静催眠药的初筛方法常用行为学实验，如与阈下剂量的戊巴比妥合用，可以促使小鼠入睡。常以翻正反射消失的小鼠数作为指标，来衡量药效。另外，也可以用减少中枢兴奋药所致的过度活动来筛试，或以对抗中枢兴奋药的毒性、提高半数致死量的幅度来衡量药效。但这些方法特异性均不高，难以区分药物的作用性质，常用来初筛，进行定性分析。

【讨论题】

在合并用药过程中各药可以通过哪几种方式发生相互作用？引起哪几种后果？

三、苯巴比妥钠的抗惊厥作用

【实验目的】

观察苯巴比妥钠的抗惊厥作用，联系其临床应用。

【实验原理】

苯巴比妥钠为中枢抑制药，大剂量具有明显的抗惊厥、抗癫痫效应，其作用机制与增强 GABA 介导的 Cl^- 内流和减弱谷氨酸介导的除极有关。中枢兴奋药尼可刹米中毒剂量时可引起整个中枢系统兴奋性明显增高，产生惊厥反应。

（一）药物惊厥法

【动物、器材与试剂】

1. 小鼠 2 只。

2. 托盘天平、1mL 注射器 3 支、大烧杯。

3. 0.5％苯巴比妥钠溶液、2.5％尼可刹米溶液、0.9％氯化钠注射液。

【实验步骤】

取大小相近的小鼠 2 只，称重编号。甲鼠按每 10g 体重腹腔注射 0.5％苯巴比妥钠溶液 0.1mL，乙鼠按每 10g 体重腹腔注射 0.9％氯化钠注射液 0.1mL 作对照，20min 后两鼠分别按每 10g 体重腹腔注射 2.5％尼可刹米溶液 0.2～0.3mL，随即将它们放入大烧杯内，观察两鼠有无惊厥发生（以后肢强直为惊厥指标），并记录惊厥出现的速度和程度有何不同。

（二）电惊厥法

【动物、器材与试剂】

1. 小鼠 2 只。

2. 生理药理多用仪、调剂天平、1mL 注射器 2 支、大烧杯、胶布。

3. 0.5％苯巴比妥钠溶液、0.9％氯化钠注射液。

【实验步骤】

取小鼠 2 只，称重编号。将多用仪刺激方式置于"单次"位置，频率置于

4Hz 或 2Hz，"时间"选择 0.25s，后面板上的开关拨向"电惊厥"一边，电压调节旋钮置于适当的位置（一般刻度拨至 7～9，输出电压为 100V 左右）。实验时将输出电线上的两个鳄鱼夹用 0.9% 氯化钠注射液浸湿，一个夹在小鼠的两耳上，另一个夹住小鼠的下唇，接通多用仪电源导线，打开电源开关，按下"启动"按钮，即可使小鼠产生惊厥。如未惊厥可调高电压和频率，仍不惊厥，将该鼠弃掉另换。按此方法选出 2 只小鼠，记录下各鼠发生惊厥所需的刺激参数（电压强度和频率）。然后，甲鼠按每 10g 体重腹腔注射 0.5% 苯巴比妥钠溶液 0.1mL，乙鼠按每 10g 体重腹腔注射 0.9% 氯化钠注射液 0.1mL 作对照。30min 后，再各用原来的刺激参数给予刺激，比较给药前后两鼠反应有何不同。

小鼠惊厥分为 5 个时期：潜伏期→僵直屈曲期→后肢伸直期→阵挛期→恢复期，以后肢强直作为惊厥的指标。

【注意事项】

1. 通电时，两鳄鱼夹不能相碰，也不能让鳄鱼夹与鼠体其他部位相接触。

2. 由于动物个体差异，刺激参数各有不同，可由小到大试之，以引起动物惊厥为宜。

四、水合氯醛对兔的全身麻醉作用观察

【实验目的】

了解水合氯醛对兔的麻醉作用及主要体征变化。

【动物、器材与试剂】

1. 兔。

2. 兔固定箱、毛剪、镊子、酒精棉、听诊器、10mL 注射器、台秤、温度计、6 号针头。

3. 5% 水合氯醛溶液（新配置液）。

【实验步骤】

取兔一只，称重，观察并记录用药前体征的正常状态（如皮肤感觉、角膜反射、骨骼肌紧张度、呼吸、心跳等）。然后放家兔于固定箱内保定，由耳静脉注入 5% 水合氯醛注射液，剂量按每千克体重 3～4mL 给药（注射速度宜

慢，切勿漏出血管外）。给药后同样观察皮肤感觉、角膜反射、骨骼肌紧张度、呼吸、心跳等情况，与正常时对比。

【讨论题】

何为麻醉？全身麻醉时应注意什么问题？

五、尼可刹米对兔呼吸兴奋作用观察

【实验目的】

观察中枢兴奋药尼可刹米兴奋呼吸中枢的作用，并初步了解测定呼吸的实验方法。

【实验原理】

大剂量吗啡可抑制延髓呼吸中枢，呼吸中枢兴奋药则可对抗吗啡引起的呼吸抑制。

【动物、器材与试剂】

1. 兔。

2. 兔手术台、支柱、生物信号采集与分析系统、玻璃鼻插管、脱脂棉、酒精棉、镊子、注射器 5mL（2 支）、5 号针头（2～3 个）、台秤。

3. 5％尼可刹米注射液、10mg/mL 硫喷妥钠溶液（易析出结晶，需临用时现配）或用 1％盐酸吗啡注射液、2％盐酸可卡因或丁卡因液。

【实验步骤】

取兔一只，称重，仰卧固定于手术台上。把与描记装置连通的鼻插管插入一侧鼻孔（为防止动物骚动，可用 2％可卡因或丁卡因液涂擦鼻黏膜），先记录正常呼吸曲线（包括呼吸强度和次数）。然后按每千克体重由耳静脉缓缓注入 10mg/mL 硫喷妥钠 2mL（或每千克体重用 1％吗啡注射液 0.6mL），边注射边观察呼吸所发生的变化。且勿拔下针头，当出现呼吸抑制时，立即由此针头按每千克体重缓慢地注入 5％尼可刹米溶液 1mL（即每千克体重 50mg 左右），注意观察呼吸动作的变化情况，若呼吸曲线记录已恢复到正常时，应立刻停止注入药液，因尼可刹米注入剂量过大可造成高度兴奋状态，兔表现狂烈挣扎，尖叫。并记录呼吸曲线。

第三节　消化系统药物实验

一、药物的导泻作用

（一）硫酸钠的导泻作用

【实验目的】

通过对硫酸钠导泻作用实验，更好地理解盐类泻药的导泻机理。

【实验原理】

硫酸钠为容积性泻药，可促进排便反射或使排便顺利。硫酸钠不易被肠壁吸收而又易溶于水，在肠内形成高渗盐溶液，因此能吸收大量水分并阻止肠道吸收水分，使肠内容积增大，对肠黏膜产生刺激，引起肠管蠕动而加速排便。

【动物、器材与试剂】

1. 小鼠。

2. 灌胃管（1～2mL 注射器上连接玻璃灌胃管或注射针头磨钝制成灌胃管）、墨汁或红墨水、天平、手术剪、缝合线。

3. 10%硫酸钠溶液、0.9%氯化钠溶液。

【实验步骤】

取禁食 6～8h 的、体重在 20g 左右的健康小鼠 2 只，然后编号甲、乙。甲鼠以墨汁硫酸钠溶液 1mL 灌胃，乙鼠以墨汁氯化钠溶液 1mL 灌胃。待 30min 后，将两鼠拉颈椎脱臼处死，立即剖腹，比较两鼠的肠蠕动及肠臌胀情况有无差别。然后分离幽门至直肠的肠系膜，将肠管小心拉成直线，测量两鼠肠管中墨汁离回盲部距离有无不同。最后将肠腔剪开，观察两鼠的粪便形状有无不同。将观察的结果写入自己设计的实验记录表格里。

【注意事项】

1. 墨汁硫酸钠溶液是以 2%墨汁为溶剂配制的 10%的硫酸钠溶液，墨汁氯化钠溶液是以 2%墨汁为溶剂配制的 0.9%的氯化钠溶液。

2. 甲、乙两鼠灌胃量必须相等，否则难以比较。

3. 墨汁到达距离以回盲部为界线，未达回盲部者记为离回盲部的距离（cm）；已通过回盲部者记为过回盲部的距离（cm）。

（二）硫酸镁、液体石蜡导泻原理的分析

【实验目的】

观察盐类和油类泻药的泻下作用，并分析其机理，以便更正确地应用泻药。

【实验原理】

硫酸镁易溶于水，水溶液中的镁离子和硫酸根离子均不易为肠壁所吸收，使肠内渗透压升高，体液的水分向肠腔移动，使肠腔容积增加，肠壁扩张，从而刺激肠壁的传入神经末梢，反射性地引起肠蠕动增加而导泻，其作用在全部肠段，故作用快而强。液体石蜡是一种透明的矿物油，在肠道内不被吸收或消化，服用后能润滑肠壁，阻止肠内水分吸收，软化粪便而导泻。

【动物、器材与试剂】

1. 兔。
2. 台秤、兔手术台、手术剪、手术刀、止血钳、缝合线、注射器、针头、酒精棉、脱脂棉。
3. 20％硫酸镁溶液、生理盐水、液体石蜡、20％氨基甲酸乙酯。

【实验步骤】

取健康家兔一只，称重，以 20％氨基甲酸乙酯按每千克体重 5mL 耳缘静脉注射麻醉后，背部固定于兔手术台上。沿腹正中线做切口，取出回肠。于回盲区将内容物挤向结肠，并用线在回盲部近端将肠扎成 3 段，每段长 4cm，使其互不相通。切勿损伤肠系膜血管。然后在每段肠管分别注入 20％硫酸镁溶液、生理盐水、液体石蜡各 2mL。注射完毕，立即将肠管放回腹腔内，用线缝合腹壁（或用止血钳夹住切开的两侧腹壁，使其关闭腹腔），并以浸有 39℃生理盐水或台氏液的脱脂棉覆盖，以保持温度和湿润局部。

2h 后打开腹腔，观察各段肠管的变化（如肠管充盈情况与充血程度等）。最后用注射器抽取各段肠管内液体，比较其容量，并剪开肠壁，观察肠壁充血

情况，将观察到的情况写入自己设计的记录表格内。

【注意事项】

1. 打开腹腔后应尽量减少对肠管的刺激，并以少量生理盐水或台氏液湿润。

2. 药品用量视肠段膨胀程度而定，一般以肠段中度膨胀为准，各段肠药品用量应相等。

3. 抽取肠内液体时应尽量吸净，否则影响结果比较。

4. 本实验也可用大鼠、小鼠、蛙来做。实验时，肠段长 1.5～2.0cm 即可，注入药品容量为 0.1mL。

【讨论题】

泻药导泻作用方式有几种？硫酸钠、硫酸镁、液体石蜡为什么能导泻？各适用于什么情况？

二、制酵药的作用

【实验目的】

观察甲醛溶液、鱼石脂溶液、煤酚皂溶液的制酵作用，进而理解制酵药对消化道细菌防腐止酵的作用。

【实验原理】

制酵药有抑制胃肠内细菌发酵或酶的活力，防止大量气体产生的作用。

【菌种、器材与试剂】

1.5％新鲜牛粪滤过液（内有大肠杆菌）或瘤胃液。

2. 注射器、针头（或小滴管）、烧杯、量杯、量筒、玻璃棒、天平、试管、试管架、滤布、恒温箱、发酵管等。

3.20％鱼石脂溶液、5％甲醛溶液、10％煤酚皂溶液、生理盐水、糖发酵管、培养基（制法附后）。

【实验步骤】

取新鲜牛粪或瘤胃内容物 5g，稀释至 100mL，纱布过滤，滤液澄清备用。

取糖发酵管 4 支，编号，分别盛装葡萄糖发酵培养基 3～4mL，分别加入

10％煤酚皂溶液 0.4mL、5％甲醛溶液 0.4mL、20％鱼石脂溶液 0.4mL、生理盐水 0.4mL（对照用）。

于上述各管内加入牛粪滤液 0.1mL，置 37℃恒温箱中培养 24h，观察发酵情况，并记录。

【附】

葡萄糖发酵管培养基制法：

取 pH7.6～8.0 的蛋白液（蛋白 10g，氯化钠 5g，溶于 1 000mL 水中），每试管装 3～4mL，再加 20％葡萄糖溶液 0.15mL（3～4 滴），高压灭菌 15～30min 后备用。

【讨论题】

从实验结果比较各药的制酵防腐作用。

三、消沫药的作用

【实验目的】

通过观察松节油、煤油、二甲基硅油在体外的消沫作用来理解消沫剂的作用机理。

【实验原理】

消沫药是一类表面张力低于"起泡液"（泡沫性膨胀瘤胃内的液体），不与起泡液互溶，能迅速破坏起泡液的泡沫，而使泡内气体逸散的药物。其消沫作用机理是：因消沫药的粒子是疏水的，不与起泡液互溶，则停留在"气-液"界面，即泡沫膜上；又由于消沫药表面张力低于起泡液的表面张力，从而将接触泡沫膜的局部表面张力降低，导致该部位表膜被"拉薄"而穿孔，使相邻两泡沫融合，这时消沫药的粒子又可进行下一次消泡过程，融合的气泡不断扩大，汇集成大气泡，便容易破裂排出。

【器材与试剂】

1. 试管、试管架、玻璃棒、滴管、大烧杯。

2. 松节油、煤油、2.5％二甲基硅油、1％肥皂水或 10％远志水。

【实验步骤】

取容量相同的 3 支试管，编号。然后把 1％肥皂水或 10％远志的热水浸液数毫升，分别装入甲、乙、丙3支试管内，加以振荡使产生泡沫。然后于各管中分别滴加松节油、煤油、2.5％二甲基硅油各数滴，观察各管泡沫消失的速度。

【讨论题】

分析实验结果，比较各药作用。

第四节　呼吸系统药品实验

一、祛痰药对呼吸道纤毛上皮细胞活动的影响

【实验目的】

通过氯化铵溶液对纤毛上皮细胞活动影响的观察，进而了解祛痰药的祛痰作用。

【实验原理】

氯化铵能局部刺激胃黏膜而引起轻度恶心，反射性地兴奋气管、支气管腺体的迷走神经，促使腺体分泌增加，痰液稀释而易于咳出。

【动物、器材与试剂】

1. 蛙或蟾蜍。
2. 蛙笼、蛙板、大头针、剪子、尖镊子、滴管、木屑（或滤纸片）、天平、针、线。
3. 氯化铵溶液（浓度为1∶3 000或1∶4 000）、生理盐水。

【实验步骤】

取蛙一只，称重（在20g以上为好），腹部向上，用大头针将其四肢及上颚固定于蛙板上。用线穿过舌及下颚后，将线的另一端系于固定后肢的大头针上，使口腔大大张开。

用滴管吸取生理盐水，反复冲洗上颚黏膜上的黏液，然后在两眼后侧中间处黏膜上的一点，用尖镊子放上一块浸泡过生理盐水的木屑（木屑以半颗绿豆大小即可），此时由于纤毛上皮细胞的纤毛运动，可将小木屑向食管口方向移动，待小木屑移至食管口时立即用镊子取出，以免进入食管。在木屑移动时，要准确测定木屑由起点至食管口止所需要的时间，并记录。

　　然后在黏膜上滴入浓度为 1∶3 000 氯化铵溶液 3 滴，3～5min 后用生理盐水洗去药液，再将木屑置于原处，重新测定它们从相同起点移至食管口所需要的时间。比较用药前后木屑移动所需要的时间有何不同。

【讨论题】

　　从实验结果试分析氯化铵的作用方式。

二、祛痰药对呼吸道黏液分泌的影响

【实验目的】

　　通过祛痰药远志对呼吸道黏液分泌量的影响，进一步理解祛痰药的祛痰作用机理。

【实验原理】

　　酚红给小鼠腹腔注射后，可部分地由呼吸道黏膜排泌。有祛痰作用的药物在使气管分泌增加的同时，也使酚红的排泌量增加，因而可从供试品对气管内酚红排泌量的影响来观察药物的祛痰作用。酚红在碱性溶液中呈红色，可用比色法定量。

【动物、器材与试剂】

　　1. 小鼠。

　　2. 小鼠灌胃管、注射器、针头、蛙板、大针头、剪刀、镊子、线、试管（5～10mL）、试管架、天平、分析天平。

　　3. 100％远志煎剂、0.25％酚红溶液、5％$NaHCO_3$溶液、1mol/L NaOH溶液、生理盐水。

【实验步骤】

　　取禁食 8～12h、体重相近的健康小鼠 2 只，雌雄不限，做好标记。甲鼠以 100％远志煎剂灌胃，剂量为每 10g 体重 0.25mL（即每千克体重 24g）；乙鼠只给等量的常水，30min 后两鼠均由腹腔注射 0.25％酚红溶液 0.7mL。待 30min 后，将小鼠颈椎脱臼致死，仰位固定于木板上。切开颈正中皮肤，找出气管，在其下穿一线备结扎用。然后用注射器抽取 5％$NaHCO_3$ 0.4mL，安上 7 号针头从喉头刺入气管内。将线扎紧，避免针头滑脱。反复抽洗 3 次。将冲洗液注入小试管内。将 3 次冲洗液混合，与标准管进行目测比色。

【注意事项】

1. 剥离气管时操作要轻、稳，勿使出血，以免影响比色。

2. 抽洗气管分泌物时，要尽可能将液体抽尽，同时应避免将气注入气管内。

3. 盛装冲洗液来比色的试管与标准管应尽可能同一型号。

【附】

（1）0.25％酚红溶液的配制：用天平称取酚红 0.5g，以 1mol/L NaOH 溶液 5mL 溶解后加生理盐水至 200mL 摇匀即可。

（2）标准酚红管的配制：用分析天平准确称取一定量酚红，以 5％ $NaHCO_3$ 溶液溶解，使其 1mL 含酚红 1 000μg。然后依次稀释，配成每 1mL 含酚红 1、2、3、4、5、6、7、8、9、10、15、20μg 的标准比色管，每管容积 3mL，密封备用。

【讨论题】

从实验结果，谈谈远志的祛痰机理是什么。

三、平喘药对豚鼠离体气管的作用

【实验目的】

观察平喘药对离体气管平滑肌的作用。

【实验原理】

哮喘是一种以呼吸道炎症和呼吸道高反应性为特征的疾病，其发病机制包括呼吸道炎症、支气管平滑肌痉挛性收缩、支气管黏膜充血水肿及呼吸道腺体分泌亢进等多个环节。凡能祛颉发病病因或缓解喘息症状的药物均有平喘作用。

【动物、器材与试剂】

1. 豚鼠。

2. 生物信号采集与分析系统、万能支架、活动双凹夹、恒温水浴槽、手术刀、手术剪、眼科镊、小止血钳、结扎线、烧杯、麦氏浴皿、Z 形管、温度计、三角烧瓶、培养皿、注射器、双连球、胶管、螺旋夹、氧气、二氧化碳。

3. 0.1％磷酸组胺溶液、0.1％氯化乙酰胆碱溶液、2.5％氨茶碱溶液、0.01％肾上腺素溶液、克-亨氏液（Kceb-Henseleit 液）。

【实验步骤】

取体重 400～500g 豚鼠一只，木棒击头致死。沿颈正中切开，轻剥周围组织，分离出气管，自甲状软骨下至气管分支处剪下气管，立即置于盛有氧气饱和的、温度在 37±1℃的克-亨氏液（K-H 氏液）的平皿内。除去黏附在气管上的组织，用手术剪将气管剪成螺旋形的气管片（斜度为 30°，宽度以 2～3mm 为宜），或沿软骨环筒横切气管为 5～6 段，用棉线将各段结扎成链状。也可沿气管腹面纵行切断，再于每两个软骨环间切断，平分成 5 段，将 5 段沿纵行切口，用棉线缝合成一串。制成的气管标本两端分别用线结扎，一端系于 Z 形弯钩上，另一端连于生物信号采集与分析系统上，将标本放入装有 K-H 氏液的浴皿内（浴皿内液体为 50～60mL），温度 37℃，用双连球从 Z 形管给以 95％氧和 5％二氧化碳混合气体，静置 30min，当基线稳定再进行下列实验。

（1）向麦氏浴皿内加入 0.1％氯化乙酰胆碱溶液 0.7～1.0mL，待作用明显后加入 2.5％氨茶碱溶液 0.5～1.0mL，观察 5min，记录药品反应，然后用 K-H 氏液冲洗 3 次。

（2）待前一个药品充分洗去，回至基线后再加入 0.1％磷酸组胺液0.5～1.0mL，观察其反应并记录。

【附】

K-H 氏液配制：NaCl 6.92g，KCl 0.35g，$CaCl_2$ 0.28g，$NaHCO_3$ 2.10g，$MgSO_4$ 0.29g，葡萄糖 2.0g，KH_2PO_4 0.16g 加水至 1 000mL。配制时应先将 $CaCl_2$、$NaHCO_3$ 分别溶解，然后加入充分溶解稀释的其他成分中，否则产生沉淀。

【讨论题】

分析实验结果，谈谈氨茶碱、肾上腺素的平喘作用。

第五节　生殖系统药物实验

一、子宫收缩药对离体子宫的作用

【实验目的】

掌握离体子宫平滑肌运行的描记法，观察子宫收缩药对离体子宫的兴奋作用。

【实验原理】

子宫收缩药能兴奋子宫平滑肌，加强子宫收缩，其作用特点决定了它们在临床应用上也有差别。

【动物、器材与试剂】

1. 未孕雌性小鼠（亦可用兔或豚鼠、大鼠）。

2. 麦氏浴槽、双连球、生物信号采集与分析系统、螺旋夹、双凹夹、胶泥、天平、烧杯、温度计、手术刀、手术剪、缝合线、酒精灯、注射器、L形管（或Z形管）、量筒（50mL）、滴管。

3. 洛氏液、5U/mL脑垂体后叶注射液、0.05％麦角新碱注射液、0.025％氨甲酰胆碱注射液、己烯雌酚注射液。

【实验步骤】

取体重30g以上未孕雌性小鼠一只，实验前24～28h皮下注射己烯雌酚0.1mg，使动物处在动情前期或动情期。实验开始前，要调整好所有的仪器、装置；向麦氏浴管内加入25～50mL洛氏液；调节水浴温度使之恒定在38～39℃；连续缓慢地向浴管内通氧气或空气（1～2个气泡/s）。

应用颈椎脱臼法致死小鼠，剖开腹腔，拿出子宫，轻轻剥离并除去子宫周围脂肪组织，剪下两侧子宫角放入盛有洛氏液的玻璃皿内备用。取一侧子宫角（长约2cm）一端系于L形玻璃上，另一端连于生物信号采集与分析系统上，将子宫悬挂在盛有洛氏液的麦氏浴槽内。L形管另一端连接双连球或球胆，以螺旋控制进入L形管的空气。

先描记一段正常曲线，然后向麦氏浴槽内滴加脑垂体后叶注射液1～2滴，记录一段曲线，待作用明显后，以温洛氏溶液洗涤3次，再描记一段正常曲线，加氨甲酰胆碱注射液3～4滴，描记一段曲线至作用明显，同样以温洛氏液洗涤，待恢复正常后，再滴加麦角新碱3～4滴，描记曲线至作用明显。

【讨论题】

对实验进行理论分析，并做出结论。

二、垂体后叶素对在体子宫作用

【实验目的】

观察垂体后叶素对兔在体子宫的作用，从而更合理地用药于临床。

【实验原理】

缩宫素是垂体后叶激素的主要成分，缩宫素直接兴奋子宫平滑肌，加强其收缩。小剂量加强子宫（特别是妊娠末期的子宫）的节律性收缩，使收缩振幅加大，张力稍增加，其收缩的性质与正常分娩相似，即使子宫底部肌肉发生节律性收缩，但又使子宫颈平滑肌松弛，从而促进胚胎娩出。随着剂量加大，将引起肌张力持续增高，最后可致强直性收缩。

【动物、器材与试剂】

1. 兔（雌性未孕）。

2. 兔手术台、毛剪、棉线、生物信号采集与分析系统、手术灯、手术刀、手术剪、止血钳、玻璃管（长 10cm、直径约 4.5cm）。

3.3%戊巴比妥钠溶液、洛氏液、脑垂体后叶素。

【实验步骤】

取成熟的雌性未孕家兔一只，称重后按每千克体重静脉注射 3%戊巴比妥钠 1mL 麻醉，背位固定于兔手术台上。剪去下腹部毛，并于该处做 4～5cm 长的正中切口，打开腹腔找到一侧子宫角。在距子宫分叉约 2cm 处穿线，用此线将一侧子宫拉过玻璃筒底部橡皮膜中卵圆孔（此孔不宜过大，以免液体溢出，也不宜过小，以免影响子宫血液循环），并将贴腹腔后壁，筒中注入 38～39℃的洛氏液，并用手术灯照射保温。随后开始记录，待子宫收缩平稳后由耳缘静脉按每千克体重注入脑垂体后叶素 5U。观察收缩曲线的变化。

第六节　皮质激素类药品实验

一、抗炎药物对大鼠足跖肿胀的影响

【实验目的】

熟悉致炎物质致大鼠后肢足跖炎症性肿胀模型的制作方法。

【实验原理】

角叉菜胶或鲜蛋清等致炎物质被注入大鼠后肢足跖后，可引起局部血管扩张，通透性增强，组织水肿等炎症反应，最后致足跖体积变大。吲哚美辛通过抑制前列腺素合成酶，减少致炎物质的释放而缓解或避免致炎物质的致炎作用。

【动物、器材与试剂】

1. 大鼠 12 只，同一性别。
2. 大鼠固定器、注射器、YLS-7A 足趾容积测量仪、记号笔。
3. 1％角叉菜胶溶液或 10％鲜蛋清、1％吲哚美辛混悬液、生理盐水。

【实验步骤】

1. 每组取大鼠 2 只，称重，做好标记。一只大鼠按每千克体重腹腔注射生理盐水 1mL，另一只按每千克体重腹腔注射 1％吲哚美辛混悬液 1mL。

2. 在鼠足某处用记号笔画线作为测量标线，将鼠足缓缓放入测量筒内，当水平面与鼠足上的测量标线重叠时，踏动脚踏开关，记录足趾容积。

3. 在两鼠注射药物 15min 后，从右后足掌心向踝关节方向皮下注射 1％角叉菜胶溶液 0.1mL（或 10％鲜蛋清 0.1mL）。

4. 在注射致炎物后的 30min、60min、120min 和 180min 分别测量足趾容积。

5. 将致炎后的足趾容积减去致炎前足趾容积即为足跖肿胀度。

【注意事项】

1. 1％角叉菜胶溶液需在临用前一天配制，4℃冰箱保存。
2. 体重 120～150g 的大鼠对致炎剂最敏感，肿胀度高，差异性小。
3. 测量时，应固定 1 人完成所有测量任务。
4. 注射致炎剂时注意药液勿外漏。

二、氢化可的松对小鼠耳郭毛血管通透性的影响

【实验目的】

利用"毛细血管通透性法"来观察糖皮质激素的抗炎作用。

【实验原理】

糖皮质激素可增强血管平滑肌对儿茶酚胺类的敏感性，收缩正常或已损伤的毛细血管，还可对抗炎症介质，扩张血管，所以可减轻局部充血和体液渗出。糖皮质激素可抑制透明质酸酶，使毛细血管中的透明质酸不被分解，维

持毛细血管的完整性，降低其通透性，使病灶部位的渗出液和白细胞浸润减少。

【动物、器材与试剂】

1. 小鼠。
2. 天平、注射器（0.5～0.1mL）、4号针头。
3. 0.5％氢化可的松、0.5％伊文思蓝生理盐水溶液、二甲苯。

【实验步骤】

取小鼠两只，称重，编号。甲鼠背部按每10g体重皮下注射0.5％氢化可的松0.1mL，30min后，由两尾按每10g体重静脉注射0.5％伊文思蓝生理盐水溶液0.1mL，并于两鼠右耳郭边缘均滴上二甲苯，使之润湿耳郭内外，15min后观察两鼠右耳郭变蓝程度有什么不同。

【注意事项】

二甲苯能增加毛细血管通透性，从而使皮肤显现出蓝色。

【讨论题】

试述实验结果出现的原因。

三、可的松的抗炎作用

【实验目的】

观察可的松的抗炎作用。

【实验原理】

在炎症初期，糖皮质激素抑制毛细血管扩张，减轻渗出和水肿，又抑制白细胞的浸润和吞噬，而减轻炎症症状。在炎症后期，抑制毛细血管和纤维母细胞的增生，延缓肉芽组织的生成，而减轻疤痕和粘连等炎症后遗症。

【动物、器材与试剂】

1. 兔。
2. 滴管、酒精棉球、5mL注射器、7号针头、台秤、兔固定箱。
3. 2.5％的醋酸可的松混悬液、松节油。

【实验步骤】

取无眼科疾病的兔两只，称重，编号为甲、乙。甲兔于实验前 5h 以上按每千克体重肌内注射 2.5％醋酸可的松混悬液 2mL。

仔细观察甲、乙两兔眼结膜、眼睑的正常情况，然后各在左眼滴入松节油一滴（滴后让药液自然流走）。于用药后 10min 和 30min 分别观察甲、乙两兔眼睛炎症情况。

【讨论题】

从实验结果，试分析其道理。

四、氢化可的松对红细胞的保护作用

【实验目的】

通过本实验的观察来确证氢化可的松对红细胞有保护作用。

【实验原理】

皂苷可与红细胞细胞膜上的胆甾醇形成复合物，导致细胞膜失去稳定性，细胞溶解，从而引起溶血。糖皮质激素的膜稳定作用可对生物膜起到保护作用，从而对抗溶血；糖皮质激素可抑制炎性介质的释放，调节细胞因子而起到抗炎作用。

【动物、器材与试剂】

1. 兔。

2. 离心机、离心管、试管、试管架、吸管、滴管、量杯、注射器、脱脂棉。

3. 0.5％氢化可的松溶液、生理盐水、皂素溶液（或桔梗煎剂，或远志煎剂）、2％红细胞混悬液。

【实验步骤】

取试管 3 支，编号甲、乙、丙，各加入 2％红细胞混悬液 3mL。于甲管加生理盐水 1mL；乙管加生理盐水 0.5mL；丙管加 0.5％氢化可的松溶液 0.5mL。摇匀，放置 10min 后，乙、丙管各加入选好浓度的皂素溶液 0.5mL，混匀。放置 10～15min，观察各管有无溶血发生。

【附】

（1）2％红细胞混悬液配制。从兔（猫、犬）心脏采血，置盛有玻璃珠的三角烧瓶中振摇（或用棉签搅拌），使成脱纤维血液。加适量生理盐水（是血液的3～4倍体积）摇匀，离心，倾去上层血液。再用生理盐水冲洗、离心（3 000r/min,约10min），直至离心后上清液不见红色，根据红细胞容量，用生理盐水稀释成2％混悬液（如取1mL红细胞上清液加生理盐水稀释至50mL即可）。

（2）测定皂素浓度，求出最低皂素溶血浓度。取试管8～10支，各加入生理盐水1mL（或2mL）。于第一管加入1％皂素液1mL（或2mL）。盐水和皂素液要等量。混匀后吸出1mL（或2mL）放入第二管，摇匀。又从第二管吸出1mL（或2mL）放入第3管。以后各管按此法逐一稀释，可配得为原浓度1/2、1/4、1/8、1/16……的皂素稀释液。另取试管8～10支，编号，各加入2％红细胞混悬液3mL，生理盐水0.5mL，然后分别吸取上述各管皂素稀释液0.5mL，依次对号加入试管中（即Ⅰ号加入第1号试管皂素稀释液0.5mL，Ⅱ号管加入第2号管皂素稀释液0.5mL……），混匀。观察10～15min，根据各管溶血情况，即可找出最低的皂素溶液浓度。

（3）求桔梗或远志煎剂的最低溶血浓度，方法同（2）。

【注意事项】

皂素溶液最低溶血浓度约为0.062 5％，桔梗煎剂约为4％，但要在实验前预试确定。

【讨论题】

肾上腺皮质激素对红细胞细胞膜的保护作用有何理论和实际意义？

第七节　抗寄生虫药物实验

一、驱虫药对离体猪蛔虫的作用

【实验目的】

用描记法观察敌百虫（或哌嗪、噻咪唑）等药品对离体猪蛔虫的作用。

【实验原理】

作用机理是阻断虫体胆碱受体，阻断神经冲动的传递，使虫体肌肉麻痹松弛。

【虫体、器材与试剂】

1. 猪蛔虫。

2. U 形管、温度计、烧杯（100mL）、滴管、酒精灯、恒温水浴装置、生物信号采集与分析系统、双凹夹、尖头镊子、铁支架、线。

3. 蛔虫营养液、用蛔虫营养液配成的 1∶100 敌百虫溶液（或哌嗪、噻咪唑）。

【实验步骤】

选取一条蠕动活跃的猪蛔虫。在唇后 0.5cm 处及尾端各用线缚一结，装置于盛有蛔虫营养液的 U 形玻璃管中，尾端结扎的线绳固定 U 形管的一端，蛔虫头端结扎一线，从 U 形管另一端穿出，以备连接到生物信号采集与分析系统上。加负荷 0.5～1.0g。U 形管置水浴中，水浴温度保持在 （38±0.5)℃。

开动生物信号采集与分析系统，描记蛔虫活动的正常曲线。然后弃去 U 形管内的营养液，换上用营养液配成的 1∶100 敌百虫溶液，观察虫体活动的变化。

【附】

蛔虫营养液的配制：NaCl 8.0g，KCl 0.2g，$CaCl_2$（无水）0.2g，NaH_2PO_4 0.06g，$MgSO_4 \cdot 7H_2O$ 0.1g，蒸馏水加至 1 000mL。

【注意事项】

如无蛔虫，可用蚯蚓代替。

二、杀虫药的作用

【实验目的】

观察杀虫药对疥螨的作用。

【实验原理】

除虫菊酯是一类能防治多种害虫的广谱杀虫剂，其杀虫毒力比老一代杀虫剂如有机氯、有机磷、氨基甲酸酯类提高 10～100 倍。拟除虫菊酯对昆虫具有强烈的触杀作用，有些品种兼具胃毒或熏蒸作用，但都没有内吸作用。其作用机理是扰乱昆虫神经的正常生理，使之由兴奋、痉挛到麻痹而死亡。

【虫体、器材与试剂】

1. 兔疥螨。

2. 显微镜、滴管。

3.3％敌百虫溶液、1％敌敌畏溶液、5％滴滴涕煤油溶液（或乳剂）、除虫菊酯、生理盐水。

【实验步骤】

由患疥螨的兔身上采集病变痂皮。把少许痂皮放于玻片上，加少许生理盐水于低倍镜找出疥螨的活动情况，随后滴加下列药品，几分钟后，观察疥螨是否死亡。

(1) 3％敌百虫溶液。

(2) 1％敌敌畏溶液。

(3) 5％滴滴涕煤油溶液。

(4) 除虫菊酯。

【讨论题】

从实验结果看，指出哪种药杀虫效果好？各药的杀虫原理是什么？

第八节　特效解毒药实验

一、镁离子的中毒及其解救

【实验目的】

观察和了解硫酸镁注射液经肌内注射法于兔所发生的症状及造成中毒后的解救方法。

【实验原理】

钙离子竞争性对抗镁离子作用，可对抗中毒。

【动物、器材与试剂】

1. 兔。

2. 注射器（5mL、10mL）、针头（6号、7号）、酒精棉、镊子、盘秤。

3.25％硫酸镁注射液、5％氯化钙注射液。

【实验步骤】

取兔一只，称其体重，观察并记录兔肌肉紧张度、呼吸深度及次数、耳血管的粗细及颜色。然后按每千克体重肌内注射 25％硫酸镁注射液 3～5mL，并注意观察兔有何反应，待作用显著时（呼吸高度困难、四肢无力等），按每千克体重由耳静脉缓慢注入 5％氯化钙注射液 5～6mL，观察有何变化。

【注意事项】

1. 氯化钙注射液切勿漏出血管外。

2. 所注氯化钙的剂量应依中毒症状改善的程度而定。

3. 为使硫酸镁吸收良好，可分两侧臀部注射。注射后应轻轻按摩注射部位，以促进药液吸收。

4. 因本实验要观察用药前后耳血管的变化情况，故不要抓兔耳，以免影响结果。

【讨论题】

1. 肌注硫酸镁注射液后，兔耳血管有何变化？为什么？

2. 通过本次实验观察，说明硫酸镁注射液的作用、作用机制、临床应用及注意事项。

3. 氯化钙注射液为何能解硫酸镁所致的中毒？

二、有机磷中毒及其解救

【实验目的】

观察有机磷酸酯类中毒的主要症状，了解阿托品、碘磷定（或氯磷定）的解毒作用及解毒机理。

【实验原理】

以敌百虫为代表的有机磷毒物主要的毒性作用是使乙酰胆碱酯酶失活，使乙酰胆碱蓄积而发生乙酰胆碱样毒性作用，主要表现为瞳孔括约肌收缩而瞳孔变小、呼吸抑制、唾液腺分泌、胃肠道蠕动增加、骨骼肌震颤等反应（具体的要掌握哪些器官是受到交感神经支配的）。而阿托品是 M 样受体颉颃剂，可以结合蓄积的乙酰胆碱，使 M 样症状得到缓解，表现为解除支气管痉挛、抑制支气管腺体分泌、缓解胃肠道痉挛或过度收缩症状、对抗心脏抑制等。

而解磷定是胆碱酯酶复活剂，可以使失活的磷酸化胆碱酯酶失去磷酸基团得以复活，且对抗 N 样的作用明显。主要表现为骨骼肌的松弛，所以可以使实验动物骨骼肌的震颤得以缓解。

【动物、器材与试剂】

1. 兔。

2. 兔开口器、兔胃管（可用导尿管代替）、听诊器、毛剪、镊子、注射器（10mL、1mL）、针头（6号、7号）、酒精棉、台秤。

3. 5％敌百虫溶液、0.5％硫酸阿托品注射液、2.5％碘磷定注射液（或12.5％氯磷定注射液）。

【实验步骤】

取兔两只，称重，编号。观察正常兔的唾液分泌、瞳孔大小、全身活动、四肢肌肉及排粪等情况。

然后，两兔按每千克体重0.5g的剂量灌服5％敌百虫溶液，并记录灌服时间。待中毒症状（呼吸困难、全身肌肉震颤、四肢无力、频排稀粪、瞳孔缩小、唾液分泌增加等）明显后，甲兔按每千克体重由耳静脉注入0.5％硫酸阿托品注射液10mg。仔细观察中毒症状减轻或消失情况，哪些症状仍然存在，并记录。待15min左右，再按每千克体重由耳静脉注射2.5％碘磷定注射液40mg（或按每千克体重注入12.5％氯磷定注射液50mg）。观察中毒症状有何改变。

乙兔中毒发生后，先注射碘磷定（或氯磷定），而后再注射阿托品，观察临床变化与甲兔有何不同。

【讨论题】

阿托品和碘磷定解救有机磷酸酯中毒的机理是什么？两者有何异同？

三、亚硝酸盐的中毒与解救

【实验目的】

观察亚硝酸盐中毒的症状及亚甲蓝的解毒效果。

【实验原理】

亚硝酸盐为强氧化剂，进入机体后，可使血中低铁血红蛋白氧化成高铁血红蛋白，失去运氧的功能，致使组织缺氧，出现青紫而中毒。

【动物、器材与试剂】

1. 兔。

2. 注射器（10mL、1mL）、酒精棉、毛剪、镊子、台秤、兔开口器、兔胃管。

3. 10％亚硝酸钠溶液、0.1％亚甲蓝注射液。

【实验步骤】

取兔一只，称重。观察正常状态，然后按每千克体重 0.5g 给兔灌服亚硝酸钠溶液。中毒症状（呼吸困难、结膜发绀、血流呈酱油色而且凝固不良，后肢无力，甚至卧地不起）明显后，立即按每千克体重由耳静脉注入 0.1％亚甲蓝液 2mL/kg。观察中毒症状是否减轻或消失。

【讨论题】

小剂量的亚甲蓝为何能解除亚硝酸钠中毒？

第三篇
综合设计性实验

一、家兔减压神经放电与动脉血压调节

【实验目的】

观察减压神经传入冲动的发放特征以及动脉血压变动与减压神经传入冲动发放的相互关系，从而加深对减压反射的认识。

【实验原理】

神经元活动出现脉冲性电位变化称为放电。主动脉神经（兔在颈部单独成一束）是传入神经，可传导主动脉弓压力感受器发放的冲动给有关中枢，引起心脏血管的活动变化，从而调节血压。绝大多数动物的减压神经传入中枢的冲动对动脉血压的升降有监控作用。动脉血压升高时其传入冲动增加，冲动到达心血管中枢后，使迷走中枢紧张性加强，由迷走神经传至心脏的冲动增多；同时，使心交感中枢和交感缩血管中枢紧张性减弱，由心交感神经传至心脏、缩血管神经传至血管平滑肌的冲动减少，于是心搏减慢，血管舒张，外周阻力减小，使动脉血压保持在较低的水平。反之亦然。

【动物、器材与试剂】

1. 家兔。

2. 计算机生物信号采集处理系统、压力感受器、记录电极、哺乳动物常用手术器械一套、玻璃分针、试管夹、注射器、双凹夹、万能支架、细线。

3. 速眠新、1：10 000去甲肾上腺素溶液、0.01％乙酰胆碱、液体石蜡、生理盐水。

【实验步骤】

1. 连接好压力感受器，开机进入生物信号采集处理系统，设定参数。

2. 手术操作

（1）家兔颈部剪毛，沿颈部正中线切开皮肤 3～5cm，用止血钳钝性分离皮下组织及浅层肌肉，暴露气管。

（2）分离颈部神经和颈总动脉。分离时左颈总动脉尽量分离长些，以做动脉插管用。实施颈总动脉插管手术，记录正常动脉血压曲线。

（3）分离右侧减压神经，在神经下穿一不同颜色的线备用。同时，在减压神经下放一钩状记录电极，实验过程中将电极悬空（但不要拉得过紧）。

3. 实验项目

（1）正常时计算机屏幕上减压神经冲动呈群集性放电，其节律与血压、心

率是否相应，记录正常情况下减压神经放电波形和动脉血压波形，观察二者变化关系。通过监听插口，可听见减压神经放电的声音。

（2）耳缘静脉注射 1∶10 000 去甲肾上腺素溶液 0.3mL，观察放电波形的变化，幅度和密度有否增加。同时观察血压和心率的变化。

（3）待恢复正常后，从耳缘静脉注入 0.01% 乙酰胆碱 0.5mL，观察放电波形的幅度有否降低，密度是否减疏，同时观察血压和心率的变化。

【注意事项】

1. 室温低时打开手术灯给动物保温，以免麻醉后体温下降。

2. 每一项观察必须有对照，并需待其基本恢复后再进行下一步骤。

3. 仪器和动物要接地，并注意适当的屏蔽。

4. 每次静脉注射完药物后应立即推注 0.5mL 生理盐水，以防止药液残留在针头内及局部静脉中而影响下一种药物的效应。

【讨论题】

1. 简析减压神经放电与动脉血压变动的相互关系。

2. 静脉注射乙酰胆碱和去甲肾上腺素后，减压神经发放冲动有何变化？为什么？

二、蛙腓肠肌动作电位与收缩张力的同时记录

【实验目的】

1. 观察分析骨骼肌兴奋的电位变化与收缩之间的时间关系及各自的特点。

2. 学习骨骼肌动作电位和收缩曲线的记录方法。

【实验原理】

骨骼肌兴奋的电位变化与收缩是两种不同性质的生理过程。当肌膜产生动作电位后，动作电位向整个肌细胞膜迅速传播，并经过横管传向肌细胞三联管部位，使终池膜上 Ca^{2+} 通道开放，贮存在终池里的 Ca^{2+} 以易化扩散的方式进入肌细胞浆。Ca^{2+} 进入肌细胞浆后，引发肌丝滑行过程，肌细胞收缩。

【动物、器材与试剂】

1. 蟾蜍。

2. 计算机生物信号采集与处理系统、屏蔽盒、刺激电极、引导电极、张力感受器、刺激器、哺乳动物常用手术器械一套、玻璃分针、万能支架、细线。

　　3. 任氏液。

【实验步骤】

　　1. 连接好张力感受器，开机进入 RM6240 系统，设定参数。

　　2. 手术操作。

　　(1) 制备蟾蜍坐骨神经-腓肠肌标本。

　　(2) 将标本放入屏蔽盒中，坐骨神经放在刺激电极和引导电极上，腓肠肌的跟腱结扎线固定在张力感受器的连接装置上。

　　(3) 针形引导电极插入腓肠肌并固定。

　　3. 实验项目。

　　(1) 开始进行电刺激，观察不同刺激间隔情况下腓肠肌膜动作电位波形、腓肠肌收缩和刺激标记之间的时间关系。

　　(2) 测量腓肠肌不完全强直收缩和完全强直收缩时的刺激波间隔，测量间隔等于 500ms 时肌膜动作电位的起到肌肉收缩起点的时差。

　　(3) 测量第二个动作电位消失时的波间隔。

【注意事项】

　　1. 整个实验过程中要不断给标本滴加任氏液，防止标本干燥，保持其兴奋性。

　　2. 刺激之后必须让标本休息一段时间，0.5～1min。实验过程中标本的兴奋性会发生改变，因此还要抓紧时间进行实验。

【讨论题】

　　1. 腓肠肌发生强直收缩时，其肌细胞膜的动作电位什么时候可以发生融合？为什么？

　　2. 不同的刺激间隔情况下，骨骼肌兴奋的电变化与收缩之间存在怎样的时间关系？

三、多种理化刺激对循环、呼吸、泌尿系统的影响

【实验目的】

　　各种理化刺激可引起循环、呼吸、泌尿等功能的适应性改变，本实验通过观察健康家兔在整体情况下 3 个系统的改变情况，加深对机体在整体状态下的整合机制的认识。

【实验原理】

动物机体总是以整体的形式存在，不仅以整体的形式与外环境保持密切的联系，而且可通过神经-体液调节机制不断改变和协调各器官系统（如循环、呼吸和泌尿等）的活动，以适应内环境的变化，维持新陈代谢正常进行。

【动物、器材与试剂】

1. 家兔。

2. 手术器械一套、兔手术台、动脉夹、注射器（1mL、5mL、50mL）、RM6240 计算机生理信号采集与处理系统、刺激电极、压力换能器、张力换能器、气管插管、橡皮管、球囊、动脉插管、膀胱套管、刻度试管、金属钩、铁支架、丝线。

3. 速眠新、0.5%肝素生理盐水、生理盐水、1：10 000 去甲肾上腺素、1：10 000 乙酰胆碱、速尿、抗利尿激素、20%葡萄糖溶液、3%乳酸、5% $NaHCO_3$、CO_2 气体、钠石灰。

【实验步骤】

1. 实验的准备

（1）麻醉固定。动物称重后，按要求剂量用速眠新麻醉后仰卧固定于兔手术台。

（2）颈部手术。分离出气管与两侧迷走神经及减压神经，实施气管套管与右侧颈总动脉插管术，并连接压力换能器，记录血压。

（3）下腹部手术。剪开下腹壁（不要伤及腹腔内器官），实施膀胱插管术。

2. 连接实验装置

分别将压力换能器、张力换能器和记滴器与 RM6240 生理信号采集与处理系统连接，选定各信号输入的通道，调整好实验参数，调整动脉血压波形、呼吸波形和尿滴，以便获得良好的观察效果。

3. 实验项目

（1）记录一段正常的动脉血压曲线、呼吸曲线和单位时间尿量。

（2）吸入 CO_2 气体。将装有 CO_2 的气囊（可用呼出气体）管口对准气管插管，观察血压、呼吸曲线及尿量的变化。

（3）缺氧。将气管插管的一侧管与装有钠石灰的广口瓶相连，广口瓶的另一开口与盛有一定量的空气气囊相连，此时动物呼出的 CO_2 可被钠石灰吸收，随着呼吸的进行，气囊里的 O_2 逐渐减少，可造成缺氧。观察血压、呼吸及尿量的变化。

（4）改变血液的酸碱度。

①由耳缘静脉较快的注入 3％乳酸 2mL，观察 H^+ 增多时对血压、呼吸及尿量的影响。

②由耳缘静脉较快的注入 5％ $NaHCO_3$ 6mL，观察血压、呼吸及尿量的变化。

（5）夹闭颈总动脉。用动脉夹夹住左侧颈总动脉，观察血压、呼吸及尿量的变化。出现明显变化后去除夹闭。

（6）电刺激迷走神经和减压神经。将保护电极与刺激输出线（通道）连接，待血压恢复后，分别将右侧迷走神经、减压神经轻轻搭在保护电极上，选择刺激强度 2V，刺激 15～20s，观察血压、呼吸及尿量的变化。

（7）静脉注射生理盐水。耳缘静脉快速注射 38℃生理盐水 30mL，观察血压、呼吸及尿量的变化。

（8）静脉注射利尿药。由耳缘静脉注射速尿 0.5mL，观察血压、呼吸及尿量的变化。

（9）静脉注射去甲肾上腺素（NE）。耳缘静脉按每千克体重注射 1∶10 000去甲肾上腺素 0.15mL，观察血压、呼吸及尿量的变化。

（10）静脉注射乙酰胆碱。由耳缘静脉按每千克体重注射 1∶10 000 乙酰胆碱 0.15mL，观察血压、呼吸及尿量的变化。

（11）静脉注射葡萄糖。待血压恢复后，由耳缘静脉注射 20％葡萄糖 5mL，观察血压、呼吸及尿量的变化。

【注意事项】

1. 在麻醉时，缓慢将药物推入，防止动物麻醉过量致死。
2. 剪断胸骨柄时，不能剪得过深，以免伤及其下附着的膈肌。
3. 术后要用温湿纱布覆盖手术切口，以防水分流失。
4. 在前一项实验步骤结束后动物恢复正常状态时，再做下一步。

【讨论题】

试从动物机体整体状态下的整合机制分析讨论上述各项实验观察结果，并分析其作用机制。

四、体温调节及发热的药物治疗作用

【实验目的】

明确体温的正常调节过程和发热机制，了解解热镇痛抗炎药的筛选方法及

解热药的作用原理。

【实验原理】

哺乳动物有相对恒定的体温，是因为机体存在体温的自动调节机制。视前区-下丘脑前部（PO-AH）是中枢温度感受器的部位，同时也起着恒温调节器的作用。PO-AH区的温度敏感神经元可能是起调定点作用的结构基础。体温调定点的作用是将机体温度设定在一个恒定的温度值，调定点的高低决定着体温的水平。当体温处于这一温度值时，热敏神经元和冷敏神经元的活动处于平衡状态，使机体的产热和散热也处于平衡状态，体温就维持在调定点设定的温度值水平。当中枢温度超过调定点时，散热过程增强而产热过程受到抑制，体温不至于过高。如果中枢的温度低于调定点时，产热增强而散热受到抑制，因此体温不至于过低。在正常情况下，调定点虽然可以上下移动，但范围较窄。

发热（fever）是指恒温动物在致热原作用下，体温调节中枢的"调定点"上移而引起的调节性体温升高（高于正常体温0.5℃以上），并伴有机体各系统器官功能和代谢改变的病理过程。凡作用于动物机体直接或间接激活产内生性致热原细胞，使其产生和释放内生性致热原（endogenous pyrogen，EP）的各种物质，称为激活物（activator）或发热激活物（fever activator）。产内生性致热原细胞在发热激活物作用下，产生和释放能引起恒温动物体温升高的物质，称为内生性致热原。EP或其水解产物（短肽）可透过血脑屏障直接作用体温调节高级中枢视前区-下丘脑前部；EP也可作用于血脑屏障外的下丘脑终板血管区（OVLT）；EP通过迷走神经向体温调节中枢传递发热信号。通过上述3个途径把信号传至体温调节中枢，然后通过中枢正调节介质（PGE_2、Na^+/Ca^{2+} ↑、cAMP、CRH、NO）和负调节介质（AVP、α-MSH、lipocortin-1）的变化，共同作用结果使调定点上移到一定的水平而产生调节性体温升高。

发热具有双重性，有利也有弊。当体温过高或持续发热时，需要解热。解热有多种方法，包括物理降温和药物解热。解热镇痛药能使发热动物体温降至正常，但对正常体温无影响，这与氯丙嗪的降温作用不同，氯丙嗪能抑制下丘脑体温调节中枢，使体温调节失灵，因而机体体温随环境温度变化而升降。阿司匹林抑制环氧合酶，从而抑制机体内前列腺素（prostaglandin，PG）的生物合成，可使发热者的体温下降或恢复正常，但不影响正常体温。PG是一族含有一个五碳环和两条侧链的二十碳不饱和脂肪酸，广泛存在于人和哺乳动物的各种重要组织和体液中，多种细胞都可合成PG。糖皮质激素的解热作用主要是可直接抑制体温调节中枢，降低其对致热原的敏感性，又能稳定溶酶体膜而减少内热原的释放，而对严重感染，如败血症、脑膜炎等具有良好退热和改善症状作用。物理降温包括冰镇和酒精棉擦拭，可使发热动物体温降至正常，但对正常体温无影响。

【动物、器材与试剂】

1. 家兔（要求毛色及性别相同的兔）。

2. 体温计、坐标纸、灭菌除污染的注射器（5mL、10mL）及7号针头、38℃恒温水浴装置、90℃恒温水浴装置、酒精棉、婴儿秤。

3. 液体石蜡、过期伤寒混合菌苗（蛋白液、灭菌的牛奶）、30％安乃近注射液、0.25％地塞米松磷酸钠、2.5％盐酸氯丙嗪溶液、灭菌的生理盐水、凡士林、冰块、酒精棉。

【实验步骤】

1. 取体重近似的健康家兔8只，称重并加标记A、B、C、D、E、F、G和H兔。

2. 8只兔分别测量直肠温度，每10min测一次，共测3次。

3. A、B、C和D兔经耳缘静脉注入伤寒-副伤寒二联菌苗或蛋白液（每千克体重0.5mL）。注射后，一般30min体温明显升高，平均升高1℃以上。E、F、G和H兔由耳缘静脉注入生理盐水（每千克体重1mL）。

4. 0.5～1h后测8只家兔直肠温度，待A、B、C和D兔体温升高1℃后，A和E兔注射30％安乃近注射液（每千克体重1.5mL）。B和F兔腹腔注射0.25％地塞米松磷酸钠（每千克体重2.5mL）。C和G兔用冰块放在头部降温。D和H兔静脉注射2.5％盐酸氯丙嗪溶液（每千克体重0.3mL），H兔并在腹股沟处放置冰袋。

5. 给药及采用物理降温措施后，每隔30min测量各兔直肠温度，共测4次，并分别记录。

6. 以注射致热原前3次体温的平均值为基线，以体温数值为纵坐标，时间为横坐标，将体温变化数值在坐标纸上描绘成曲线。仔细观察8只家兔的体温变化。

【注意事项】

1. 测温前，温度计头（或水银球）应涂以少许液体石蜡，以免插入体温计时损伤直肠黏膜。

2. 体温计每次插入直肠的深度应一致。一般以5cm为宜，并应做标记。

3. 测体温时，最好有一个统一的固定器，使动物始终保持安静舒适，不受惊恐等干扰。

4. 选用的家兔体温在 38.5～39.5℃ 为佳。若选用雌兔时，应是未孕者。

5. 致热原也可用 20％蛋白溶液（预先加热）给每只兔肌内注射 10mL，经 1～3h 体温可升高 1℃ 以上，也可给每只兔皮下注射灭菌牛奶 10mL，经 3～5h 体温可升高 1℃ 以上。

【讨论题】

1. 阿司匹林和地塞米松解热的机制有什么区别？

2. 临床上应用解热镇痛药应注意什么问题？

3. 内生性致热原分为几种？

五、高钾血症及抢救

【实验目的】

观察高血钾对心脏的毒性作用，了解和掌握高血钾时心电图改变的特征。

【实验原理】

血清钾含量高于正常，并出现高钾血症症状，称为高钾血症（hyperkalemia）。血钾过高的主要影响在于危害心脏的自律性、传导性和收缩性，对其有抑制作用。

血钾轻度升高时，膜电位轻度减少，与阈电位差距缩小，使阈刺激变小，心肌兴奋性增高。但当血钾过高时，由于膜电位过小，钠通道失活，不易形成动作电位，因此，兴奋性降低或消失。膜电位减少，动作电位去极化时钠内流不足，使去极化速度减慢，动作电位幅度降低，从而使传导性也降低。因此，高血钾时，可发生传导延缓或传导阻滞，可引起心律异常，而且可导致心搏骤停。另外，高血钾时，由于细胞外高浓度 K^+ 与 Ca^{2+} 在心肌细胞膜上有相互竞争作用，使 Ca^{2+} 进入心肌细胞内减少，心肌细胞内 Ca^{2+} 浓度降低，可引起兴奋-收缩偶联减弱，因而心肌收缩力减弱。

高钾血症时心肌细胞膜的通透性明显增高，钾外流加速，复极化 3 相加速，动作电位时程和有效不应期均缩短。心电图显示相当于心室肌复极化的 T 波狭窄高尖。由于传导性明显下降，心室去极化的 QRS 波群则压低，变宽。

【动物、器材与试剂】

1. 家兔。

2. 注射器（5mL）、小儿头皮针、手术剪、心电图机或生理三道记录仪。

3.2％氯化钾溶液、10％碳酸氢钠溶液、20％葡萄糖酸钙溶液、生理盐水、10％氯化钾溶液。

【实验步骤】

1. 取体重近似的健康家兔 5 只，称重并加标记 A、B、C、D、E。一般不必麻醉。

2. 将针形心电图电极分别插入四肢踝部皮下，按右前肢（红）、左前肢（黄）、右后肢（黑）、左后肢（绿）顺序连接导程线。

3. 选择 Ⅱ 或 aVF 导联描记心电图。若正常时，T 波高于 0.15mV，宜改用其他导联。若 T 波仍高，则宜另换动物。

4. 记录一段正常心电图。纸长以小组内每人能分到 4～5 个心跳为宜。

5. A、B、C、D 兔按每千克体重经耳缘静脉缓缓推注 2％氯化钾 1mL，1min 注完，D 兔注射生理盐水。注射后 5min 记录心电波形。

6. 以后 10～15min，A、B、C、D 兔由耳缘静脉注入 2％氯化钾 2mL，间断观察并记录心电图改变。若经 40min 仍未出现室颤，可由耳缘静脉缓慢注入 10％氯化钾。边注射边观察心电改变，直至出现心肌震颤心电图。

7. A 兔立即取血 1mL，做血钾测定。

8. B 兔由耳缘静脉注入 10％碳酸氢钠溶液，记录抢救后的心电图。

9. C 兔由耳缘静脉注入 20％葡萄糖酸钙溶液，记录抢救后的心电图。

10. D 兔当出现心室颤动或心室扑动时停止注射，立即开胸观察心脏停搏情况。

【注意事项】

1. 若记录心电图时出现干扰，在排除心电图机本身故障及交流电和肌电干扰后，应将动物移至离心电图机稍远处，然后检查各导程线有无脱落，改装的针形电极是否接触紧密，并尽量避免导程线纵横交错的现象，动物固定台上要保持干燥。

2. 每次使用针形电极时，要用酒精或盐水擦净，并要及时清除针形电线周围的血和水迹，以保持良好的导电状态。

【讨论题】

1. 高血钾对心脏有何毒性作用？引起心电图改变的主要特征是什么？为什么？

2. 静脉推注 20% 葡萄糖酸钙溶液抢救的机理是什么？

3. 10% $NaHCO_3$ 溶液抢救的机理是什么？

4. 严重高钾血症使心脏停搏在何种状态？为什么？

六、动脉血压的调节及急性失血性休克模型制备及抢救

【实验目的】

通过观察交感神经、迷走神经和减压神经对血压的影响，了解哺乳动物动脉血压的神经调节作用；通过复制失血性休克动物模型，观察失血性休克时动物的表现及微循环变化，探讨失血性休克的发病机理及掌握失血性休克的防治原则。

【实验原理】

心脏受交感神经和迷走神经的支配。心交感神经兴奋使动脉血压升高；心迷走神经兴奋使动脉血压下降。

休克是机体在受到各种有害因子作用下，所产生的以有效循环血量急剧减少、器官组织血液灌流量严重不足为主要特征，由此而导致各重要器官功能、代谢障碍和结构损害的全身性病理过程。其临床主要表现为血压下降、心跳加快、脉搏细弱、可视黏膜苍白、皮肤湿冷、尿量减少、反应迟钝，甚至昏迷。

凡各种原因引起机体血液总量明显减少均可导致失血性休克。见于各种大失血，如外伤性出血、胃溃疡性大出血、产科疾病所致的大失血等。失血后能否发生休克不仅取决于失血量，还与失血速度有关，一般是在快速、大量（超过总血量 1/3 以上），而又得不到及时补充情况下易发生休克。

休克的发生发展与微循环急剧改变密切相关，根据血流动力学和微循环变化规律，可将休克发展过程分为 3 个时期，即休克Ⅰ期、Ⅱ期和Ⅲ期。

休克Ⅰ期（也称微循环缺血期或代偿期），为休克发展的早期阶段。此期由于微循环缺血，组织缺氧及抗休克的代偿性反应，临床主要表现为可视黏膜苍白、皮肤湿冷、尿量减少、心跳快而有力、血压正常或略升高。休克Ⅱ期（也称微循环淤血期或病情进展期），为休克的中期阶段。由于微循环淤血、组织缺氧和酸中毒，临床主要表现为可视黏膜发绀、皮温下降、心跳快而弱、血压降低、静脉萎陷、少尿或无尿、精神沉郁，甚至昏迷。休克Ⅲ期（也称微循环凝血期或微循环衰竭期）为休克的后期阶段。此期由于微血管内广泛性血栓形成，临床主要表现为血压进一步下降，器官功能障碍加重，并伴有出血及微血管病性溶血性贫血。

所以，休克Ⅰ期的治疗原则是提高血容量，解除血管痉挛，改善微循环；

休克Ⅱ期的治疗原则是收缩血管，升高血压。

去甲肾上腺素主要激动 α 受体，对 β_1 受体激动作用很弱，对 β_2 受体几乎无作用，具有很强的血管收缩作用，使全身小动脉与小静脉都收缩（但冠状血管扩张），外周阻力增高，血压上升。兴奋心脏及抑制平滑肌的作用都比肾上腺素弱。临床上主要利用它的升压作用，静滴用于各种休克（但出血性休克禁用），以提高血压，保证对重要器官（如脑）的血液供应。

【动物、器材与试剂】

1. 家兔。

2. 计算机生物信号采集与处理系统、压力换能器、刺激器、小动物手术器械一套、玻璃分针、动脉插管和静脉导管、输血输液装置、微循环观察装置、输尿管插管、记滴器、温度计、试管夹、注射器、双凹夹、万能支架、细线。

3. 生理盐水、速眠新、0.01%去甲肾上腺素、肝素溶液（5mg/mL）。

【实验步骤】

1. 连接好张力感受器，开机进入生物信号采集与处理系统，设定重要参数。

2. 手术操作

（1）麻醉和保定。家兔称重后，耳缘静脉缓慢注射速眠新（每千克体重0.1～0.2mL）麻醉。当观察到家兔四肢松软，呼吸变深变慢，角膜反射迟钝时，停止注射。将麻醉的家兔仰卧位固定于兔手术台上。

（2）分离右侧颈部神经和血管，实施动脉插管手术。

（3）做两侧输尿管插管，记录每分钟尿滴数。

3. 实验项目

（1）取体重近似的健康家兔2只，称重并加标记A和B。

观察家兔各项指标，包括一般情况、皮肤黏膜颜色、呼吸心率及观察并记录家兔正常血压曲线。辨认血压波的一级波、二级波和三级波（图2-30）。一般情况下，由心室舒缩活动所引起的血压波动，心缩时曲线上升，心舒时曲线下降，其频率与心率一致。二级波（呼吸波），由呼吸运动所引起的血压波动，吸气时血压先下降，继而上升；呼气时血压先上升，继而下降，其频率与呼吸频率一致。三级波，不常出现，可能由心血管中枢的紧张性活动的周期变化所致。

（2）刺激交感神经，观察家兔动脉血压曲线变化。

（3）刺激迷走神经，观察家兔动脉血压曲线变化。

（4）动脉插管与注射器相连的侧管，使血液从总动脉流入注射器内约10mL，直至兔动脉血压降到40mmHg时，描计血压曲线。

（5）15～20min，观察血压曲线变化。

（6）进行第二次放血约10mL（缓慢），动脉血压降到约36mmHg，观察血压曲线变化。

（7）A兔将注射器内的血液输回机体内约10mL，观察血压曲线变化。B兔注射0.01%去甲肾上腺素0.2mg，观察血压曲线变化。同时观察耳部小动脉、微动脉、毛细血管、微静脉以及小血管的血流情况。

（8）A和B兔第三次放血，注射器内放出约30mL，观察血压曲线变化。

（9）将注射器内的血液输回机体进行抢救，观察血压曲线变化和观察动物各项指标，包括一般情况、皮肤黏膜颜色、呼吸、心率。

【注意事项】

1. 每项实验步骤后，应待血压基本恢复并稳定后再进行下一项。

2. 注意保温。

3. 随时注意动物麻醉深度，如实验时间长，动物经常挣扎，可补注少量麻醉剂。

4. 血液凝固处理。一般血凝易发生在动脉套管的尖端。在轻度凝血时，可用止血钳夹闭动脉套管远端的乳胶管，而后双手挤压管壁，可将套管内的小血块压出。在血凝严重时，首先应用动脉夹夹闭动脉套管近心端的动脉，而后剪开结扎线，取下套管进行清洗。在补注少量肝素以后，再插入动脉套管。

5. 实验手术多，应尽量减少手术性出血和休克。为减少手术创伤，在同一实验室不同组之间，可进行适当分工，有的小组重点观察失血性休克时血压与微循环的改变，有的重点观察血压与中心静脉压或尿量的改变，对非重点观察的项目，手术可少做，甚至不做，以保证实验的成功率。

6. 牵拉肠袢要轻，以免引起创伤性休克。

【讨论题】

1. 动物动脉血压是怎样形成的？

2. 分析以上各种实验因素引起动脉血压和心率变化的机制。

3. 急性失血性休克的发生机理是什么？家兔失血性休克时，肠系膜微循环变化的特点是什么？

4. 第一次放血后，为什么血压不降低反而有所升高？

5. 休克Ⅱ期家兔注射 0.01％去甲肾上腺素抢救的机制是什么？

七、组胺性休克、肺气肿及治疗措施

【实验目的】

学习组胺性休克模型的复制方法，观察其发生发展过程，加深理解休克的发生机理；比较氨茶碱与地塞米松对治疗组胺性休克、肺气肿的原理。

【实验原理】

过敏性休克是指机体对药物或生物制品过敏而产生的一种急性全身性反应。主要是由于组胺（histamine）、血清素和其他血管活性物质所引起的血管舒缩障碍，血浆外渗导致血容量不足，从而引发休克。

组胺是最早被发现的化学介质，是急性炎症早期反应的重要介质。主要储存于肥大细胞、嗜碱性粒细胞和血小板胞浆异染颗粒中。由左旋组氨酸经组氨酸脱羧酶作用而生成。肺、胃、肠及皮肤组织的小血管周围分布有较多的肥大细胞，故上述部位其组胺含量丰富。炎症时，由于致炎因子（如创伤、抗原抗体复合物、细菌毒素、生物毒、辐射、药物、过敏毒素等）的作用，使肥大细胞表面的卵磷脂酶或蛋白酶被激活，以致细胞膜受损害而出现细胞脱颗粒，释放组胺。血小板在致炎因子或其他炎症介质（如血小板激活因子）作用下被激活或崩解，其致密体和 α-颗粒中的组胺可被释放。

组胺增加毛细血管壁的通透性，于是大量血浆外渗，使回心血量和心输出量显著减少，导致休克发生。组胺使肺微血管收缩，引起肺动脉压升高，还可使平滑肌收缩，引起支气管哮喘，肺气肿发生。

氨茶碱与地塞米松在治疗组胺性休克、肺气肿时发挥不同的作用。

氨茶碱对呼吸道平滑肌有直接松弛作用。其作用机理比较复杂，过去认为通过抑制磷酸二酯酶，使细胞内 cAMP 含量提高所致。近来实验认为氨茶碱的支气管扩张作用部分是由于内源性肾上腺素与去甲肾上腺素释放的结果，此外，氨茶碱是嘌呤受体阻滞剂，能对抗腺嘌呤等对呼吸道的收缩作用。氨茶碱能增强膈肌收缩力，尤其在膈肌收缩无力时作用更显著，因此有益于改善呼吸功能。

地塞米松激素稳定溶酶体膜，抑制磷脂酶，减少膜磷脂的降解，减少组胺的释放，从而治疗组胺性休克和肺气肿。

【动物、器材与试剂】

1. 豚鼠。
2. 婴儿秤、兔保定台、小动物手术器械、注射器和针头。

3. 速眠新、1％组胺溶液、2.5％氨茶碱溶液、0.25％地塞米松磷酸钠。

【实验步骤】

1. 取豚鼠 3 只，称重并编号 A、B、C，A 鼠按每千克体重腹腔注射 2.5％氨茶碱溶液 0.8mL，B 鼠按每千克体重注射 0.25％地塞米松磷酸钠 2.5mL，C 鼠不给予任何处置。

2. 30min 后，找到豚鼠外上踝静脉，每只豚鼠注射 1％组胺溶液 1mL，观察其全身变化如果两侧外上踝静脉注射均失败，可用 3～5 倍静脉注射的剂量行腹腔注射，观察呼吸、运动、口唇颜色、角膜反射等变化并触摸心脏感觉心跳强弱的改变。

3. 豚鼠死亡后，立即解剖，检查肺脏及内脏器官的变化。

【实验结果】

根据本实验的观察项目，列表记录 A、B、C 3 只豚鼠经过不同处理后的临床症状变化和病理剖检变化。

【注意事项】

1. 注意氨茶碱注射的速度和剂量，避免造成动物死亡。
2. 密切观察实验过程中豚鼠的状态，死亡后要立即解剖。

【讨论题】

1. 组胺对血管和气管的影响有哪些？机制是什么？
2. 试述过敏性休克发生的基本机制。过敏性休克时，动物机体的主要临床表现有哪些？

八、呼吸运动的调节及急性呼吸功能不全实验模型的制备

【实验目的】

学习记录呼吸运动曲线的方法；观察各种因素对呼吸运动的影响，了解其作用机理；复制呼吸功能不全模型，观察各种原因所致呼吸功能障碍时动物血压、呼吸及血氧分压的变化并分析其发生机理。

【实验原理】

由于肺或肺外疾患，使肺通气或/和换气功能发生障碍，通过一定程度代

偿作用，在静息状态，呼吸海平面空气的条件下，虽能维持动脉血 p（O_2）和 p（CO_2）在正常范围或变化不显著，但在使役或其他原因使呼吸负荷加重时，动脉血 p（O_2）明显降低，或伴有 p（CO_2）明显升高，并出现临床症状，称为肺功能不全（respiratory insufficiency）。外呼吸通气和换气过程的正常进行，是保证血液与外界环境间在肺部进行气体交换的基本条件。而正常的通气和换气有赖于呼吸中枢的调节、健全的胸廓、呼吸肌及其神经支配、畅通的气道、完善的肺泡及正常的肺血液循环。其中任何一个环节发生异常，均可引起通气不足或/和换气障碍，从而导致肺功能不全或肺功能衰竭。

【动物、器材与试剂】

1. 家兔 2 只，雌雄均可，白色，体重 2.5～3.0kg。

2. 计算机生物信号采集与处理系统、压力换能器、刺激器、哺乳动物常用手术器械一套、玻璃分针、气管插管、橡皮管（50cm）、试管夹、注射器、双凹夹、万能支架、细线软木塞。

3. 生理盐水、速眠新、CO_2 球胆、空气球胆、纱布、棉线、1％肝素生理盐水溶液、0.9％氯化钠溶液、10％葡萄糖液。

【实验步骤】

1. 连接好张力感受器，开机进入生物信号采集系统，设定参数。

2. 手术操作。

（1）麻醉和保定。家兔称重后，耳缘静脉缓慢注射速眠新（每千克体重 0.1～0.2mL）麻醉。当观察到家兔四肢松软，呼吸变深变慢，角膜反射迟钝时，停止注射。将麻醉的家兔仰卧位固定于兔手术台上。

（2）剪去颈部与剑突腹面的被毛，切开颈部皮肤，沿颈正中部做 3～4cm 长的切口。分离出气管，插入气管套管，用棉线结扎。

（3）分离家兔两侧颈总动脉和迷走神经，并在两侧迷走神经下各穿一条丝线，扎一松结备用，并实施动脉插管手术。同时，还分离家兔一侧股动脉以备采血。

3. 实验项目。

（1）记录一段正常呼吸曲线，并观察呼吸运动与曲线的关系。

（2）连接张力感受器于计算机上，记录呼吸（频率及深度）、血压曲线，观察动脉一般情况并从股动脉第一次取血做血气分析。

（3）用弹簧夹将 Y 形气管插管上端侧管所套橡皮管完全夹住，使动物处于完全窒息状态 30s，或在完全夹住的橡皮管上插几个 9 号针头造成动脉不完全窒息 8～10min 时，取动脉血做血气分析、测量并记录呼吸、血压变化曲线。

（4）完毕即刻放开弹簧夹，等动物恢复正常。

（5）于兔右胸第 4～5 肋间插入一个 16 号针头造成右侧气胸（当刺入胸腔可有空感），5～10min 时取动脉血做血气分析，同时观察频率及深度，记录呼吸、血压曲线。

（6）用 50mL 注射器将胸腔内空气抽尽，拔出针头。

（7）等候 10～20min，待动物呼吸正常。

（8）抬高兔头端，保持气管于正中部位。用 5mL 注射器吸取 10％葡萄糖1～2mL（按动物大小取量），将针头插入气管插管分叉处，5min 内缓慢匀速地将葡萄糖滴入气管内造成渗透性肺水肿。于 5～10min 后，放平兔台，取动脉血做血气分析并记录呼吸、血压曲线，直至动物死亡（或放血处死）。

（9）剖开家兔胸腔，小心地将心肺提起，剥离前腔静脉及主动脉后，于气管分叉上 1cm 处结扎，自线上端切断气管，并将连于心脏的肺动、静脉全部结扎并切断，分开肺脏与心脏取出肺脏。操作过程中切勿挤压肺。

（10）用天平称肺重，计算肺系数（正常家兔的肺系数为 4.1％～5％）。

$$肺系数 = \frac{肺重（g）}{体重（kg）} \times 100\%$$

（11）切开肺脏，观察有无泡沫样液体自切面流出。

【注意事项】

1. 每一项前后均应有正常呼吸运动曲线作为比较。

2. 气管插管内壁必须清理干净后才能进行插管。

3. 经耳缘静脉注射乳酸要避免外漏引起动物躁动。

4. 气流不宜过急，以免直接影响呼吸运动，干扰实验结果。

5. 每项实验后，应待家兔呼吸运动曲线基本恢复并稳定后再进行下一项。

【讨论题】

1. 血液中 CO_2 分压增加、O_2 分压下降、H^+ 浓度升高均使呼吸运动加强，比较三者机制有何不同。

2. 迷走神经在节律性呼吸运动中起何作用？

九、肝功能不全及抢救

（一）氨在肝性脑病发生机制中的作用

【实验目的】

复制肝功能障碍的动物模型，观察氨中毒时的主要临床特征，了解氨中毒的解救方法。以进一步加深理解氨在肝性脑病发生机制中的作用。

【实验原理】

肝脏是体内最大的实质器官，在机体生命活动过程中占有十分重要的地位。如果肝脏遭受严重的或广泛的损害和代偿能力减弱时，出现明显物质代谢障碍、解毒功能降低、胆汁形成和排泄障碍等肝功能异常，称为肝功能不全（hepatic insufficiency）。严重肝功能损害，引起机体各器官系统特别是中枢神经系统功能障碍（肝性脑病），称为肝功能衰竭（hepatic failure）。

肝性脑病（hepatic encephalopathy）是一种"肝脑"综合征，是继发于严重肝病的以意识障碍为主要表现的神经、精神综合征。肝性脑病的发病机制尚未完全阐明。根据近年研究结果，提出了一些学说，如"氨中毒"学说、"假性神经介质"学说、"血浆氨基酸失衡"学说、"γ-氨基丁酸"学说等。目前普遍认为肝性脑病是在肝功能不全的基础上多种有毒物质综合作用的结果。其中"氨中毒"学说受到重视。

正常的情况下，血氨的来源和清除保持平衡，而氨在肝中合成尿素是维持血氨平衡的关键。在病理情况下，肝功能严重受损时，肠道细菌产氨明显增多，吸收增多；肝内酶系统受损，鸟氨酸循环障碍，尿素合成能力降低，致使血氨增高；肝硬变时，肝内外侧支循环大量开放，形成门体分流，可使来自肠道的大量氨绕过肝脏，直接进入体循环而使血氨增高。

肝大部切除后肠系膜静脉内滴注复方氯化铵，可以导致血氨升高。增高的血氨可以通过血脑屏障进入脑组织，通过干扰脑组织的能量代谢，使脑内神经递质发生改变，引起脑的功能障碍。

谷氨酸可以和血氨结合生成谷氨酰胺，由尿排出，降低血氨。谷氨酸还可参与脑细胞的代谢，改善中枢神经系统的功能。

【动物、器材与试剂】

1. 家兔。
2. 兔固定台、小动物手术器械、动脉夹、静脉输液装置、粗棉线（结扎肝脏用）、细丝线、纱布、注射器（5mL、10mL、50mL）。

3. 速眠新、1％肝素、复方氯化铵溶液（氯化铵 25g，碳酸氢钠 1.5g，以 5％葡萄糖溶液稀释至 1 000mL）、复方谷氨酸钠溶液（谷氨酸钠 25g，碳酸氢钠 15g，以 5％葡萄糖溶液稀释至 1 000mL）。

【实验步骤】

1. 取 3 只体重相似的兔，称重并编号甲、乙、丙。观察其一般情况，呼吸频率和深度，对疼痛的反应及角膜反射等；并分别做如下处理。

2. 甲兔做肝大部切除后肠系膜静脉内滴注复方氯化铵溶液。

（1）腹部正中剪毛，以速眠新麻醉后从胸骨剑突起做上腹正中切口，长约 8cm。左手按压肝膈面，剪断肝与横膈之间的镰状韧带。再将肝叶上翻，剥离肝胃韧带，使肝叶完全游离。然后以右手食、中两指夹持粗棉线沿肝左外叶、左中叶、右中叶和方形叶之根部围绕一周并结扎以阻断血流。待上述肝叶变成暗褐色后用组织剪逐叶剪除。由于供应右外叶及尾状叶之门静脉血管为独立分支，不会同时被结扎，因而得以保留。

（2）用肠钳向下腹轻轻夹取回肠一段，置于温盐水纱布上。选取直径约 2mm 的肠系膜静脉。用细丝线结扎其远心端。并在其近心端顶穿丝线一根扎虚结备用，然后在其间用眼科剪剪破静脉壁，插入输液塑料导管 1～2cm，试滴成功后结扎固定，再将肠管连同塑料导管回纳腹腔，检查腹内无出血后缝合腹壁，以免动物挣扎或抽搐时内脏外溢。

（3）通过肠系膜静脉插管滴注复方氯化铵溶液。调节滴速为 15～20 滴/min。仔细观察动物情况（呼吸加速、反应性增高、肌肉痉挛等）直至出现全身性大抽搐。然后再次放血约 4mL 以测定血尿素氮和血氨，计算并记录用药至出现大抽搐所需时间及氯化铵用量。最后自耳缘静脉推注复方谷氨酸钠溶液直至症状缓解（每千克体重用量 20～30mL）并可继续观察病情再度恶化及至死亡。计算症状出现后的存活时间。

3. 乙兔做肝脏假手术后肠系膜静脉内滴注复方氯化铵溶液。同上法游离肝脏但不做结扎和切除。同样做肠系膜静脉插管，以 15～20 滴/min 的速度滴注复方氯化铵溶液。当滴注量（按每千克体重计算）达到甲兔出现大抽搐的用量时，观察其一般情况，然后继续滴注氯化铵直至出现大抽搐，计算并记录自滴氯化铵开始至出现大抽搐所需滴注时间及氯化铵用量。本兔实验时间较长，症状出现后不做治疗，计算其存活时间，与甲兔对照。

4. 丙兔耳静脉滴注复方氯化铵溶液。取一定量复方氯化铵溶液加入静脉输液装置然后做耳静脉穿刺，穿刺成功后针头用动脉夹固定耳缘，调节滴速为

15～20 滴/min，仔细观察动物反应，待出现全身性大抽搐后计算并记录用药至大抽搐出现所需时间及氯化铵用量。同时耳静脉改滴复方谷氨酸钠溶液，计算存活时间。

5. 将甲、乙、丙三兔的试验结果综合填表并作分析。

【注意事项】

1. 本实验选择较大（＞2kg）的家兔。

2. 本实验操作及观察指标较多，同学要明确分工各负其责。

3. 剪镰状韧带时，慎防刺破横膈。游离肝脏时动作宜轻柔以免肝叶破裂出血。结扎应扎于肝叶根部避免拦腰勒破肝叶。

4. 肠系膜静脉以回肠部分较多较粗，以选用直径 2mm 左右者为宜，过细不易穿刺成功。但尽量不要选用总干以免整段肠管缺血坏死。

5. 滴注氯化铵速度以 15～20 滴/min 为宜，过快能使 3 组动物均迅速致死，难以显示其差异。过慢则不易在 3h 内完成实验。

（二）急性中毒性肝损伤

【实验目的】

观察中毒性肝损伤时肝脏生物转化作用的障碍。通过测定血清中谷丙转氨酶的变化，了解肝损伤程度。

【实验原理】

肝脏是体内物质代谢中心，含有丰富的酶类。正常时，肝脏除排泄某些酶类到胆道外，还不断地释放某些酶类进入血液，为血清酶的一个重要来源。因此，肝脏功能障碍时，常常由于酶释放入血发生异常，引起血清中某些酶活性升高或降低。

血清转氨酶包括谷丙转氨酶（GPT）和谷草转氨酶（GOT），它们分别催化谷氨酸与丙酮酸之间的氨基转移和谷氨酸与草酰乙酸之间的氨基转移。GPT 和 GOT 是体内糖类和蛋白质互相转化的重要酶，广泛存在于肝、肾、心、肺、脾、胰、肌肉等组织中，但其含量各不相同。其中，这两种酶在肝细胞内含量较高。因此，肝细胞破坏或细胞膜通透性增高，这两种酶渗入血液，使血中该酶活性升高。血清转氨酶活性升高的程度与肝细胞损害情况相一致。

【动物、器材与试剂】

1. 家兔。

2. 小动物手术器械、注射器（1mL、5mL）、试管、离心管、二道生理记录仪、光电比色计、恒温箱、离心机。

3. 四氯化碳、1：10 000 肾上腺素、速眠新、生理盐水、1mol/L 氢氧化钠、1mol/L 盐酸。

谷丙转氨酶基质液：DL-α-氨基丙酸 1.78g，α-酮戊二酸 30mg，用少量 pH7.4 磷酸盐缓冲液溶解，再加 1mol/L 氢氧化钠 0.5mL，充分溶解后移至 100mL 容量瓶中，以磷酸盐缓冲液稀释至 100mL。充分混匀，加三氯甲烷数滴防腐，冰箱保存。

2,4-二硝基苯肼溶液：称取 2,4-二硝基苯肼 200mg，加 1mol/L 盐酸约 800mL，在电炉加热助溶（温度不应超过 80℃），待完全溶解后，冷却至室温移入容量瓶中，再用盐酸稀释至 1 000mL。混匀后装入棕色瓶中，室温保存。

0.4mol/L 氢氧化钠溶液：取 1mol/L 氢氧化钠 400mL，加蒸馏水至 1 000mL混匀即成。

【实验步骤】

1. 于实验前 1d，取甲乙二只体重相近且较大的家兔，给甲兔按每千克体重背部皮下注射四氯化碳 3mL，乙兔以同样方法注射生理盐水。

2. 实验时自甲、乙两只家兔耳缘静脉分别取血 3mL，分离血清，按表 3-1 进行血清谷丙转氨酶活性的测定。

表 3-1　血清谷丙转氨酶（SGPT）活性的测定操作步骤

	测定*	空白*
血清（mL）	0.1	—
谷丙转氨酶基质液（mL）	0.5	0.5
混合后放 37℃水浴 30min		
2，4-二硝基苯肼（mL）	0.5	0.5
血清（mL）	—	0.1
混合后放 37℃水浴 20min		
0.4mol/L NaOH（mL）	5	5
10min 后，用 520nm 滤光板比色。以空白管调"0"，记录光密度，查标准曲线求测定管单位数		

注：※测定、空白均指同一动物。

（1）谷丙转氨酶标准曲线绘制（略）。

（2）计算。

①将测得的光密度，从标准曲线上查找酶活力单位。

②若标本较多时，查找标准曲线颇费时间，故采用直接计算法。最好用与标准管光密度近似者进行计算，更能反映酶的真实单位。

3. 将甲、乙两兔分别固定在手术台上，在局麻下行颈部和腹部手术。做颈总动脉插管连接血压记录装置，胸壁连以张力换能器。在上腹部打开腹腔引出一段小肠及肠系膜，以温生理盐水纱布覆盖备用。

4. 记录一段正常血压与呼吸曲线，再从甲兔耳缘静脉注入 1：10 000 肾上腺素 0.2mL，观察血压与呼吸的变化。待血压恢复后，以同样剂量肾上腺素自肠系膜静脉注入，并观察所出现的反应。

5. 在记录一段正常血压、呼吸后，以与甲兔同剂量、同速度从乙兔耳缘静脉注入肾上腺素，观察血压、呼吸变化。待血压恢复后，以同剂量肾上腺素自肠系膜静脉注入，观察其结果有何不同，并分析讨论。

6. 由耳缘静脉注入空气处死动物，剖开腹腔，取出肝脏，肉眼观察甲、乙两兔肝脏的形态、外观及色泽有何不同，并分析讨论。

【注意事项】

1. 四氯化碳应注入皮下为好，但要防止注射针头抽出后，四氯化碳流出体外而影响肝损伤程度。

2. 由肠系膜静脉注入药物时，不要过分牵拉，以防刺激腹膜使血压升高。

3. 于耳缘静脉取血时，应以二甲苯涂擦耳缘部，待血管扩张后再取血。

$$\frac{测定管光密度}{标准管光密度} \times 标准管浓度 \times \frac{100}{0.1} = 酶活力单位/dI$$

【讨论题】

1. 肝大部分切除的家兔与肝未切除的家兔注入复方氯化铵后结果有何不同？为什么？

2. 两个实验中两只兔的反应有何不同？为什么？结合两兔的不同反应说明肝脏解毒功能的意义。

十、尿生成的影响因素和肾功能不全模型的制备

【实验目的】

学习膀胱套管或输尿管套管插管方法；了解一些生理因素对尿分泌的影响

及其调节；学习家兔中毒性肾功能不全疾病模型的复制。观察链霉素中毒家兔的一般状态，尿的变化等，加深理解肾功能不全的发病机理。

【实验原理】

尿是血液流过肾单位时经过肾小球滤过、肾小管重吸收和分泌而形成的。影响肾小球滤过作用的主要因素是有效滤过压，有效滤过压的大小取决于肾小球毛细血管内的血压，以及血液的胶体渗透压和囊内压。影响肾小管重吸收机能主要是管内液渗透压的高低和肾小管上皮细胞的重吸收能力，后者又为多种激素所调节。

肾功能不全是指当各种致病因素导致肾功能发生障碍时，体内代谢产物和其他有毒物质不能排出以及肾脏内分泌功能异常，从而引起机体内环境平衡紊乱的全身性病理变化。引起肾功能不全的原因很多，可分为肾前性因素、肾性因素和肾后性因素三方面。肾前性因素包括全身血液循环障碍、全身物质代谢障碍和神经体液调节障碍等。肾性因素是指肾脏本身的原发病变，包括原发性肾小球疾病、肾小管疾病、间质性肾炎等。引起的常见因素有感染、变态反应、中毒、结石肿瘤等。肾后性因素是指输尿管、膀胱和尿道的疾患，常见于各种原因引起的炎症和机械性阻塞等。

链霉素可以使肾小管发生变性和坏死，引起肾病，导致肾功能不全，表现为尿的质和量的变化，还可见有氮质血症、水盐代谢和酸碱平衡障碍等全身性变化，严重时可因尿毒症而死亡。

【动物、器材与试剂】

1. 家兔（雄）。

2. 兔固定台、烧杯、酒精灯、温度计、丝线、小动物手术器械、动脉套管、胶管、注射器。

3. 生理盐水、速眠新、20％葡萄糖溶液、0.01％肾上腺素、链霉素。

【实验步骤】

1. 分组　取体重近似的健康家兔9只，称重并加标记，分为A、B和C三组每组3只兔。

2. 实验准备操作　家兔在实验前应给予足够的饮水（或多给予多汁青绿饲料）。A组兔进行尿生成的影响因素实验（图3-1）；B组兔进行肾功能不全模型的实验（图3-2）；C组兔为对照。B组兔先用链霉素注射24h后备用。

速眠新注射麻醉后，再固定于手术台上，在耻骨联合前方4cm左右长的部位，找到膀胱，在其腹面正中做一荷包缝合，再在中心剪一小口，插入膀胱套管，收紧缝线，固定膀胱套管，并在膀胱套管及所连接的橡皮管和直套管内充满生理盐水。手术完毕后封闭腹腔，覆以浸有温热生理盐水的纱布并以手术灯照烤，以保持兔体温。将此管连接到记滴装置，通过 RM6240 系统记录尿流量。如果不用记录仪，也可将导尿管连接小漏斗及刻度管，直接计算尿流量。

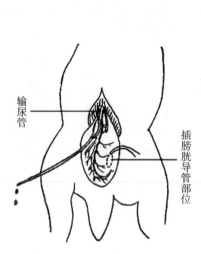

图 3-1　兔输尿管及膀胱导尿法

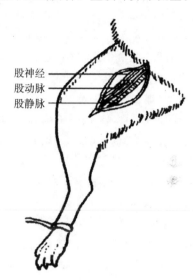

图 3-2　股静脉解剖位置

3. 实验步骤

（1）记录 C 组家兔每分钟尿分泌的滴数。可连续计数 5～10min，求其平均数并观察动态变化。

（2）A 组家兔分别静脉注射 38℃ 的 0.9％氯化钠溶液 20mL、20％葡萄糖溶液 10mL 和 0.01％肾上腺素 0.5～1mL，记数每分钟尿分泌的滴数。

（3）B 组家兔给药链霉素 24h 后，同 A 组一样给药生理盐水、葡萄糖和肾上腺素，计数每分钟尿分泌的滴数。

（4）观察 A、B 和 C 组兔尿中尿蛋白、尿液镜检、血清尿素氮测定和形态学的变化。

4. 检查项目

（1）尿蛋白定性检查。取正常及中毒兔尿液各约 3mL 分别放入试管中。以试管夹夹住试管，在酒精灯上加热至沸腾（试管口不要对着人，小心加热，切勿让试管内尿液溢出）。若有混浊，加入 5％醋酸 3～5 滴，再煮沸。若尿液变清，是尿内无机盐所致；若混浊加重，则表示尿中含有蛋白。尿混浊程度可按下面标准判定结果。

判定标准："－"表示尿液清晰不显混浊；"＋"表示尿液出现轻度白色混浊；"＋＋"表示尿液稀薄乳样混浊；"＋＋＋"表示尿液乳浊或有少量絮片存在；"＋＋＋＋"表示尿液出现絮状混浊。

（2）尿液镜检。

①将收集的尿液取出一滴置于玻片中，于显微镜下。计数细胞，至少检查10个高倍视野。此外至少观察10个低倍视野，以检查尿液管型。

②也可取一定量的尿液分别置于两支离心管中200×g离心沉淀8min，取尿沉渣涂片先低倍后高倍观察，计算10个不同视野的管型和细胞的近似平均值，其中管型以低倍视野计算。

（3）血清尿素氮测定。

①原理：血液和尿中的尿素在强酸条件下与二乙酰肟（diacetyl monoxime）和氨硫脲（thiosemicarbazide）共煮，生成红色复合物颜色的深浅与尿素氮含量成正比关系。其反应十分灵敏，适合微量或超微量比色分析。且方法简便，特异性强，正常血清中干扰因子甚少，标本如有溶血，不影响结果。不除蛋白就可测定血清尿素氮含量。

②分别从正常及中毒家兔心脏取血5mL置于A、B两管中，沉淀，300×g离心8min，分离血清。用滴管将血清吸出，分别移入干燥小试管中备用。

③操作方法见表3-2。

表3-2 血清尿素氮测定的操作步骤

试剂（mL）	测定管 A	测定管 B	标准管	空白管
血清	0.02	0.02	—	—
水	0.5	0.5	0.1	0.5
标准应用液 II	/	/	0.4	/
DAM-TSC 液	0.5	0.5	0.5	0.5
酸混合液	4.0	4.0	4.0	4.0

混匀后，置沸水锅中煮沸10min，置流水中冷3min后比色。用绿色滤光板520nm波长比色，以空白管调零（或用蒸馏水做空白调零）。

④计算每100mL血清中尿素氮的含量（mg）。

$$\frac{\text{样品管光密度}（D\mu）}{\text{标准管光密度}（Ds）} \times 0.002 \times \frac{5 \times 100}{0.1} = \frac{D\mu}{Ds} \times 10 = \text{血清尿素氮（mg/dL）}$$

（4）形态学观察。将中毒家兔处死（从耳缘静脉注5～10mL空气致死）。取出肾脏，称重，测肾体比（体重最好为去肠道体重）。观察并比较正常家兔肾脏，如体积大小、皮质条纹及色泽等。

【附】

试剂的配制：

（1）二乙酰肟-氨硫脲液（DAM-TSC）：称取二乙酰肟 600mg，氨硫脲 30mg，蒸馏水溶解并加至 100mL。

（2）酸混合液：浓磷酸（85%～87%）35mL，浓硫酸 80mL，慢慢滴加于 800mL 水中，冷却后加水至 1 000mL。

（3）尿素氮标准贮存液（1mg 氮/mL）：称取分析纯尿素 2.143g，加 0.01mol/L 硫酸溶解，并加至 1 000mL，置冰箱内保存。

（4）尿素氮标准应用液Ⅰ（0.025mg 氮/mL）：吸取尿素氮标准贮存液 2.5mL，加 0.01mol/L 硫酸至 100mL。

（5）尿素氮标准应用液Ⅱ（0.005mL 氮/mL）：吸取尿素氮标准应用液Ⅰ 20mL，加 0.01mol/L 硫酸至 100mL。

【注意事项】

1. 实验前应给兔多喂青菜和饮水，以增加其基础泌尿量。

2. 在进行每一实验步骤时必须待尿量基本恢复或者相对稳定以后才开始，而且在每项实验前后，要有对照记录。

3. 实验中需多次进行静脉注射，应注意保护兔的耳缘静脉；必要时可做股静脉插管。

4. 注意套管位置，尽量避免插管手术中出血，保证尿排出的通畅。

5. 血清量、标准量等试剂量应准确。

6. 加入试剂Ⅰ、Ⅱ之后，不超过 1～2min，即应放入沸水浴中。

7. 煮沸及冷却时间应准确，否则颜色反应消退。

8. 正常家兔血清尿素氮 14～20mg/dL，急性升汞中毒性肾病家兔血清尿素氮为正常的 1～2 倍。

【讨论题】

1. 连续记录实验全过程每分钟排尿滴数，标注清楚各项目具体内容及给予时间，分析结果产生的原因。

2. 注射生理盐水使尿量增多的机理是什么？是渗透利尿或是水利尿吗？

3. 中毒性肾病时，肾功能出现什么改变？为什么？

4. 简述肾小球肾炎的发生发展机理。

十一、磺胺类药物动力学实验

（一）磺胺类药物非血管内给药后的药时曲线

【实验目的】

了解磺胺嘧啶非血管内一次给药后血药浓度随时间变化的规律。

【实验原理】

不同时间采出的血样中具有游离氨基的磺胺药在酸性介质中与亚硝酸发生重氮化反应后，可与 N—1—萘基乙二胺产生偶合反应生成紫红色偶氮染料，与经过同样处理的磺胺药标准液比较，用 721 分光光度计比色法测出组织中和不同时间的血液中磺胺嘧啶浓度。由于亚硝酸不稳定，在实验中，用三氯醋酸与亚硝酸钠反应制得。剩余的过量亚硝酸影响测定，用氨基磺酸铵分解除去。

【动物、器材与试剂】

1.3kg 左右家兔一只。

2.721 分光光度计、离心机、磅秤、手术器械、动脉夹、尼龙插管（或玻璃插管、硅胶管）、兔手术台、注射器（5mL）及针头、移液器（0.01～1mL）、吸头、试管、离心管、试管架、玻璃记号笔、药棉、纱布、计算机。

3.20％磺胺嘧啶（sulfadiazine，SD）、7.5％三氯醋酸、0.1％SD 标准液、0.5％亚硝酸钠、0.5％麝香草酚（用 20％NaOH 配制）、1 000U/mL 肝素生理盐水、3％戊巴比妥钠、蒸馏水。

【实验步骤】

血中药物浓度测定，见表 3-3 流程。

（1）麻醉。全麻或局麻均可。取兔一只（实验前禁食 12h 不禁水），记录体重和性别，按每千克体重耳缘静脉注射 3％戊巴比妥钠 0.8～1.0mL 麻醉，仰卧固定于兔手术台上。

（2）手术。颈部手术区剪毛，切皮约 6cm 左右，钝性分离皮下组织和肌肉，气管插管，分离出颈总动脉 2～3cm，在其下穿两根细线，结扎远心端，保留近心端。

（3）按每千克体重耳缘静脉注射 1 000U/mL 肝素 1mL。

（4）插管。用动脉夹夹住动脉近心端，再于两线中间的一段动脉上剪一 V 形切口，插入尼龙管，用线结扎牢固，以备取血用。

（5）取血。打开动脉夹放取空白血样 0.4mL，分别放入 1 号管（空白管）和 2 号管（标准管）各 0.2mL 摇匀静置。而后按每千克体重腹腔注射 20％SD 1.5mL，分别于注射后 5、15、30、45、75、120、180、240、300min 时由动脉取血 0.2mL 加到含有 7.5％三氯醋酸 2.7mL 的试管中摇匀。标准管加入 0.1％SD 标准液 0.1mL，其余各管加蒸馏水 0.1mL 摇匀。

（6）显色。将上述各管离心 5min（1 500～2 000r/min），取上清液 1.5mL，加 0.5％亚硝酸钠 0.5mL，摇匀后，再加入 0.5％麝香草酚 1mL 后溶液为橙色。

（7）测定。于分光光度计在 525nm 波长下测定各样品管的光密度值。

表 3-3　磺胺类药物血药浓度的测定

试管	时间 (min)	7.5％ 三氯醋酸 (mL)	血液 (mL)	蒸馏水 (mL)		0.5％ 亚硝酸钠 (mL)		0.5％ 麝香草酚 (mL)	光密度	浓度 μg/mL
空白管	0	2.7	0.2	0.1		0.5		1	0	
标准管	0	2.7	0.2	标准液 0.1		0.5		1		16.7
给药后	1	2.7	0.2	0.1	充分摇匀 后离心 5min， 取上清液 1.5mL	0.5	充分 摇匀	1		
	3	2.7	0.2	0.1		0.5		1		
	5	2.7	0.2	0.1		0.5		1		
	15	2.7	0.2	0.1		0.5		1		
	30	2.7	0.2	0.1		0.5		1		
	45	2.7	0.2	0.1		0.5		1		
	60	2.7	0.2	0.1		0.5		1		
	90	2.7	0.2	0.1		0.5		1		
	120	2.7	0.2	0.1		0.5		1		

（8）计算血中药物浓度。根据同一种溶液浓度与光密度成正比的原理，可用空白血标准管浓度及其光密度值求算出样品管的磺胺药物浓度。公式如下：

$$\frac{样品管光密度（OD）}{标准管光密度（OD）} = \frac{样品管浓度（\mu g/mL）}{标准管浓度（\mu g/mL）}$$

$$样品管浓度（\mu g/mL） = \frac{样品管光密度（OD）×标准管浓度}{标准管光密度（OD）}$$

$$血药浓度（\mu g/mL） = 样品管浓度×稀释倍数（30）$$

【实验结果】

将所得数据填入表 3-3 中，并用计算机软件绘制药物的药时曲线。

【注意事项】

1. 每次取血前要先将插管中的残血放掉。

2. 每吸取一个血样时，必须更换吸量管，若只用一支吸量管时必须将其中的残液用生理盐水冲净。

3. 将血样加到三氯醋酸试管中应立即摇匀，否则易出现血凝块。

（二）磺胺类药物在体内的分布

【实验目的】

了解药物在体内的分布动力学规律。

【动物、器材与试剂】

1. 25g 以上小鼠 3 只。

2. 721 分光光度计、离心机、精密扭力天平、手术器械、组织研磨器、小鼠灌胃器（1mL）、离心管（5mL）、试管、移液器（0.01～1.0mL）、吸头、滤纸、硫酸纸、玻璃记号笔、计算机。

3. 20％磺胺嘧啶（sulfadiazine，SD）、0.05％SD、7.5％和 15％三氯醋酸、0.5％亚硝酸钠、0.5％麝香草酚（用 20％NaOH 配制）、1 000U/mL 肝素生理盐水。

【实验步骤】

1. 标准管制备。精确吸 0.05％SD 0.1mL 加入含 7.5％三氯醋酸 1.4mL 的试管中,摇匀,加入 0.5％亚硝酸钠 0.5mL,摇匀后,再加入 0.5％麝香草酚 1.0mL。

2. 取小鼠 3 只，禁食 12h 不禁水，其中 2 只用 20％SD 按每 10g 体重灌胃 0.1mL，另 1 只用生理盐水按每 10g 体重灌胃 0.1mL 作为对照。

3. 给药小鼠分别于给药后 30、60min 各取 1 只断头取血（离心管内预先加入 1 000U/mL 肝素 0.1mL 抗凝），取血后立即摇匀。对照小鼠在实验开始时同法取血。

4. 取试管 3 只编号，分别于 1 号管（对照）、2 号管（给药 30min）和 3

号管（给药 60min）内加 7.5％三氯醋酸各 2.8mL，再加入抗凝血各 0.2mL 用振荡器充分混匀。

5. 取试管 9 支编号。预先称重硫酸纸。迅速剖取上述小鼠的肝、肾、脑并用滤纸沾去上面的血液。称取小鼠全脑、全肾及 300～400mg 肝组织，分别置于组织研磨器中，加入生理盐水（每 100mg 组织 0.5mL），研碎后再加入 15％三氯醋酸（每 100mg 组织 0.5mL）摇匀，制成匀浆后全部倾入试管中。

6. 将对照鼠和各给药鼠的血及组织匀浆离心 10min（1 500r/min），分别取上清液 1.5mL 放入另一相应试管中，加入 0.5％亚硝酸钠各 0.5mL，充分摇匀后再加入 0.5％麝香草酚 1.0mL，摇匀后为橙黄色。

7. 用分光光度计在 525nm 波长下以对照鼠样品管作空白管，分别测定各用药样品管的光密度值，代入到以下公式换算出血药浓度（μg/mL）和组织药物浓度（μg/g）。

$$样品管浓度（μg/mL）=\frac{样品管光密度（OD）×标准管浓度}{标准管光密度（OD）}$$

$$血药浓度（μg/mL）=样品管浓度×稀释倍数（30）$$

$$组织内浓度（μg/g）=样品管浓度×稀释倍数（20）$$

【实验结果】

用计算机绘制给药后不同组织中的药物分布图。

【注意事项】

1. 血液加到三氯醋酸试管内立即振摇，否则易出现凝血块。

2. 组织需先加生理盐水，研碎后再加三氯醋酸并立即摇匀，再稍加研磨即成匀浆。

（三）磺胺嘧啶的血浆蛋白结合率测定

【实验目的】

了解磺胺嘧啶与血浆蛋白的结合特性并掌握在体外测定药物血浆蛋白结合率的方法。

【实验原理】

大多数药物进入血液以后要以非特异结合的方式与血浆蛋白结合。药物与血浆蛋白的结合是一种可逆过程，血浆中药物的游离型与结合型之间保持动态平衡的关系。本实验依据平衡透析法的原理，利用能够截留血浆蛋白的半透膜将血浆与等渗磷酸盐缓冲液分隔成两个容积大小相等的隔室，分子量大于或等于血浆蛋白的物质不能自由在两室间通过。将药物加入平衡透析槽的血浆室侧，并形成系列浓度梯度。经37℃恒温震荡数小时达平衡后，分别测定血浆室侧和等渗磷酸盐缓冲液侧的药物浓度。按照公式即可求出药物的血浆蛋白结合率。

【动物、器材与试剂】

1. 3kg 左右的健康家兔 2 只。

2. 多孔平衡透析槽、恒温振荡摇床、3K～10K 半透膜、721 分光光度计、离心机、磅秤、手术器械、动脉夹、尼龙插管、兔手术台、注射器（5mL）及针头、移液器（0.01～1mL）、吸头、试管、离心管、试管架、玻璃记号笔、药棉、纱布、计算机。

3. 20％磺胺嘧啶、3％中分子量葡聚糖溶液、7.5％三氯醋酸、0.1％SD 标准液、0.5％亚硝酸钠、0.5％麝香草酚（用 20％NaOH 配制）、1 000U/mL 肝素生理盐水、3％戊巴比妥钠、蒸馏水。

【实验步骤】

1. 兔血浆的采集（可在实验前准备）。取兔一只（实验前禁食 12h 不禁水），仰卧固定于兔手术台上，3％戊巴比妥钠麻醉。手术区剪毛，切皮 3cm 左右，钝性分离皮下组织和肌肉，分离颈总动脉。按每千克体重用 1 000U/mL 肝素生理盐水 1mL 使动物肝素化，颈总动脉插管放血，收集血液于多个清洁干燥的烧杯中，置 4℃冰箱静置过夜后吸取上清，－20℃储存备用。

2. 3％葡聚糖的磷酸盐缓冲液（0.06mol/L，pH7.4）的配制。分别称取 NaCl 8.0g，KH_2PO_4 1.2g，$Na_2HPO_4 \cdot 12H_2O$ 17.4g，KCl 0.2g（均为国产分析纯试剂）。将上列试剂按次序加入定量容器中，加适量蒸馏水溶解后，再定容至 1 000mL，调 pH 值至 7.4，即得等渗磷酸盐缓冲液，并以此等渗磷酸盐缓冲液将中分子葡聚糖配制成 3％（百分比浓度）的溶液，保存于 4℃冰箱中备用。

3. 预处理多孔平衡透析槽。将半透膜用自来水冲洗后从中间纵向剪开，用 0.06mol/L 磷酸盐缓冲液浸泡，置冰箱冷藏过夜后，将其平铺在干净的平衡透析槽半侧有孔的一面，小心盖上其对应的另外半侧，旋紧各个螺丝，用记号笔标记各个平衡透析槽及孔。在每孔每侧加入 2mL 磷酸盐缓冲液后，以保鲜纸和透明胶密封，然后置恒温振荡器 37℃预振荡约 24h，取出，观察每个平衡透析槽各孔半透膜两侧的液面是否有下降，下降幅度的大小及两侧液面高度是否一致。记录那些液面下降较多或者两侧液面明显不平的孔，并在接下来的实验中避开使用这些孔。

4. 将磺胺嘧啶加入血浆，配制成系列磺胺嘧啶血浆溶液：5μg/mL、10μg/mL、50μg/mL、100μg/mL。

5. 将系列磺胺嘧啶血浆溶液 1mL 分别加入平衡透析板的各平衡反应室的一侧，在平衡反应室的另一侧加入等容积的含 3％葡聚糖的等渗磷酸盐缓冲液。用保鲜膜和透明胶带封闭平衡反应板，置于恒温水浴摇床 37℃振荡平衡反应 5～6h。

6. 用移液器同时采集各平衡反应室两侧液体各 0.2mL，采用三氯醋酸法分别测定各样品在血浆室侧和等渗磷酸盐缓冲液室侧的光密度。

（1）反应步骤。见表 3-4。

（2）显色。将上述各管离心 5min（1 500～3 000r/min），取上清液1.5mL，加 0.5％亚硝酸钠 0.5mL 摇匀，再加入 0.5％麝香草酚 1mL 摇匀后为橙色。

（3）测定。用 721 分光光度计在 525nm 波长下测定各样品管的光密度值。

（4）计算药物浓度。根据同一种溶液浓度与光密度成正比的原理，可用光密度值代替药物浓度求算出磺胺嘧啶的血浆蛋白结合率。公式如下：

$$血浆蛋白结合率（％）＝100％×（血浆室光密度－缓冲液室光密度）/血浆室光密度$$

表3-4　磺胺类药物血药浓度的测定

反应浓度		7.5％三氯醋酸（mL）	样品（mL）	蒸馏水（mL）		0.5％亚硝酸钠（mL）		0.5％麝香草酚（mL）	光密度
5μg/mL	血浆室	2.7	0.2	0.1		0.5		1	
	缓冲液室	2.7	0.2	0.1		0.5		1	
10μg/mL	血浆室	2.7	0.2	0.1	充分摇匀离心5min，取上清液1.5mL	0.5	充分摇匀	1	
	缓冲液室	2.7	0.2	0.1		0.5		1	
50μg/mL	血浆室	2.7	0.2	0.1		0.5		1	
	缓冲液室	2.7	0.2	0.1		0.5		1	
100μg/mL	血浆室	2.7	0.2	0.1		0.5		1	
	缓冲液室	2.7	0.2	0.1		0.5		1	
空白管	血浆室	2.7	0.2	0.1		0.5		1	0
	缓冲液室	2.7	0.2	0.1		0.5		1	0

【注意事项】

1. 必须将平衡透析槽预处理并剔除渗漏明显的槽孔。

2. 取家兔血浆时一定要注意不要把不同家兔的血液混合放置，也不能用蒸馏水或自来水冲洗取血的烧杯，以免造成溶血。

3. 血浆室与缓冲液室的反应体积必须相等。

4. 平衡板装载样品后必须严格密封，以防止平衡反应室两侧或各室间的相互渗漏或水分蒸发。

（四）家兔尿中磺胺药含量的测定

【实验目的】

观察和熟悉磺胺类药品含量的测定方法。

【动物、器材与试剂】

1. 雄兔。

2. 台秤、集尿笼、灌胃管、容量瓶（100mL）、滤纸、试管、试管架、玻璃记号笔、酒精灯、三角架、石棉网、吸管（1mL、2mL）、火柴。

3.5％磺胺噻唑（ST）混悬液、1mol/L NaOH 液、蒸馏水、1mol/L HCl 液、0.5％亚硝酸钠溶液、0.5％麝香草酚溶液（以 20％NaOH 为溶剂配制）。

【实验步骤】

1. 取兔一只，称重。预先饮水后置于集尿笼中收集正常尿液。然后按每千克体重由胃灌入 5％磺胺噻唑混悬液 20mL。收集并记录 12h 内尿液备用。

2. 取用药前及用药后的尿液各 5mL，分别置于两个 100mL 容量瓶内，各加入 1mol/L 氢氧化钠 1mL，并加蒸馏水至 100mL，如尿量不足可按比例加。经过滤除去磷酸盐即得尿滤液。

3. 取试管 3 支，编号甲、乙、丙。甲管盛用药前尿滤液 5mL；乙、丙管各盛用药后尿滤液 5mL。然后甲、乙、丙管均加入 1mol/L 盐酸 2mL，振摇。

4. 用玻璃记号笔在丙管液面处划一记号，然后置沸水中煮沸 30min，使乙酰化磺胺噻唑充分水解。冷却后加蒸馏水补足原量。

5. 接着于 3 支试管内均加入 0.5％亚硝酸钠溶液 1mL，并摇匀。

6. 待 3min 后，3 支试管内加入以 20％NaOH 为溶剂配制的 0.5％麝香草酚溶液 2mL，观察有何变化发生。

7. 将此 3 管与磺胺噻唑钠系统标准比色管进行比较，并按下式计算结果。

12h 内排出的磺胺量（g）＝尿中磺胺浓度（mg/mL）×12h 尿量（mL）×稀释倍数

$$乙酰化磺胺量＝丙管量－乙管量$$

按上式计算本实验 12h 内尿中排出的磺胺噻唑、游离磺胺及乙酰磺胺的含量。

[附]

磺胺噻唑钠系统标准比色制备：取 8 支试管。第 1～7 管内各加入已知量的磺胺噻唑钠溶液 1mL（含量依次为 100mg/mL、80mg/mL、60mg/mL、40mg/mL、20mg/mL、10mg/mL、5mg/mL），第 8 管加蒸馏水 1mL 作对照。

然后分别于各管加入蒸馏水 8mL、1～2mol/L HCl 1mL，0.5％NaNO₂ 1mL，以 20％NaOH 为溶剂配制的 0.5％麝香草酚溶液 2mL。各种药品加完后，要充分振摇试管，可呈一系列由深至浅的橙红色标准比色管。若置入光电比色管中比色，可得出密度 D 读数。在方格纸上可画出标准曲线。纵坐标代表光密度（D），横坐标代表浓度（mg/mL）。

【注意事项】

1. 本实验稀释倍数为 20。

2. 甲管应无 ST 存在；乙管为游离 ST；丙管为乙酰化磺胺加游离磺胺的总和。

【讨论题】

从实验结果分析，以 ST 为代表的可溶性磺胺药品的主要排泄途径是什么？

第四篇
创新设计性实验

创新设计性实验是培养创新性人才的重要途径，遵循"兴趣驱动、强调自主、重在过程"的原则，激发大学生的创新思维和创新意识，调动学生学习的积极性、主动性和创造性。动物机能学创新设计性实验的目的是通过学生主动参与实验教学，以了解动物医学实验的基本过程和基本要求，在实验过程中逐渐学会思考问题、解决问题的方法，提高其创新实践的能力，培养学生从事科学研究和创造发明的基本素质。

一、实验设计

实验设计是运用相关知识对所探索的实验目标进行全面考虑并做出周密的安排，也就是制订实验研究的计划和方案，包括具体内容、实验方法和实验进度等安排。实验设计是实施实验的前提和依据，也是提高实验研究质量的保证。完善的实验设计应合理地安排各种实验因素，严格地控制实验误差，从而用较少的人力、物力和时间，最大限度地获得丰富而可靠的实验结果。所以，做实验之前必须进行实验设计，并力求周密。实验设计是否合理与严谨直接关系到实验过程的可行性、结果的准确性和结论的可靠性。

二、实验设计的基本要素

实验设计是具体规划选择什么动物，用什么实验方法，改变什么因素，记录什么参数指标，从而为解决问题获得必要的实验证据。动物机能学实验设计由 3 个要素构成，即受试对象、处理因素和观察指标。

1. 受试对象　受试对象又称为实验对象，是处理因素作用的客体，根据实验目的确定的研究主体。直接选用牛、羊、猪和鸡等动物作为受试对象，实验所获得的结果或结论可直接用于兽医临床。但其缺点是研究方法受到一定限制，不能随意施加处理因素，实验条件难以控制。此外，基于实验成本、实验场所、实验时间和实验安全等原因，动物机能学实验的大部分实验研究并不能直接在靶动物进行，而是往往以实验动物作为研究对象。

家兔、大鼠、小鼠和犬等是动物机能学实验中较为常用的实验动物，可用于复制多种生理过程和疾病模型，但它们又有其各自的特点。长期积累的经验证明，某些动物适合某些方面研究，有些方面明显则不适应。如家兔为草食动物，缺乏呕吐反射，因此不适于消化系统方面的研究，而用于发热研究。大鼠的垂体-肾上腺系统较发达，常用作应激反应和垂体、肾上腺等内分泌功能方面的研究。小鼠纯种品系较多，每个品系又有其独特的生物特性，且对许多疾病都有易感性，因而适用于多种疾病模型的研究；小鼠的子宫生长适于雌激素的研究。小鼠具有发达的神经系统，适用于复制神经系统疾病模型。犬具有发达的消化系统、血液循环和神经系统，因而常用于这些方面的实验研究。

动物机能学实验就是用最少的实验动物数达到最大的准确度、最好的稳定性和可重复性。因此要根据实验目的、内容和特点选用符合要求的动物。实验动物的选择一般遵循以下几个原则：①直接选用靶动物，或与靶动物的机能、代谢、结构及疾病特点相似的实验动物。②选用对实验敏感或患有靶动物疾病的动物。③选用解剖、生理特点符合实验要求的动物。④选用与实验设计、技术条件、实验方法及条件相适应的动物。⑤选用有利于实验结果解释的动物。⑥选择符合《实验动物管理条例》的合适动物。

2. 处理因素　处理因素是根据实验目的确定的欲施加或欲观察的，并能引起受试对象直接或间接效应的因素。处理因素可分为客观存在的因素和实验者主动施加的因素。客观存在因素在动物机能学实验中很少被考虑，即使偶有涉及也是在主动施加因素中体现，如时间因素，常体现在给药时间或染毒时间等方面。主动施加因素是实验者人为设置的处理因素，可以是物理因素如电刺激、手术等，也可以是化学因素如药物、毒物等，也可以是生物因素如细菌、病毒等。在确定处理因素时应注意以下几点：

（1）明确实验的主要因素。根据实验目的确定实验的主要因素为单因素或多因素。需要注意的是，一次实验的处理因素不宜过多，也不宜过少。处理因素过多会出现实验分组过多、方法繁杂、动物样本数增多、实验时难以控制等问题，而处理因素过少则又难以提高实验的深度和广度。

（2）确定处理因素的强度。处理因素的强度即处理因素量的大小，如药物剂量、电刺激的强度等。处理因素的强度大小可在参考文献或以往研究的基础上，再结合预试验的情况加以确定。根据实验要求，有时同一处理因素可以设置为几个不同的强度。需要注意的是，同一处理因素的强度设置也不宜过多。

（3）处理因素的标准化。为保证实验结果的稳定可靠，处理因素在整个实验过程中应保持不变，即标准化。如药物的生产厂家、批号、纯度等，电刺激的强度如电压、持续时间、频率等应始终一致。

（4）重视非处理因素。由于非处理因素（干扰因素）在一定程度上也会影响实验结果，因此，在实验设计和实验过程中应对这些干扰因素加以控制，如动物的年龄、性别、病情的轻重、病程的急缓等。

3. 观察指标　处理因素作用于受试对象的反应和结局时通过观察指标或实验效应来体现。观察指标是在实验中用来指示或反映受试对象中某些特征性的、可被实验者或仪器感知的一种现象标志。动物机能学实验观察指标可分为定性和定量两大类，前者不能计量，如动物的症状、行为、细胞的形态改变；后者可以计量，如体温、血压数值、血细胞分类计数等。为准确反映实际，定性指标可分成几个等级，例如，阳性用＋、＋＋、＋＋＋……表示；疗效用痊愈、好转、无变化表示等。定性指标的分级必须规定明确的界限，每级都有明确的含义，不能任意判定。在动物机能学实验中定量指标应保持一定比例，不能都是定性指标，以增加实验结论的科学性。

在动物机能学实验中所选定的观察指标，应符合以下基本条件：

（1）特异性。指标应特异性地反映所观察事物的本质，即指标能特异性地反映某一特定现象，不易于与其他现象相混淆。如体温可作为发热的特异指标。

（2）客观性。对于定性指标，尤其要把握其客观性，应用时必须消除主观影响。最好选用不受主观影响的定量指标，如心电图、血压描记、化验检查等。而主观指标如触诊、眼观等尽量不用。此外，记录指标的方法、计量、检测时间、检测方式等一系列有关条件，必须前后一致。

（3）重现性。重现性高的指标一般意味着无偏性或偏性小、误差小，能较真实地反映客观情况。不宜采用重现性小的指标。

（4）灵敏性。指标的灵敏度极其重要。指标不灵敏，该测出的变化测不出来，就会得"假阴性"结果；相反如果灵敏度太高，又会出现"假阳性"结果。因此在选用指标时，应根据实验所需的测量水平选用合适灵敏度的指标。实验仪器的灵敏度也需保证前后一致；观察顺序的随机化，不能优先阳性而疏远阴性。

（5）可行性。应尽量选用既灵敏客观，又切合本单位和实验者技术和设备实际的指标。

（6）依据性。现成（定型）指标必须有文献依据；自己创立的指标必须经过专门的实验鉴定。

三、实验设计的基本原则

1. 随机原则　随机应该贯穿整个实验设计和实施的全过程。动物机能学实验中的随机可分为随机抽样、随机分组和实验顺序随机。随机分组的目的是：①每个受试对象都有同等的机会被抽取或分到不同的实验组或对照组，尽量使抽取的受试对象能够代表总体，减少抽样误差。②使各组受试对象的条件尽量一致，消除或减少实验者主观因素产生的误差，从而使处理因素产生的效应更加客观。在施加多个处理因素时采用随机原则，可保证各组样本的条件基本一致，可减少组间人为的误差。随机化的方法有抽签法、投掷硬币法、随机数目表和计算机随机数法等。

2. 对照原则　动物机能学实验中需设对照组或者对照实验。其目的在于明确处理因素与非处理因素之间的差异，以及消除和减少实验误差。对照应符合均衡原则（即齐同可比原则）。所谓均衡，就是在相互比较的各组间（实验组与对照组、实验组与实验组间），除了要研究的处理因素有差别外，其他一切条件如各组受试对象的数量、性别、年龄和体重等均应力求一致。从实验组与对照组两组效应指标的数据差别中，找到实验因素的本质所在。

对照有以下几种形式：

（1）空白对照。对照组不加任何处理因素。如观察某种药物作用时，对照组不给药或应用安慰剂。

（2）标准对照。不设对照组，而将实验结果与已建立的标准值进行对比，如基础代谢率的测定与评价。

（3）自身对照。在同一个体上给予两次处理，比较其差异。如同一受试动物用药前、后的对比；先用 A 药后用 B 药的对比等均为自身对照。

（4）组间对照。几个实验组之间相互对照。如用几种药治疗同一疾病，对比这几种药的疗效，即为组间对照。

3. 重复原则　由于实验动物存在个体差异以及实验误差的影响，仅在一次实验或一个样本上获得的结果往往不够确实可信。为了避免因偶然事件导致的错误结论和保证实验结果精确可靠，在相同实验条件下进行多次实验或多次观察，以提高实验的可靠性和科学性。动物机能学实验中的重复包括整个实验的重复、多个受试对象进行重复和同一受试对象的重复观察。受试对象（实验样本）数量的大小取决于实验的性质、内容、实验动物的种类以及实验资料的离散度。在实验设计时，对样本大小的估计原则是在保证正确可信的情况下确定最少的例数。一般而言，定性实验样本数每组不应少于 5 例，定量实验样本数每组不应少于 30 例。

四、学生实验研究

实验研究的基本程序包括立题、实验设计、开题报告、实验准备、预试实验、正式实验、实验结果的整理与分析和撰写论文等环节。

1. 立题　立题即确定所要进行实验研究的课题，是设计性实验中的首要问题，它决定了实验研究方向和实验内容。学生应首先熟悉有关理论和查阅相关资料，主动接受实验教师的指导。动物机能学实验研究的立题范围十分广泛，但对在校学生而言，由于条件的限制，立题时不可盲目求多、求大、求全。立题范围可以参考以下几个方面：①对原有教学实验的改进、深入或扩展。②建立一种疾病或病理过程的实验动物模型并评价该模型的指标。③验证一种假说。④某一因素在疾病发生发展中的作用。⑤某种疾病或病理过程的药物治疗方法等。

立题的基本原则是：

（1）科学性。就是客观真理性或真实性。立题是在已有的科学理论和研究基础上进行的，要有充分的文献依据，不能凭空想象。有根据地提出实验目的和预期目标。

（2）创新性。科学实验的灵魂在于其创造性、新颖性和先进性，简单重复没有创新性的实验毫无价值。实验结果的创新性首先取决于设计时的思路，主要包括立题的创新性和实验方法的先进性。立题要有新意，首先要查阅大量的文献资料和实验资料并进行分析研究。跟踪该研究领域的发展方向，明确前人对本课题有关内容已做的工作。在对相关资料进行综合分析的基础上，创造性思考，找出所要解决问题的关键所在，最后确定研究课题。

（3）目的性。即课题的理论意义和实际意义。要明确提出所要解决的具体问题，其内容不宜过多，题目不宜过大，要突出主题，最好集中解决 1～2 个问题。如"缺氧对心脏的影响"，是对心脏的收缩泵血功能，还是对心脏的电化学影响？问题换成"缺氧对大鼠心电图的影响"就明确具体了。

（4）可行性。立题时要综合考虑实验的主观和客观条件，特别是实验室条件和经费条件，把课题的创新性和可行性有机地结合起来。课题不能太大和太难，选定经努力后可解决的课题，切忌好高骛远，盲目求大求全。

由上述可知，一个好的立题要具备科学性、目的性、创新性和可行性。其前提是在立题过程中要收集大量的文献资料和实践资料，以了解前人对此类课题已做的工作、取得的成果及尚未解决的问题，了解目前的进展和动向。在对有关资料进行综合分析的基础上明确为什么要研究这个课题，即研究的意义，进一步研究的理论实践依据，找到所要探索课题的关键所在，进而确定研究课题。在立题时既要以了解当前的现实问题为主，也要注意考虑其他方面的因素。

2. 实验设计

（1）明确实验目的，要突出主题，内容不宜过多。

（2）确定实验方法和观察指标。实验方法是实验设计的基本内容之一，实验方法的水平和可靠性是实验质量高低和成败的关键。在选用实验方法时，应根据实验目的和实验条件来选用不同的方法，要注意先进性与可行性、经典性与创新性、多样性与协同性的统一。观察指标应可靠、客观、定量，要有明确的效果判定标准。

（3）选择恰当的实验动物或受试对象。

（4）确定样本大小。一般情况下选取的重复例数：小动物（鼠、蛙）每组10～40例，中等动物（兔、豚鼠）每组8～30例，大动物（猫、犬）每组5～10例。也可根据以往资料估算实验例数。

（5）设立适当对照组。可用同一个体实验前后对照，也可以同一群体随机分成对照组和实验组。对照组与实验组除实验的某一种因素不同外，所有其他条件都应相同。

（6）随机分组。

（7）拟订实验记录表格。

（8）拟订实验数据处理方法。

3. 开题报告 学生的理论水平和个人能力总是有限的，实验课题的确立必须经历开题报告这个环节，由实验教师和班级同学进行实验设计的评议，以发挥集体的智慧，集思广益，从而避免实验设计片面性。

4. 实验准备 实验准备是研究工作中非常重要的一环，是实验成败的关键之一，实验准备工作除了做理论准备外，还包括仪器的配套和校对、药品的选择、实验试剂的配制、实验动物的准备、玻璃器皿的清洗、实验方法的熟悉和掌握等。所以准备工作不但耗时艰辛，更要耐心细致。在一般的学生实验中，实验准备工作都是由实验室教师来完成的。在设计性实验中，学生应参与全部的实验准备工作。这样一方面可使学生对实验准备工作的重要性及艰辛性有切身体会，另一方面也能为他们的日后工作奠定一定的基础。

5. 预试实验 预试实验是指依据实验设计要求，用较少的实验动物对主要实验方法和指标进行的初步研究。任何实验研究很难保证一开始就做出周密的设计，而预试实验则是完善实验设计和保证正式实验成功必不可少的重要环节。根据预试实验的结果对实验目标、实验方法和技术操作进行必要的修订和改进，为正式实验奠定基础。

通过预试，①可熟悉实验技术，使实验者有机会去体验实验中可能出现的具体问题，从而使准备工作做得更加完善。②可了解被测指标在不同个体上的变异情况，从而确定正式实验的样本大小，甚至修正实验动物的种类。③改进实验方法和实验指标。④调整处理因素的强度或确定药物剂量等。⑤预试实验也可为实验者提供新的实验现象及思索材料。

预试实验过程中需要注意的是：①必须按照初步的实验设计认真地进行，切忌随意修改整个预试实验程序，即便在实验中发现有不妥之处也要等预试完毕后再进行修改，否则将失去预试的原有意义。②认真地进行实验操作，对实验过程和实验结果进行认真的观察和记录，对所收集的资料应进行初步的整理和统计学处理，这对于正式实验设计是必要的。预试实验是一个非常艰辛的过程，有的实验往往需要进行多次的预试才能获得较为理想的、正式的实验设计方案。

6. 正式实验　在预试实验和实验设计的完善之后，即可开始正式试验。在正式试验过程中，应严格按照实验设计的操作步骤进行操作，并进行实验结果的观察和记录。观察和记录在实验中占有十分重要的地位。

观察不仅是用感官去感知，用仪器去观测，还有积极主动的开动大脑进行思考。观察时要做到全面、系统、连续、动态、客观和精确。要做到这些，实验者应熟悉实验原理，明确实验目的和要求，在观察中发挥主观能动性，熟悉所使用的技术或仪器设备，观察时要严谨、细致和实事求是，避免主观片面性。

记录是实验的结晶，是实验过程的最终收获，所以要重视原始记录。在实验设计中应预先规定或设计好原始记录方式：文字、数字、表格、图形、照片或录像带等。原始记录要及时、完整、精确和整洁，数据严禁丢失和涂改，要保持原始性，切不可用整理后的记录来代替原始记录。原始记录要写明实验题目、实验对象、实验材料、实验方法、实验条件、实验者、实验日期、测量的结果和数据。

7. 实验结果的整理与分析　实验者在取得原始记录后，首先要整理原始资料，使之系统化、明确化。在对实验结果进行整理、分析、判断及结论时，要注意以下几点：①对实验数据不能随意取舍。②选用合适的统计学方法，对实验数据进行统计学处理。③必须实事求是，不能按照实验者的主观偏性，人为的强求实验结果必须服从实验目标这个错误的观点，而应根据实验结果去修正实验目标。④不要小实验下大结论。⑤不要将实验性结果引申为一般性结论，结论要留有余地，证据不充分时，不要过早地下肯定的结论。⑥做结论时不要搞错因果关系。⑦应紧紧围绕本实验做出严谨、精练、准确的结论。

8. 撰写论文　实验结束后，参与实验的学生每人撰写一份实验报告。要求实验报告以小论文格式书写，内容包括摘要、前言、实验方法、实验结果、讨论、结论和参考文献。

五、实验课题参考目录

1. 理化因素对家兔红细胞脆性的影响。
2. 肾上腺切除对家兔机体的部分影响及其机制的探讨。
3. 腹部迷走神经对血压的作用。

4. 肺对 5-羟色胺代谢的测定。

5. 氯丙嗪和阿司匹林的降温作用比较。

6. 普鲁卡因、利多卡因对 $BaCl_2$ 致心律失常治疗效果的比较。

7. 普鲁卡因和利多卡因镇痛和镇静作用的比较。

8. 强心苷类药物对心脏的影响及其作用机制研究。

9. 肾功能不全对卡那霉素代谢的影响。

10. 缩宫素对离体子宫平滑肌的兴奋作用。

11. 大鼠洋地黄药物的中毒及其解救。

12. 不同比例的高渗盐溶液对失血性休克家兔的抢救效果。

13. 失血情况下神经体液因素对心血管活动的调节。

14. 小鼠中毒性休克模型及其救治药物。

15. 急性右心衰竭与 ANP 在急性心力衰竭治疗中的作用。

第五篇
VBL-100虚拟实验室系统的使用

第八章　进入及退出系统

1. 进入系统　使用 VBL-100 医学机能模拟实验系统，首先点击桌面上的"VBL-100 医学机能虚拟实验室"按钮（图 5-1）进入该系统的主界面（图 5-2）。

图 5-1　系统使用按钮

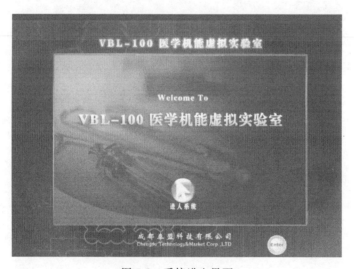

图 5-2　系统进入界面

点击"进入系统"按钮（图 5-3）或右下角的"Enter"按钮后进入虚拟实验大厅（图 5-4）。

图 5-3　系统进入按钮

2. 退出系统 点击"返回上页"按钮可以返回到上一级菜单，点击"返回首页"按钮可以回到大厅界面，点击"退出系统"按钮可以退出本系统（图5-5）。

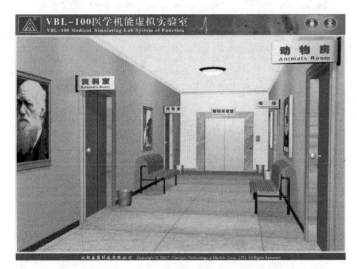

图 5-4 系统大厅界面

图 5-5 系统退出按钮

第九章　系统组成部分的使用

第一节　动　物　房

动物房通过生动的动物形象及简洁的文字介绍了各种实验动物的生物学特性、一般生理常数以及在生物科学研究中的应用，另外这部分还包括了实验动物的编号、选择以及实验动物的品系等知识。

点击实验大厅中的"动物房"实验室标牌（图 5-6），进入动物房内。

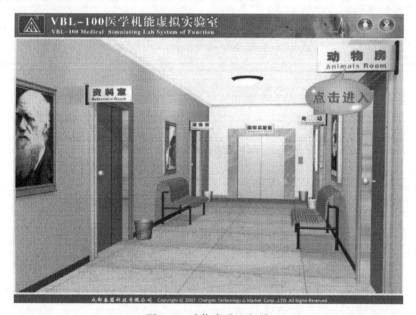

图 5-6　动物房进入标牌

动物房内有实验动物的选择及编号、实验动物的品系以及每种动物的介绍等内容（图 5-7）。

点击墙上的"选择及编号"表格后，进入该部分内容的菜单界面（图 5-8），点击菜单中任一条目即可查看相应的介绍（图 5-9）。

点击墙上的"品系及分类"记录本即可进入该部分内容的菜单界面（图 5-10），点击菜单中任一条目即可查看相应的介绍（图 5-11）。

图 5-7　动物房

图 5-8　动物选择及编号菜单界面

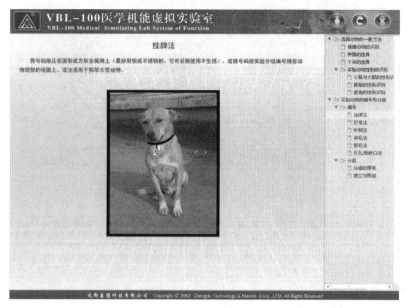

图 5-9　动物编号的挂牌法介绍

图 5-10　动物品系及分类菜单界面

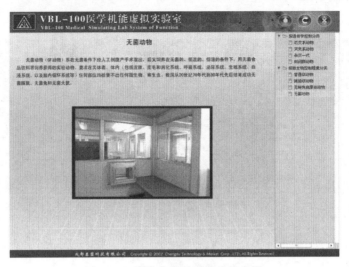

图 5-11　动物分类的无菌动物介绍

　　点击相应动物即可进入该动物的介绍，如点击金黄地鼠可查看其生物学特性、生理常数及应用（图 5-12）。

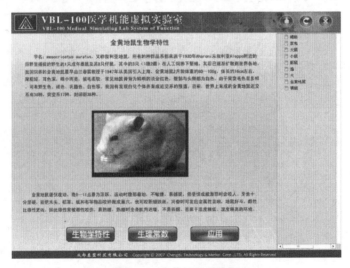

图 5-12　金黄地鼠的介绍

第二节　资　料　室

　　在资料室内可以阅读书架上的书本，也可观看实验操作的录像，桌上的实验报告也可以查看。

　　书本知识的介绍主要包括多种基本实验操作的讲解以及信号采集与处理技术、传感器技术、生理学实验、病理生理学实验、药理学实验等基础知识的介绍。

　　实验录像部分包括了气管插管、颈动脉插管、颈部神经分离等颈部手术，输尿管插管、肠系膜微循环标本制备等腹部手术的演示。

　　实验报告部分通过一张模拟仿真的实验报告呈现了实验报告的内容，学生可以通过点击相应项目查看撰写要求。

　　在实验大厅点击"资料室"的实验室标牌（图 5-13），进入资料室内。

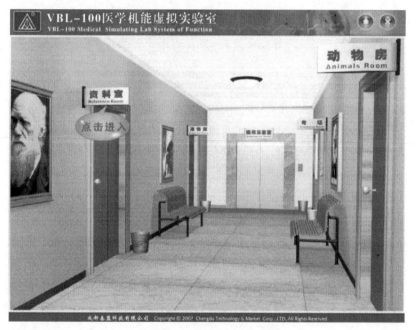

图 5-13　资料室进入标牌

　　进入资料室后，书架上每本书都有相应的丰富内容，包括《机能学实验概述》《机能学实验常用技术》《传感器技术》《信号采集与处理技术》《生理学实验》《病理生理学实验》《药理学实验》《VBL-100 使用指南》等书（图 5-14）。

　　点击《机能学实验常用技术》后，进入该书内容，包括多种基本实验技术以及常用局部手术的文字、图示以及操作视频的演示（图 5-15）。

　　点击《生理学实验》后，进入该书内容，包括多项生理学实验的详细介绍（图 5-16）。

　　点击《传感器技术》后，进入该书内容，包括传感器技术的基本原理以及多种医学实验用传感器的详细介绍（图 5-17）。

图 5-14　资料室内容界面

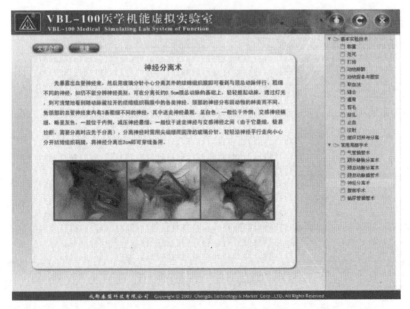

图 5-15　机能学实验常用技术介绍

图 5-16　生理学实验介绍

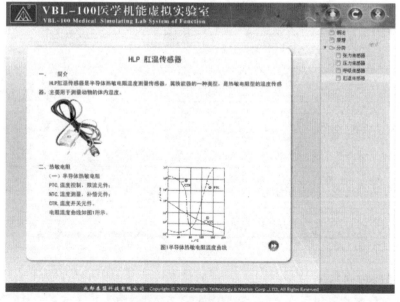

图 5-17　传感器技术介绍

　　点击《病理生理学实验》后，进入该书内容，包括多项病理生理学实验的详细介绍（图 5-18）。

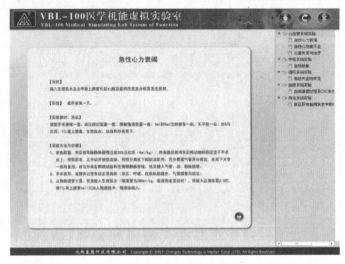

图 5-18　病理生理学实验介绍

　　点击《机能学实验概述》后，进入该书内容，主要对机能学实验的教学目的、实验方法、研究范围等进行了详细介绍（图 5-19）。

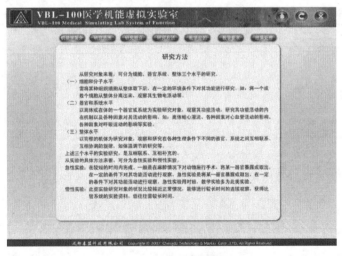

图 5-19　机能学实验概述

　　点击《VBL-100 使用指南》后，进入该书内容，主要对 VBL-100 医学机能学虚拟实验系统的结构、组成及使用等方面进行了详细的介绍（图 5-20）。

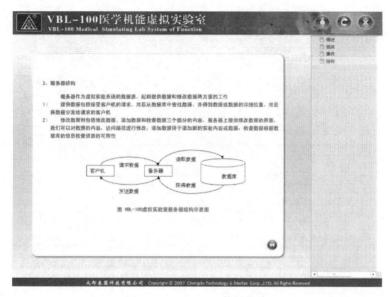

图 5-20　VBL-100 使用指南

点击《信号采集与处理技术》后，进入该书内容，主要对信号采集与处理技术的历史、现状、原理、分类等进行了详尽的介绍（图 5-21）。

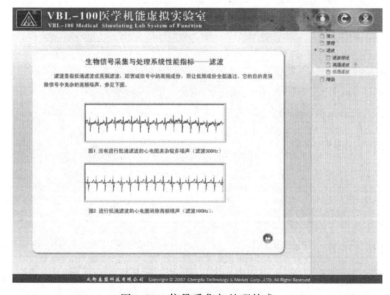

图 5-21　信号采集与处理技术

点击《药理学实验》后，进入该书内容，包括多项药理学实验的详细介绍（图 5-22）。

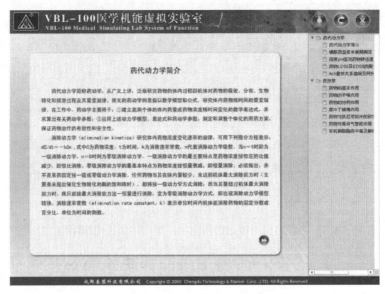

图 5-22　药理学实验介绍

点击液晶电视屏幕可观看基本实验操作技术的录像（图 5-23）。

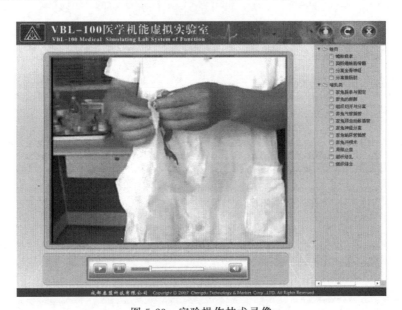

图 5-23　实验操作技术录像

点击桌上的实验报告可以查看实验报告内容（图 5-24），点击实验报告各部分可查看该部分的撰写要求（图 5-25）。

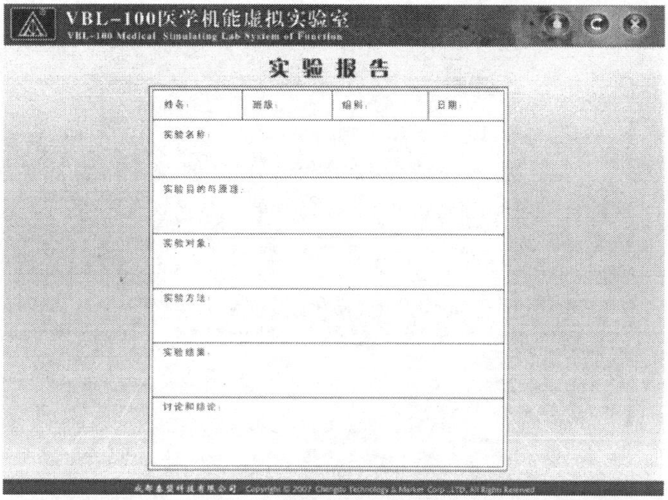

图 5-24　实验报告内容

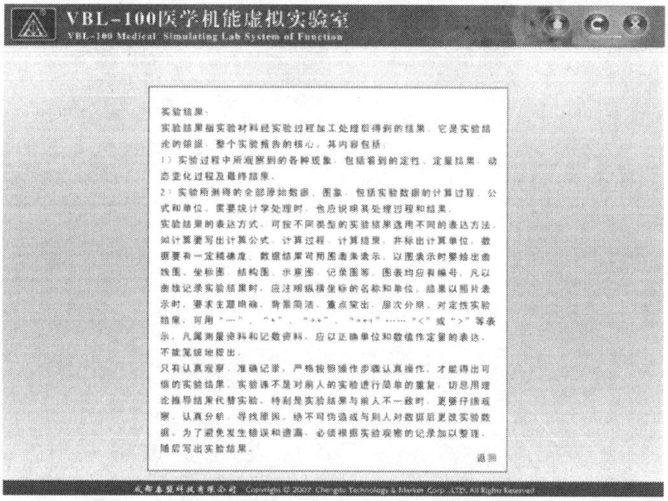

图 5-25　实验报告撰写要求

第三节　准　备　室

准备室内有一个物品柜，用于存放实验仪器、实验试剂及手术器械，用户可以通过点击观看相应实验素材的文字、图片及三维模型介绍，如同身处真实的实验室中一般。

手术器械部分以文字图片及三维的形式演示了各种常用手术器械、蛙类手术器械、哺乳类手术器械的特点及使用方法。

实验试剂部分主要包括常用生理溶液、常用抗凝剂和常用麻醉剂的介绍。

实验仪器部分主要介绍了 BL-420F 生物机能实验系统、BI-2000 医学图像分析系统、HW-1000 超级恒温水浴系统、GL-2 离体心脏灌流系统、HX-300S 动物呼吸机、PV-200 足趾容积测量仪等仪器的原理及使用方法，包括软件界面的详细操作步骤，可以点击需要了解的按钮查看其功能介绍。

在实验大厅点击"准备室"的实验室标牌进入该实验室（图 5-26）。

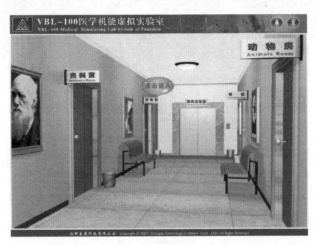

图 5-26　准备室进入标牌

点击"仪器介绍"（图 5-27），进入该部分内容的菜单，可以查看的内容有生理学仪器、药理学仪器以及其他仪器（图 5-28）。

图 5-27　准备室陈设

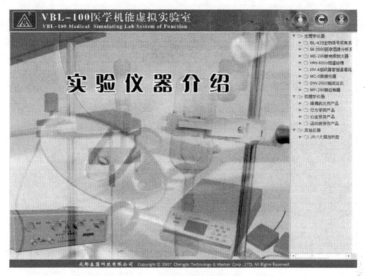

图 5-28　仪器介绍菜单

　　点击"试剂介绍"（图 5-27），进入该部分内容的菜单，可以查看的内容有常用生理溶液、常用麻醉剂以及常用抗凝剂（图 5-29）。

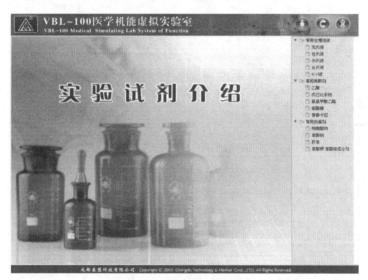

图 5-29　实验试剂介绍菜单

　　点击"器械介绍"（图 5-27），进入该部分内容的菜单（图 5-30），可以查看的内容有常用手术器械、蛙类手术器械、哺乳类手术器械（图 5-31），每种器械都包括文字、图片和三维模型的介绍。

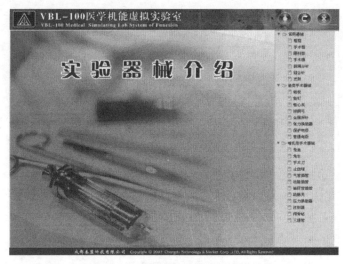

图 5-30　实验器械介绍菜单

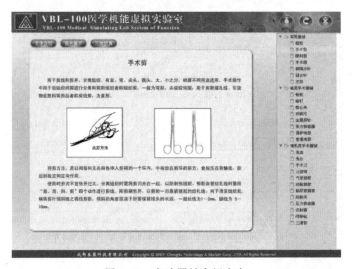

图 5-31　实验器械介绍内容

第四节　考 试 室

　　考试室主要通过大量的机能学试题考查学生课后的知识掌握能力，学生可以在机房上机进行自测，系统自动生成测试结果及分数；教师还可以添加试题以充实题库内容，并可以灵活设置试卷格式及题型，系统自动生成考卷，可以节约大量人力、物力及时间资源。

在实验大厅点击"考场"的实验室标牌进入该实验室（图 5-32）。

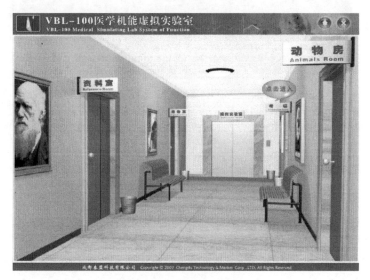

图 5-32　考场进入标牌

在考场内点击考桌上的考卷（图 5-33），即进入考试菜单。

图 5-33　考场内部陈设

菜单内有多套试题可供选择，选择一套试题开始考试，考试过程中，当选择答案错误时系统会提示"错误"，而当选择到正确的答案后会显示对正确答案的解释（图 5-34）。

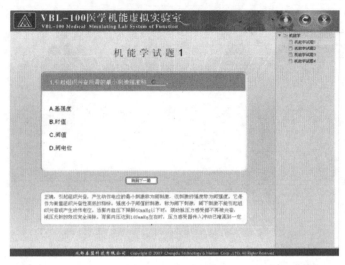

图 5-34　考试界面

第五节　模拟实验室

在实验大厅点击"模拟实验室"的实验室标牌（图 5-35），进入模拟实验室电梯（图 5-36）。

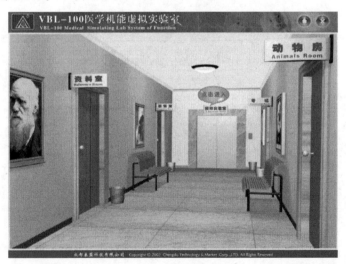

图 5-35　模拟实验室标牌

在电梯内点击相应按钮即可进入该实验室的菜单，包括生理学实验（图 5-37）、病理生理学实验（图 5-38）、药理学实验（图 5-39）、综合实验（图 5-

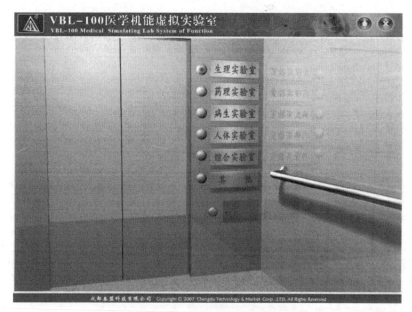

图 5-36　模拟实验室电梯

40)、人体实验（图 5-41）。

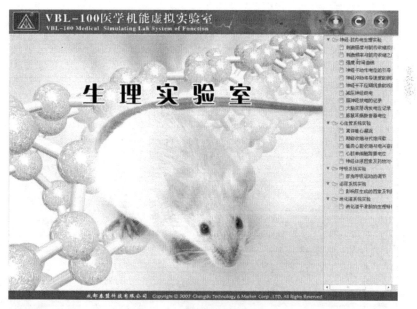

图 5-37　生理学实验室菜单

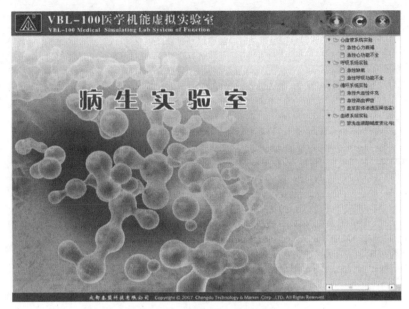

图 5-38　病理生理学实验室菜单

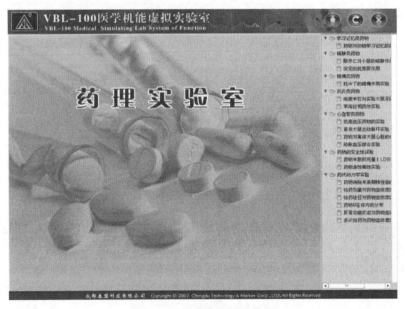

图 5-39　药理学实验室菜单

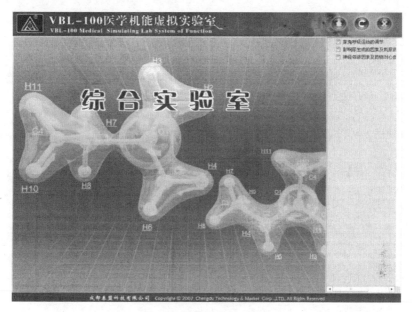

图 5-40 综合实验室菜单

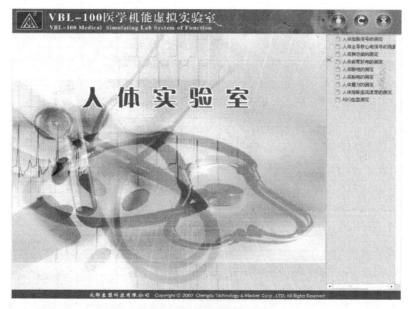

图 5-41 人体实验室菜单

点击菜单中的实验项目，即进入该实验的模拟。每个模拟实验都包括实验简介、实验原理、模拟实验、实验录像、实验波形五部分，通过模拟实验页面右下方的按钮进行切换（图5-42）。

图5-42　模拟实验按钮

实验简介部分主要是对该模拟实验进行简要的介绍，主要包括实验目的、实验动物、实验药品及实验器械等（图5-43）。

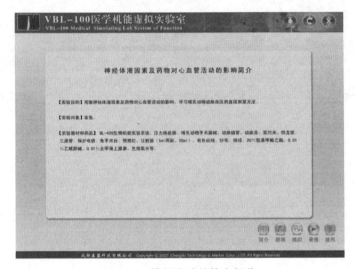

图5-43　模拟实验的简介部分

实验原理部分根据该实验的内容，按照循序渐进的方式分为多个部分介绍，通过多个按钮来切换（图5-44）。

模拟实验部分通过拖动相应的实验材料、实验动物和实验仪器进行模拟真实的实验操作步骤，模拟过程中有些操作通过一小段录像展示，每一步操作均有下一步提示可选择隐藏或者显示（图5-45）。

实验录像部分采取分段观看的方式，根据实验项目不同，每个实验的录像内容不同，用户可以选择性地观看需要的手术录像部分（图5-46）。

实验波形部分主要的作用是显示实验中采集到的生物信号的调节参数以及给药后观察波形变化等。通过调节走纸速度可以随意将波形压缩或拉伸，通过点击药品或者器械可以观察到该药品或者器械引起波形的相应变化（图5-47

即为静脉给予去甲肾上腺素后的家兔颈总动脉血压波形变化），信息显示区内可以查看如心率、血压、药品介绍等其他信息。

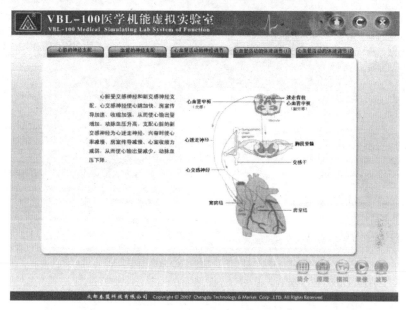

图 5-44　模拟实验的原理部分

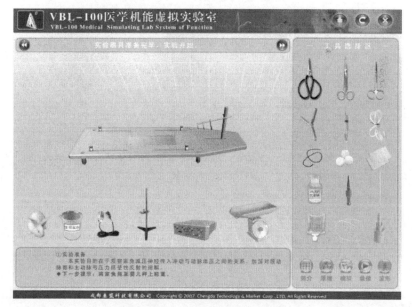

图 5-45　模拟实验的模拟部分

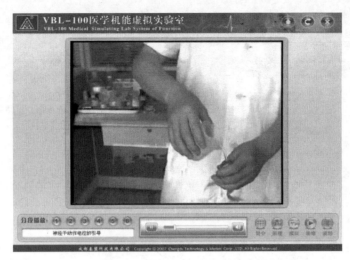

图 5-46　模拟实验的录像部分

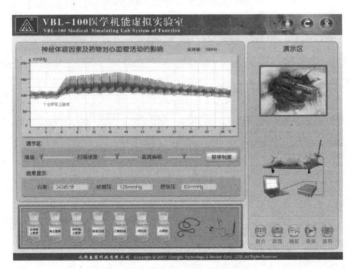

图 5-47　模拟实验的波形部分

附　　录

附录 1　BL-420F 生物机能实验系统

一、系统外观

前面板见图 1。CH1、CH2、CH3、CH4：5 芯生物信号输入接口（可连接引导电极、压力传感器、张力传感器等，4 个输入通道的性能完全相同）。

图 1　BL-420F 系统的前面板

全导联心电输入口：用于输入全导联心电信号（BL-420F 系统独有）。

触发输入：2 芯外触发输入接口，触发输入接口用于在刺激触发方式下，外部触发器通过这个输入口触发系统采样。

刺激输出：3 芯刺激输出接口。

记滴输入：2 芯记滴输入接口。

二、系统主界面

主界面（图 2）从上到下依次主要分为标题条、菜单条、工具条、波形显示窗口、数据滚动条及反演按钮区、状态条等 6 个部分；从左到右主要分为标尺调节区、波形显示窗口和分时复用区 3 个部分。

在标尺调节区的上方是通道选择区，其下方是 Mark 标记区。分时复用区包括控制参数调节区、显示参数调节区、通用信息显示区、专用信息显示区和刺激参数调节区 5 个分区，它们分时占用屏幕右边相同的一块显示区域，可以通过分时复用区底部的 5 个切换按钮在它们之间进行切换。

当拖动左、右视分隔条显示左视时，可能会出现这种情况：左视下面的时间显示窗口和滚动条没有出现。如果出现这种情况，可以重新再拖动一下左、右视分隔条即可。

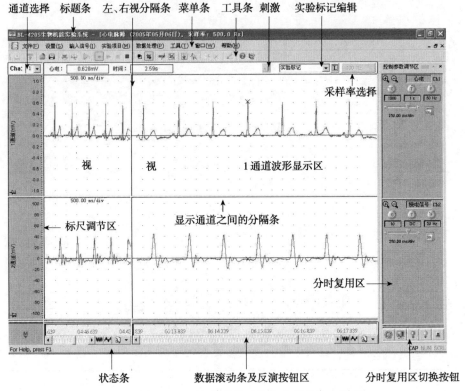

通道选择　标题条　左、右视分隔条　菜单条　工具条　刺激　实验标记编辑

采样率选择

视　　视　　1通道波形显示区

标尺调节区

显示通道之间的分隔条

分时复用区

状态条　　　数据滚动条及反演按钮区　　　分时复用区切换按钮

图2　TM-WAVE生物信号采集与分析软件主界面

三、生物信号波形显示窗口

在处于初始状态时屏幕上共有 4 个波形显示窗口。除了与采样通道对应的显示通道之外，还可以设置 8～12 个分析通道，即在屏幕上最多可显示的通道数为 16。

可以根据自己的需要在屏幕上显示 1～16 个波形显示窗口，也可以通过波形显示窗口之间的分隔条调节各个波形显示窗口的高度，当把其中一个显示窗口的高度调宽时，其他显示窗口的高度变窄。

1. 窗口大小切换命令　窗口变为最大化：在某一个通道显示窗口上双击鼠标左键；恢复窗口到原始大小：在最大化的显示窗口上双击鼠标左键，将把所有的通道显示窗口恢复到初始大小。

图 3 表示一个通道的波形显示窗口，其中包含有标尺基线、波形显示和背景标尺格线等三部分。

标尺基线：生物信号的参考零点，其上为正，其下为负；波形显示：显示

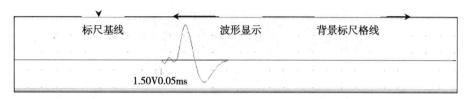

图 3　生物信号显示窗口

采集到的生物信号波形或处理后的结果波形；背景标尺点：波形幅度大小和时间长短的参考刻度线或点，其类型和颜色可选。

2. 在信号窗口上单击鼠标右键，可结束所有正在进行的选择功能和测量功能，同时弹出该通道的快捷功能菜单，见图 4。

区域选择：指在一个或多个通道显示窗口中选择一块区域。有很多功能与区域选择相关，包括显示窗口快捷菜单中的数据导出功能；在进行区域选择的同时，软件内部还完成了选择区域参数测量（与区间测量相似，但不完全相同）和选择区域图形复制等操作。

图 4　信号显示窗口中的快捷菜单

区域选择分两种：一是选择单一通道显示窗口中的内容，见图 5，本操作在通道显示窗口中完成；二是同时选择所有通道显示窗口中相同时间段的一块区域，见图 6，本操作在时间显示窗口中完成。

区域选择的具体操作方法：在将要选择区域的左上角按住鼠标左健，拖动鼠标向右下方移动，到合适位置松开鼠标左健即完成区域选择操作。

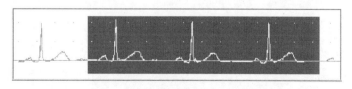

图 5　在一个通道显示窗口中进行区域选择

当进行区域选择后，系统内部将自动完成选择区域的图形复制功能。可通过 Windows 操作系统的"粘贴"命令将选择的图形粘贴到任何可以显示图形的 Windows 应用软件，如 Word、Excel 或画图中。

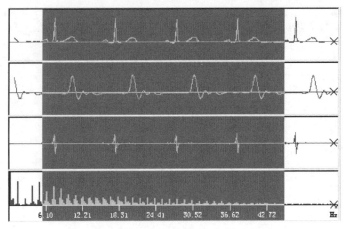

图 6　对多个通道显示窗口中相同时间段的区域进行区域选择

（1）自动回零。自动回零功能可以使由于输入饱和而偏离基线的信号迅速回到基线上。

（2）原始数据导出。原始数据导出是指将选择的一段反演实验波形的原始采样数据以文本形式提取出来，并存入到＼data 子目录下相应的文本文件中，并以"datan. txt"命名，n 代表通道号，如果选择导出"所有通道数据"，那么导出数据的文件名为：data. txt。

原始数据导出功能只在数据反演阶段起作用。

拖动反演滚动条在整个反演数据中
查找需要导出的实验波形段；将需要导
出的实验波形段进行区域选择；在选择
的区域上单击鼠标右键，弹出通道显示

图 7　数据导出子菜单

窗口快捷菜单，选择数据导出命令，即可导出"本通道数据"和"所有通道数据"，如图 7 所示。

（3）基线显示开关。该命令用于打开或关闭标尺基线（参考 0 刻度线）显示。

（4）添加、编辑、删除特殊标记。在波形的指定位置添加一个特殊实验标记或编辑、删除记录波形中一个已标记的特殊实验标记。

①添加。当在某一个实验通道的空白处（这里所指的空白处是指与其他特殊实验标记相隔一定距离的地方）单击鼠标右键，此时弹出的窗口快捷菜单中该命令有效，选择该命令，将弹出"特殊标记编辑"对话框，见图 8。在这个对话框的编辑框中输入新添加的特殊实验标记内容，然后按下"确定"按钮，该特殊实验标记将添加在单击鼠标右键的地方。

　　需要注意的是添加的特殊实验标记不能超过 30 个汉字。添加的内容将被存盘。

　　②编辑。在已标记的特殊实验标记上单击鼠标右键，弹出的窗口快捷菜单中选择该"特殊标记编辑"命令，在弹出的对话框中修改原有的特殊实验标记内容。

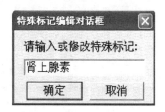

图 8　特殊标记编辑对话框

　　③删除。在已显示的特殊实验标记上单击鼠标右键，弹出窗口快捷菜单，选择"删除特殊实验标记"命令，弹出确认框，"是（Y）"删除该特殊标记；"否（N）"按钮，取消此次删除。

四、数据提取（数据共享）

图形剪辑　数据剪辑的操作步骤如下：

（1）在整个反演数据中查找需要剪辑的实验波形。

（2）将需要剪辑的实验波形进行区域选择，可以同时选择多屏数据。

（3）按下工具条上的数据剪辑命令按钮，或者在选择的区域上单击鼠标右键弹出快捷功能菜单并选择"数据剪辑"功能，就完成了一段波形的数据剪辑；可以通过"设置"→"数据剪辑方式"菜单命令设置只剪辑单个通道数据还是同时剪辑多个通道数据，剪辑的数据段以灰色显示，见图 9。

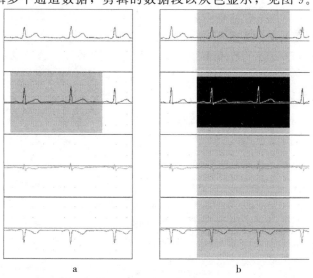

图 9　数据剪辑

a. 单通道数据剪辑　b. 多通道数据剪辑

（4）重复以上 3 步对不同波形段进行数据剪辑。

（5）在停止反演时，一个以"cut. tme"命名的数据剪辑文件将自动生成，可以按照自己的需要重命名剪辑文件，但命名的文件不能与打开反演文件重名。

数据剪辑的文件存贮在 \ data 子目录下，其文件扩展名为 . tme。

五、软件菜单介绍

在顶级菜单条（图 10）上一共有 8 个菜单选项：文件菜单、设置菜单、输入信号菜单、实验项目菜单、数据处理、工具、窗口及帮助。

文件(F) 设置(S) 输入信号(I) 实验项目(M) 数据处理(P) 工具(T) 窗口(W) 帮助(H)

图 10　顶级菜单条

（一）文件菜单

文件菜单中包含有打开、另存为、保存配置、打开配置、打开上一次实验配置、高效记录方式、安全记录方式、打印、打印预览、打印设置、最近文件和退出等 12 个命令。

1. 打开　用于打开一个反演数据文件。直接在打开文件对话框中选择要打开的文件，然后按"打开"按钮就可以打开一个已存贮文件。

2. 另存为　此命令只在数据反演时起作用，该功能可以将正在反演的数据文件另外起一个名字进行存贮，或者将该文件存贮到其他目录的位置。

3. 保存配置　用于保存自定义的实验模块。

首先根据自己设计的实验模块，在通用"输入信号"菜单选择相应通道的相应生物信号，然后启动波形采样并观察实验波形，通过调节增益、时间常数、滤波和刺激器等硬件参数以及扫描速度来改善实验波形，在满意于自己的实验波形后，选择"保存配置"命令，系统会自动弹出"另存为"对话框，保存当时选择的实验配置，以后可以通过"打开配置"来启动自定义实验模块。自定义实验模块的名字以 . mod 为后缀名。

4. 打开配置　用于打开"自定义实验模块"，在弹出的对话框中，选择下拉式列表中存贮的实验模块，然后按"确定"按钮，系统将自动按照这个实验模块存贮的配置进行实验设置同时启动实验。

5. 打开上一次实验配置　当一次实验结束之时，本次实验所设置的各项参数均被存贮到了计算机的磁盘配置文件 config. las 中，如果现在想要重复做上一次的实验而不想进行繁琐的设置，那么，只需选择"打开上一次实验设置"命令，计算机将自动把实验参数设置成与上一次实验时完全相同。

6. 退出　在停止实验后选择该命令，将退出。

（二）设置菜单

当用鼠标单击顶级菜单条上的"设置"菜单项时，"设置"下拉式菜单将被弹出。

设置菜单中包括工具条、状态栏、实验标题、实验人员、实验相关数据、记滴时间、光标类型和定标等 17 个菜单选项，其中工具条、显示方式、显示方向和定标等菜单下还有二级子菜单。

1. 实验标题　选择后弹出"设置实验标题"对话框，可以通过该命令来改变实验标题，并且可以为同一个实验设置第二个实验标题。

2. 记滴时间设置　用于选择统计记滴的单位时间，即每次在选定的时间间隔内统计尿滴数。选择该命令，将弹出"记滴时间选择"对话框（图 11）。在这个对话框中，不仅可以选择记滴的单位时间，还可以选择记滴单位，包括点、mL 和 μL，便于对尿量的定量分析。这 3 种单位之间可以相互转换，转换值由自己输入。通常情况下，1mL＝20点，如果选择以毫升为单位，那么计算机统计出的总尿量和单位时间尿量将以毫升为单位，这样更直观、更科学。

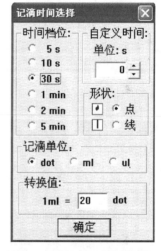

图 11　记滴时间选择对话框

另外，还可以在这个对话框中选择尿滴在屏幕上显示的形状：点或短线。

在实时实验中，每次当添加特殊实验标记时，即使计时的单位时间没有达到一个标准时间间隔，也将重新开始计时，以统计下一个单位时间内的尿滴数。

3. 数据剪辑方式　选择该命令，将弹出一个子菜单，见图 12。

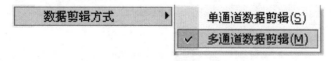

图 12　数据剪辑方式菜单项的子菜单

该子菜单内包含有两个命令：单通道数据剪辑和多通道数据剪辑。

单通道数据剪辑只剪辑选择通道数据形成一个新的 .tme 文件。这个功能非常有用，可以从多通道数据中只提取目的通道的有用数据。

多通道数据剪辑剪辑的数据与原始数据具有相同的记录通道数。

4. 显示刷新速度 选择该命令，将弹出一个子菜单。该子菜单内包含有 3 个命令：快、正常和慢。根据需要选择速度。

5. 定标 选择该命令，将弹出定标菜单的子菜单。该子菜单内包含有两个命令：调零和定标。

调零的具体操作步骤：从"定标"子菜单中选择"调零"命令，此时会弹出一个提示对话框；在提示对话框中按"确定"按钮，会弹出一个"放大器调零"对话框，见图 13，同时，系统打开所有硬件通道并自动启动数据采样和波形显示。此时可以通过"放大器调零"对话框进行调零处理。

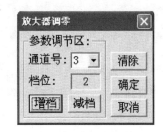

图 13 "放大器调零"对话框

例如，首先选择 1 通道进行调零处理，如果 1 通道的波形显示在基线下方，那么就按"增档"按钮，直到波形曲线被抬高到离基线最近的位置为止，以此类推，可以对 2～8 通道进行调零处理，当每个通道均调零完毕后，按"确定"按钮存贮调零结果并且结束本次调零操作。

"放大器调零"对话框中的"清除"按钮用于清除上一次调零的结果，"取消"按钮用于结束本次调零操作，但不将本次调零的结果存贮到磁盘上。

（三）输入信号菜单

当用鼠标单击顶级菜单条上的"输入信号"菜单项时，"输入信号"下拉式菜单（图 14）将被弹出。

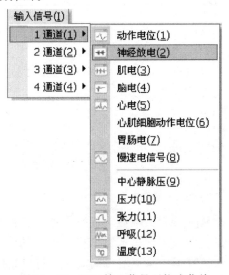

图 14 BL-420F 输入信号下拉式菜单

信号输入菜单中包括有1～4通道4个菜单项，它们与硬件输入通道相对应，每一个菜单项又有一个输入信号选择子菜单，每个子菜单上包括多个可供选择的信号类型，见图14。

当为某个输入通道选择了一种输入信号类型之后，这个实验通道的相应参数就被设定好了，这些参数包括采样率、增益、时间常数、滤波、扫描速度等。

一般而言，选择与所做实验相对应的输入信号类型能够得到比较好的实验效果，但并不是说只能选择某种信号才能进行那种实验，对相应的实验参数按照新的信号类型要求进行设置后，选择列表上的信号类型也可以完成列表下面的实验项目。另外，如果列表中没有需要的信号类型，可以选择"神经放电"，然后再调节相应的参数。

可以为不同的通道选择不同的信号，当选定所有通道的输入信号类型之后，使用鼠标单击工具条上的"开始"命令按钮，就可以启动数据采样，观察生物信号的波形变化了。

（四）实验项目菜单

"实验项目"下拉式菜单内容见图15。

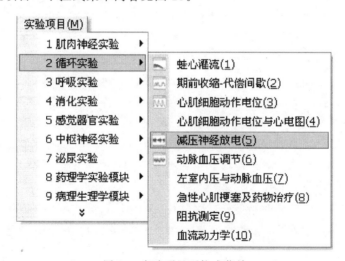

图15　实验项目下拉式菜单

实验项目下拉式菜单中包含有9个菜单项；分别是肌肉神经实验、循环实验、呼吸实验、消化实验、感觉器官实验、中枢神经实验、泌尿实验、药理学实验模块和病理生理学模块。

这些实验项目组将生理及药理实验按性质分类，在每一组分类实验项目下又包含有若干个具体的实验模块，选择某一个实验模块，系统将自动设置该实验所需的各项参数，并自动启动数据采样，直接进入到实验状态。完成实验后，根据不同的实验模块，打印出的实验报告包含有不同的实验数据。

例如，当选择了"肌肉神经实验"项目组中的"神经干动作电位的引导"实验模块后，系统将自动把生物信号输入通道设为 1 通道，采样率设为 50kHz，扫描速度设为 1.0ms/div，增益设为 200 倍，时间常数设为 0.01s，滤波设为 10kHz；刺激器参数设为单刺激，波宽 0.05ms，强度为 1.0V 等。

（五）工具条说明

首先我们对整个工具条进行简单介绍，见图 16。

图 16　工具条

工具条上一共有 24 个工具条按钮。这里只列出常用的工具按钮。

拾取零值：选择拾取零值命令是在系统运行时，传感器无法调零情况下，软件强行将其信号回归至零位。

记录：当记录命令按钮的红色实心圆标记处于蓝色背景框内时，说明系统现在正处于记录状态，否则系统仅处于观察状态而不进行观察数据的记录。

启动：选择该命令，将启动数据采集，并将采集到的实验数据显示在计算机屏幕上；如果数据采集处于暂停状态，选择该命令，将继续启动波形显示。

暂停：选择该命令后，将暂停数据采集与波形动态显示。

停止实验：选择该命令，将结束当前实验，同时发出"系统参数复位"命令，使整个系统处于开机时的默认状态，但该命令不复位设置的屏幕参数，如通道背景颜色、基线显示开关等。

切换背景颜色：选择该命令，显示通道的背景颜色将在黑色和白色这两种颜色中进行切换。

格线显示：当波形显示背景没有标尺格线时，单击此按钮可以添加背景标尺格线；当波形显示背景有标尺格线时，单击此按钮可以删除背景标尺格线。

同步扫描：当按下这个按钮时，所有通道的扫描速度同步调节，这时，只有第一通道的扫描速度调节杆起作用；当不选择同步扫描时，各个显示通道的扫描速度独立可调。

另外，数据分析通道的扫描速度一般与被分析通道的扫描速度同步调节。

选择波形放大：在实时实验或波形反演时，用于查看某一段波形的细节。具体的操作方法是先从波形显示通道中选择想放大的波形段，当使用区域

选择功能选择波形段后，这个命令变得可用，用鼠标单击此命令，将弹出波形
放大对话框，如图 17 所示。

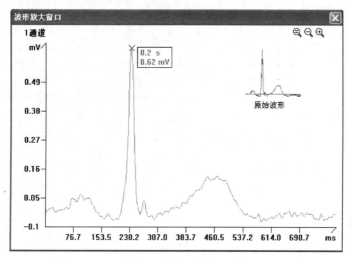

图 17　波形放大窗口

数据剪辑：数据剪辑是指将选择的一段或多段反演实验波形的原始采样
数据按 BL-420F 的数据格式提取出来，并存入到指定名字的 BL-420F 格式文
件中。

这个命令只有在对某个通道的数据进行了区域选择之后才起作用。

数据剪辑的具体操作步骤：在反演数据中查找目的实验波形；区域选择目
的实验波形；按下工具条上的数据剪辑命令按钮即可，剪辑后的波形在显示通
道中以灰色作为背景显示，以区别于没有剪辑的原始数据，便于选择剩余的波
形进行剪辑，见图 18。

另外，如果从刺激触发数据文件中进行剪辑，比如剪辑神经干动作电位的
数据，只能按照整帧（每次刺激触发采样得到的数据长度可变，如 1 024、
2 048等）进行剪辑，即使选择很短一段数据，系统还是要选择整帧。重复以
上步骤可以对不同波形段进行数据剪辑。

在停止反演时，将自动生成一个名为"cut.tme"的数据剪辑文件，可更
改文件名。

数据删除：数据删除命令与数据剪辑命令的功能相似，均是从原始数据
文件中选取有用数据，然后将有用数据另存为一个与原始数据格式相同的其他
文件。

添加通用标记：在实时实验过程中，在波形显示窗口的顶部添加一个通

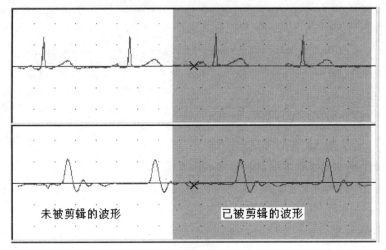

未被剪辑的波形   已被剪辑的波形

图 18   数据剪辑

用实验标记，其形状为向下的箭头，箭头前面是该标记的数值编号，编号从 1 开始顺序进行，如 20   ，箭头后面则显示添加该标记的时间。在一次实验中，最多只能添加 200 个这样的通用实验标记。

（六）其他部分说明

1. 顶部窗口   顶部窗口位于工具条的下方，波形显示窗口的上面。由四部分组成，分别是当前选择通道的光标测量数据显示、启动刺激按钮、特殊实验标记编辑以及采样率选择按钮等，如图 19 所示。

启动刺激按钮   设置采样率按钮

测量数据显示   实验标记编辑

图 19   顶部窗口

（1）测量数据显示区。显示当前测量通道的实时测量最新数据点或光标测量点处的测量结果，包括信号值和时间，在没有测量数据时这个区域为空白。当前通道通过顶部窗口左边的当前通道选择列表框进行选择。

（2）启动刺激按钮。用于启动刺激器，实时实验的状态下可用。除此以外还可以按键盘上的"Enter"键来启动刺激。

（3）设置采样率按钮。用于设置系统的采样率，实时实验的状态下可用。单击会出现一个下拉式菜单，列举了系统所支持的所有采样率，如图 20 所示。可以从中任选一种采样率，选择后，新的采样率立刻起作用，并且显示在按钮上。

　　在连续采样的情况下，系统总的采样率在 250kHz 之内，如果打开多个通道进行采样，所有通道的采样率总和不能超过 250kHz，否则该次选择无效。

　　500kHz 和 750kHz 采样率只有系统在刺激触发方式工作时才能选择，比如在神经干动作电位观察实验模块中就可以将采样率设定为 500 或 750kHz。

图 20　采样率选择按钮

　　（4）实验标记编辑区。包括实验标记编辑组合框和打开实验标记编辑对话框两个项目。既可以从实验标记编辑组合框中选择已有的实验标记，也可以按照自己的需要随时输入，然后按"Enter"键确认新的输入，新的输入自动加入到标记组中，如图 21 所示。

如果某个实验模块本身预先设置有特殊实验标记组，当选择这个实验模块时，实验标记编辑组合框就会列出这个实验模块中所有预先设定的特殊实验标记。

单击打开实验标记编辑对话框按钮，将弹出"实验标记编辑对话框"，如图 22 所示。可以在这个对话框中对实验标记进行预编辑，包括增加新的实验标记组，增加或修改新的实验标记；可以直接从中选择一个预先编辑好的实验标记组作为实验中添加标记的基础，选择标记组中所有的实验标记将自动添加到特殊实验标记编辑组合框中。

图 21　特殊实验标记编辑组合框

图 22　特殊实验标记编辑对话框

特殊实验标记组的添加、修改和删除，由对话框中的 3 个对应功能按钮完成。

①添加。添加按钮用于添加一组新的特殊实验标记组，当按下"添加"按钮后，将在实验标记组列表的最下方出现一个"新实验标记组"选项，并显示为当前选中的实验标记组。同时在实验标记列表中自动为该实验标记组添加一个名为"新实验标记"的新标记。

②修改。在编辑区中改变实验标记组的名称，然后按修改按钮使修改后的

特殊实验标记组的组名修改生效。

③删除。删除选择的整个特殊实验标记组，包括内部的所有特殊实验标记。

特殊实验标记组组内标记的编辑，将在"实验标记列表"框中全部完成，在该列表框第一个列举数据项的顶部，一共有4个功能按钮。依次是添加、删除、上移和下移功能按钮。

添加按钮用于在数据列表框中添加一个列表数据项，添加一个组内特殊标记。选择添加按钮后，在实验标记列表框最后一行出现一个空白的编辑框，可在闪动的光标处编辑这个新添加的特殊实验标记。

删除按钮用于删除列表框中的一个列表数据项，只需选择要删除的特殊标记，然后按下删除按钮即可删除该特殊标记。

上移按钮将当前选择的特殊标记上移一个位置。

下移按钮将当前选择的特殊标记下移一个位置。

当修改完所有特殊实验标记之后，按"确定"按钮，新做的修改将被保存，下次实验时，这些新做的修改都将生效；选择"取消"按钮，将不会保留任何修改。按"确定"按钮的另一项功能是将选择的特殊实验标记组添加到特殊实验标记选择区中。

前8个实验标记组是系统自定义的，不能对其进行修改或删除。

实验标记的标记方式：添加特殊实验标记的方法很简单，先在实验标记编辑组合框中选择一个特殊实验标记，或者直接输入一个新的实验标记并按下"Enter"键；然后在需要添加特殊实验标记的波形位置单击鼠标左键，实验标记就添加完成了。

注意：使用这种方式添加特殊实验标记只能在实时实验过程中使用，并且添加一个标记后，如果要添加同样标记还需要再选择一次。以后，可以通过显示窗口快捷菜单上的命令修改或删除已添加的特殊实验标记。

实验标记在标记处除了有文字说明之外，还有一个标记位置指示，可以选择以虚线或箭头方式进行标记，见图23。

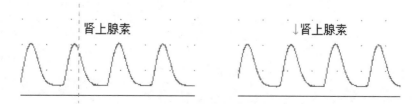

图23　特殊实验标记的标记方式

2. 标尺调节区　显示通道的最左边为标尺调节区，如图 24 所示。每一个通道均有一个标尺调节区，用于实现调节标尺零点的位置以及选择标尺单位等功能。

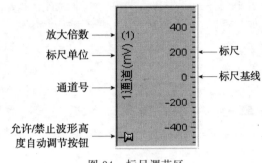

图 24　标尺调节区

　　鼠标右键单击标尺单位显示区，弹出信号单位选择快捷菜单，如图 25 所示。

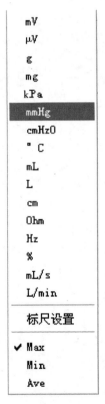

图 25　标尺单位选择快捷菜单

标尺单位选择快捷菜单分为上、中、下 3 个部分，最上面的 16 个命令用于选择标尺类型；中间的"标尺设置"命令用于设置单位刻度的标尺大小；下面的 3 个命令用于光标测量时选择光标在波形上的位置。

在任何实验中，均可以根据实验需要任意选择一种标尺单位，标尺的值会根据各种单位不同的定标值自动调节，如果已经对各种单位精确定标，则会得到在该单位下的精确测量值。

图 26　定义标尺刻度对话框

标尺设置命令用于自定义标尺刻度的大小，在弹出的"自定义标尺刻度"对话框（图 26）中，包含有原来标尺的一些基本信息，包括通道号、标尺单位和新标尺可以输入的最大（标尺原刻度的 5 倍）、最小（标尺原刻度的 1/5）范围，这些信息都是不可改变的。可以在"输入新刻度值"编辑框中输入自定义的标尺刻度，并且可以设定标尺的小数位数（显示精度）。当自定义标尺后，将禁止波形自动调节功能。

光标测量是指当在实时实验过程中暂停或反演数据时，在每个有波形显示的通道中，伴随着波形曲线有一个测量光标，该光标随着鼠标的移动而左右移动，并且始终依附在波形曲线上，光标处的波形数值将被自动测量出来并且显示在通用信息显示区中。

当波形处于压缩显示方式时，在波形显示窗口中同一个位置上有最大值、最小值和平均值，从标尺单位选择快捷菜单中选择测量光标的位置即可确定光标依附的数值位置了。包括 Max（最大值）、Min（最小值）和 Ave（平均值）。

3. Mark 标记选择区　Mark 标记选择区在窗口的左下方，位于标尺调节区的下面，如图 27 所示。

Mark 标记是用于加强光标测量的一个标记，只有与测量光标配合使用时才能完成简单的两点测量功能。测量光标与 Mark 标记配合，当测量光标

图 27　Mark 标记选择区

移动时，将测量 Mark 标记和测量光标之间的波形幅度差值和时间差值（测量的结果前加一个 Δ 标记，表示显示的数值是一个差值），如图 28 所示。测量的结果显示在通用显示区的当前值和时间栏中。

在通道显示窗口的波形曲线上添加 Mark 标记有两种方法，一种是利用通道显示窗口快捷菜单中的"添加 M 标记命令"；二是使用鼠标在 Mark 标记区

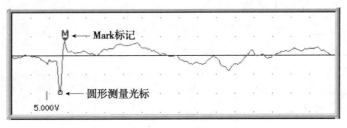

图 28　Mark 标记和圆形测量光标

中选择然后拖放到指定波形曲线上，首先，将鼠标移动到 Mark 标记区，按下鼠标左键，鼠标光标将从箭头变为箭头上方加一个 M 字母形状。然后，再按住鼠标左键拖动 Mark 标记，将 Mark 标记拖放到任何一个有波形显示的通道显示窗口中的波形测量点上方，然后松开鼠标左键，这时，M 字母将自动落到对应于这点坐标的波形曲线上。如果将 M 标记拖到没有波形曲线的地方释放，将自动回到 Mark 标记区。放好 Mark 标记以后，还可以随时移动位置，如果不需要 Mark 标记了，只需用鼠标将其拖回到 Mark 标记区即可，拖回的方法与拖放的方法相同。

可以为每一个通道的波形曲线添加一个 Mark 标记。

4. 分时复用区　在主界面的最右边是一个分时复用区（图 29）。在该区域内包含有 5 个不同的分时复用区域：控制参数调节区、显示参数调节区、通用信息显示区、专用信息显示区以及刺激参数调节区；通过分时复用区底部的切换按钮进行切换。◎按钮用于切换到控制参数调节区，▦按钮用于切换到显示参数调节区，🔆按钮用于切换到通用信息显示区，🔅按钮用于切换到专用信息显示区，▦按钮用于切换到刺激参数调节区。本文只详述控制参数调节区和刺激参数调节区。

（1）控制参数调节区。控制参数调节区是用来设置 BL-420F 系统的硬件参数以及调节扫描速度的区域，对应于每一个通道有一个控制参数调节区，用来调节该通道的控制参数，见图 30。

①通道信息显示区。用于显示该通道选择信号的类型，如心电、压力、张力、微分等。当选定一种信号之后，信号名称就已经确定。

可以根据自己的需要修改信号名称。修改方法：在通道信号显示区中双击鼠标左键，此时，通道信号显示区变成一个文字编辑框，直接在这个文字编辑框中输入新的信号名称，例如，将“压力”修改为“中心静脉压”，修改完成后按“Enter”键对修改进行确认，通道信号显示区中将显示新输入的信号名称；如果在编辑后想放弃修改，则按键盘左上角的“Esc”键退出修改。

控制参数调节区　　显示参数调节区　　　通用信息显示区　专用信息显示区　刺激参数调节区

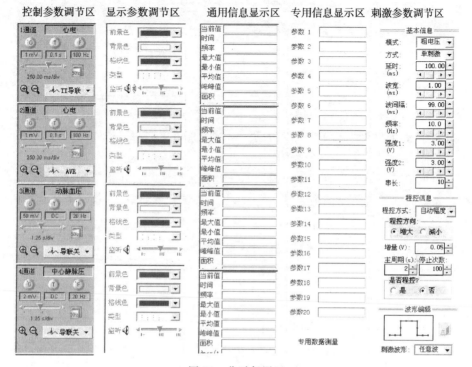

图 29　分时复用区

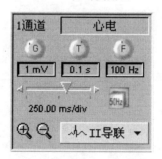

图 30　一个通道的控制参数调节区

②增益调节旋钮。用于调节通道增益（放大倍数）档位（表1）。具体的调节方法是：在增益调节旋钮上单击鼠标左键将增大一档该通道的增益，而单击鼠标右键则减小一档该通道的增益。

如果在增益旋钮下面的增益显示窗口中单击鼠标右键，会弹出一个增益选择菜单，可以直接选择一种增益，见图31。

表 1　　BL-420F 增益档位

系统	增益档位	备注
BL-420F	500mV、200mV、100mV、50mV、20mV、10mV、5mV、2mV、1mV、500μV、200μV、100μV、50μV、20μV、10μV	对应于 2～100 000 倍

③时间常数调节旋钮。用于调节时间常数的档位（表2）。具体的调节方法是：在时间常数调节旋钮上单击鼠标左键将减小一档该通道的时间常数，而单击鼠标右键则增大一档该通道的时间常数。

当更改某一通道的时间常数值之后，时间常数调节旋钮下的时间常数显示区将显示时间常数的当前值。在时间常数显示区内单击鼠标右键会弹出一个时间常数选择菜单，见图31。

表 2　　BL-420F 时间常数档位

系统	时间常数档位	备注
BL-420F	DC、3s、1s、0.3s、0.1s、0.05s、0.02s、0.01s、0.005s、0.002s、0.001s	对应于 DC，0.053～160Hz

时间常数又称为高通滤波，每一个时间常数值对应于一个频率值，计算公式：

$$频率＝1/（2\pi \times 时间常数）$$

假设时间常数为3s，那么对应的频率＝1/（2π×3）＝0.053（Hz）

④滤波调节旋钮。用于调节低通滤波的档位（表3）。具体的调节方法参见时间常数调节旋钮的调节方法。BL-420F 生物机能实验系统的高频滤波分为15 档，单位是 Hz。

表 3　　BL-420F 滤波档位

系统	滤波档位	备注
BL-420F	1Hz、2Hz、5Hz、10Hz、20Hz、5Hz、100Hz、200Hz、500Hz、1kHz、2kHz、5kHz、10kHz、15kHz、30kHz	范围 1Hz～30kHz

当增益调节旋钮、时间常数调节旋钮或滤波调节旋钮上的档位指示点为深蓝色时，表示这3个按钮当前不可调节；当这3个旋钮上的档位指示点变为红色时，则表示可以调节。

⑤扫描速度调节器。其功能是改变通道显示波形的扫描速度，见图32。

10 V		
5 V		
2 V		
1 V		
500 mV		30 kHz
200 mV		15 kHz
100 mV		10 kHz
50 mV		5 kHz
20 mV	DC	2 kHz
10 mV	3 s	1 kHz
5 mV	1 s	500 Hz
2 mV	0.3 s	200 Hz
1 mV	0.1 s	100 Hz
500 μV	0.05 s	50 Hz
200 μV	0.02 s	20 Hz
100 μV	0.01 s	10 Hz
50 μV	0.005 s	5 Hz
20 μV	0.002 s	2 Hz
10 μV	0.001 s	1 Hz
a	b	c

图 31　增益、时间常数和滤波菜单

a. 增益　b. 时间常数　c. 滤波

每个通道均可根据需要独立设置扫描速度。将两个通道的扫描速度调节为不同，即可在同一台仪器上观察记录要求不同扫描速度的波形。如果需要两道波形的时间对齐，则使用相同的扫描速度即可。

图 32　扫描速度调节器

鼠标左键拖动该通道的扫描速度调节器的绿色向下三角形即可改变通道的扫描速度。当向右移动绿色三角形时，扫描速度将增大，反之则减小；另外，如果在绿色三角形的右边单击鼠标左键，扫描速度将增加一档，在绿色三角形的左边单击鼠标左键，扫描速度将减小一档。

如果想同时调节所有通道的扫描速度，那么选择工具条上的"同步扫描"按钮即可，此时，调节一通道扫描速度时，其他通道的扫描速度被同步调节。

⑥50 Hz 滤波按钮。用于启动 50 Hz 抑制和关闭 50 Hz 抑制功能。50 Hz 信号是交流电源中最常见的干扰信号，如果 50 Hz 干扰过大，会造成有效的生物机能信号被 50 Hz 干扰淹没，无法观察到正常的生物信号。此时，我们需要使

用 50Hz 滤波来削弱电源带来的 50Hz 干扰信号。

50Hz 波形可能是有效生物机能信号波形的一种成分，如果滤除掉 50Hz 波形，会造成有效生物机能信号波形发生畸变。一般而言，观察小鼠心电信号不能进行 50Hz 滤波。使用接地良好的电源可以弱交流电源本身带入的 50Hz 干扰。

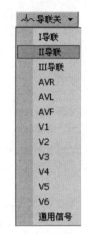

⑦软件放大和缩小按钮。软件放大⊕和缩小⊖按钮用于实现信号波形的软件放大和缩小；软件最大放大倍数为 16 倍，软件最大缩小到原来波形的 1/4。

⑧全导联心电选择按钮。用于打开和关闭全导联心电信号，可以通过下拉式按钮选择标准 12 导联心电中的任何一种，也可以关闭全导联心电输入，见图 33。

图 33　全导联心电选择按钮菜单

（2）刺激参数调节区。刺激参数调节区中列举了要调节的刺激参数、各个参数的意义，见图 34。

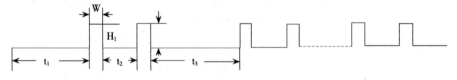

图 34　刺激器参数分析

t_1（延时）：刺激脉冲发出之前的初始延时（范围 0～6s，单位 ms）。

t_2（波间隔）：双刺激或串刺激中两个脉冲波之间的时间间隔（范围 0～6s，单位 ms）。

t_3（延时 2）：在连续刺激中，连续刺激脉冲之间的时间间隔，可与 t_1 相等，也可以不等（范围 0～6s，单位 ms），在显示中，该参数将被换算为频率，换算公式如下：

$$F = 1/(t_3 + W)$$

其中 F 为频率（单位 Hz），t_3 和 W 的单位是 s。

W（波宽）：刺激脉冲的宽度（范围 0～2 000ms）。

H_1（强度 1）：单刺激、串刺激中的刺激脉冲强度，或双刺激中第一个刺激脉冲的强度（范围 0～35V）。如果选择的刺激模式为电流刺激，那么表示第一个刺激脉冲的电流强度（范围 0～10mA）。

H_2（强度 2）：双刺激中第二个刺激脉冲的强度（范围 0～35V）。如果选择的刺激模式为电流刺激，那么表示第二个刺激脉冲的电流强度（范围 0～

10mA）。

刺激参数区：由上至下分为 3 个部分，包括基本信息、程控信息、波形编辑，见图 35。

①基本信息区。

模式：有 4 种刺激器模式供选择，分别是粗电压、细电压、粗电流及细电流。粗电压刺激模式的刺激范围为 0～100V，步长为 5mV；细电压刺激模式的刺激范围为 0～10V，步长为 5mV；粗电流刺激模式的刺激范围为 0～20mA，步长为 $10\mu A$；细电流刺激模式的刺激范围为 0～20mA，步长为 $1\mu A$。

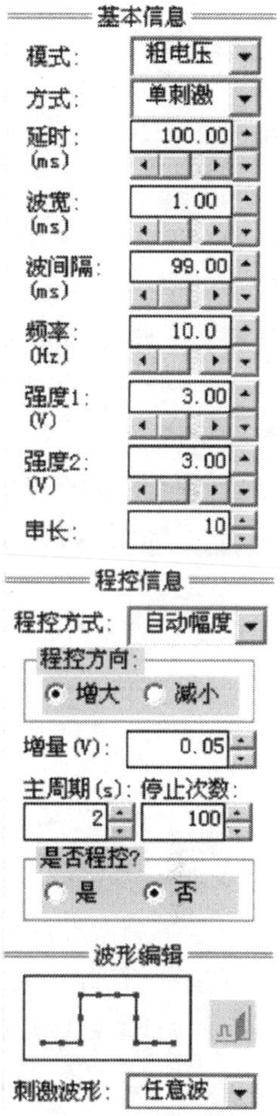

方式：调节刺激器的刺激方式。有 5 种刺激方式可供选择，分别是单刺激（为默认选择）、双刺激、串刺激、连续单刺激与连续双刺激。

延时：调节刺激器第一个刺激脉冲出现的延时。延时的单位为 ms，其范围从 0～6s 可调。每调节粗调按钮一次，其值改变 5ms，调节微调按钮一次，其值改变 0.05ms。

波宽：调节刺激器脉冲的波宽。波宽的单位为 ms，其范围从 0～2s 可调。每调节粗调按钮一次，其值改变 0.5ms，调节微调按钮一次，其值改变 0.05ms。

波间隔：调节刺激器脉冲之间的时间间隔（适用于双刺激和串刺激）。波间隔的单位为 ms，其范围从 0～6s 可调。每调节粗调按钮一次，其值改变 0.5ms，调节微调按钮一次，其值改变 0.05ms。波间隔的有效范围还受到刺激频率的影响。

频率：调节刺激频率（适用于串刺激和连续刺激方式）。频率的单位为 Hz，其范围从 0～2 000Hz 可调。每调节粗调按钮一次，其值改变 10Hz，调节微调按钮一次，其值改变 0.1Hz，但刺激器的频率受到波宽和波间隔（在串刺激和连续双刺激时波间隔才起作用）的影响，因此如果调节的波宽较长，刺激频率将不能调节到 2 000 Hz，计算机会自动计算出当时可以调节的最高刺激频率。

强度 1：调节刺激器脉冲的电压幅度（当刺激类型为双刺激时，则是调节双脉冲中第一个脉冲的幅度）或电流强度。电压幅度的单位为 V，其范围从

图 35　刺激参数区菜单

0～100V 可调（BL-420F 系统刺激器还包含－30V～30V 的可调范围）。在粗电压模式下，每调节粗调按钮一次，其值改变 500mV，调节微调按钮一次，其值改变 50mV；在细电压模式下，每调节粗调按钮一次，其值改变 50mV，调节微调按钮一次，其值改变 5mV。

电流强度的单位为 mA，其范围从 0～20mA 可调。在粗电流模式下，每调节粗调按钮一次，其值改变 100μA，调节微调按钮一次，其值改变 10μA；在细电流模式下，每调节粗调按钮一次，其值改变 10μA，调节微调按钮一次，其值改变 1μA。

强度 2：当刺激类型为双刺激时，用来调节双脉冲中第二个脉冲的幅度。强度 2 的电压幅度或电流强度的范围和调节方式与强度 1 完全相同。

串长：该参数用来调节串刺激的脉冲个数，脉冲个数的单位为个，其有效范围从 0～250 个可调。每调节粗调按钮一次，其值改变 10，调节微调按钮一次，其值改变 1。

②程控信息区。程控属性页中包括程控方式、程控刺激方向、程控增量、主周期、停止次数和程控刺激选择 6 个部分，下面分别加以介绍：

程控方式：该命令为程控刺激方式选择子菜单，包括自动幅度、自动间隔、自动波宽、自动频率和连续串刺激等 5 种程控刺激方式。

自动幅度方式——按照设定的主周期自动对单刺激的刺激幅度进行改变。

自动间隔方式——按照设定的主周期自动对双刺激的刺激波间隔进行改变。

自动波宽方式——按照设定的主周期自动对单刺激的刺激波宽进行改变。

自动频率方式——按照设定的主周期自动对串刺激的刺激频率进行改变。

连续串刺激方式——按照设定的主周期自动、连续地发出串刺激波形。

程控刺激方向：程控刺激方向包括增大、减小两个选择按钮，控制着程控刺激器参数增大或减小的方向。如果程控刺激器的方向为增大，则如果参数增大到最大时，系统自动将其设定为初始值；如果程控刺激器的方向为减小，则如果参数减小到最小时，系统自动将其设定为初始值。

程控增量：程控刺激器在程控方式下每次发出刺激后程控参数的增量或减量。

主周期：程控刺激器的主周期，单位为 s。主周期是指两次程控刺激之间的时间间隔。

停止次数：停止次数是指停止程控刺激的次数，在程控刺激方式下，每发出一个刺激将计数一次，所发出的刺激数达到停止次数后，将自动停止程控刺激。也就是说停止次数是停止程控刺激的一个条件。

程控刺激选择：程控刺激选择包括"程控"和"非程控"两个选择按钮，可以通过这个选择按钮，在程控刺激器和非程控刺激器之间进行选择。在任何时候，都可以选择程控按钮来将刺激器设置为程控刺激器；也可以选择非程控按钮随时停止程控刺激器。

③波形编辑区。波形编辑用于设定刺激波形的形状，可以选择已有的波形，也可以自己编辑波形。

预置的波形包括方波、正弦波、余弦波、三角波等，见图36。

图36　预置的波形

如果选择任意波，则可通过在任意波示意图上双击鼠标左键弹出任意波波表编辑器对话框，见图37。

可以通过修改绿色控制块位置的方法来编辑任意形状的刺激波形。改变控制块位置的方法是：在控制块上按下鼠标左键，在按住鼠标左键不放的情况下就可以拖动控制块，拖到指定位置后松开鼠标左键完成一次调节。

编辑的刺激波形将作为一个刺激周期的波形，可以将这个波形存盘。

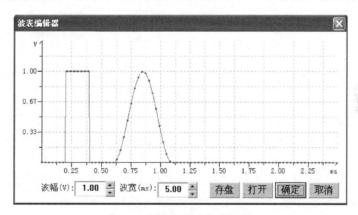

图37　刺激器任意波编辑器

在波形编辑区中，还有一个启动刺激器按钮。当设定好刺激参数后，按下此按钮将启动一次刺激。当然，启动刺激器最简单的方法还是按下键盘上的"Enter"键。

（七）时间显示窗口说明

在显示窗口底部加入了一个时间显示窗口，用于显示记录波形的时间（图38）。如果没有进行数据记录，那么时间显示窗口将不会显示时间变化；如果进行实验波形的记录，那么时间显示窗口将显示记录波形的时间。这样，在反演时波形的时间显示就与实际实验中的时间相一致。就可以观察波形随时间的变化了。这里所指的时间是一个相对时间，即相对于记录开始时刻的时间，记录开始时刻的时间为 0。

图 38　时间显示窗口

时间显示窗口显示的时间格式为分、秒、毫秒。

时间显示窗口除了具有时间显示功能之外，还具有区域选择的功能。有两种区域选择方法，一是在某个通道显示窗口中选择这个通道中的某一块区域；二是在时间显示窗口中选择所有通道同一时间段的一块区域。在时间显示窗口上选择所有通道同一时间段区域的方法是：首先在选择区域的起始位置按住鼠标左健，并向右拖动鼠标，在选择区域的结束位置松开鼠标左键完成区域选择，这时所有通道被选择区域均以反色显示。

（八）滚动条和数据反演功能按钮区说明

滚动条和反演功能按钮区在主窗口通道显示窗口的下方，见图 39。

图 39　滚动条和数据反演功能按钮区

波形曲线可以在左、右视中同时观察。在左、右视中各有一个滚动条和数据反演功能按钮区，它们的功能基本相同，下面我们对数据滚动条的功能进行详细讲解。

1. 数据选择滚动条　数据选择滚动条位于屏幕的下方，通过对滚动条的拖动，来选择实验数据中不同时间段的波形进行观察。该功能不仅适用于反演时对数据的快速查找和定位，也适用于实时实验中，将已经推出窗口外的实验波形重新拖回到窗口中进行观察、对比（仅适用于左视的滚动条）。

在实时实验中，如果有一个典型实验波形被推移出了窗口，这时，想看一下这个波形而不想停止当前实验，那么如果已经对这个波形进行了记录，就可以通过左视的滚动条查找这个典型波形并通过左视的通道显示窗口观察这个波形。具体的操作方法是：首先使用鼠标选择并拖动左、右视分隔条将左视拉开，然后拖动左视下部的滚动条进行典型波形数据定位，在拖动滚动条的同时，对应于当前滚动条位置的波形将显示在通道显示窗口中，继续拖动滚动条直到找到想观察的典型波形为止。注意，此时实验并没有停止，照样可以通过右视观察实时出现的生物波形，并且数据记录也照样进行。

在反演状态，通过滚动条的拖动，可以方便地察看任何指定时间的实验波形。并且可以在左、右视进行波形的对比显示，如对比加药前后实验动物的反应变化波形等。

2. 反演按钮　反演按钮位于屏幕的右下方，平时处于灰色的非激活状态，当进行数据反演时，反演按钮被激活。在 BL-420F 系统中有 3 个数据反演按钮，分别是波形横向（时间轴）压缩、波形横向扩展两个功能按钮和一个数据查找菜单按钮。

波形横向（时间轴）压缩：波形横向压缩命令是对实验波形在时间轴上进行压缩，相当于减小波形扫描速度的调节按钮。但是这个命令是针对所有通道实验波形的压缩，即将每一个通道的波形扫描速度同时调小一档，在波形被压缩的情况下可以观察波形的整体变化规律。

波形横向（时间轴）扩展：波形横向扩展命令是对实验波形在时间轴上进行的扩展，相当于增大波形扫描速度的调节按钮。但是这个命令与波形压缩按钮一样是针对所有通道实验波形的扩展，在波形扩展的情况下可以观察波形的细节。

反演数据查找菜单按钮：这是一个比较特别的菜单按钮，菜单按钮是指该按钮形式上是一个按钮，但实际上是一个包含若干个相关命令的选择菜单，所以在该按钮的右边有一个下拉箭头指示这个按钮可以进行展开。当我们使用鼠标左键单击这

按时间查找　T
按通用标记查找　S
按特殊标记查找　L

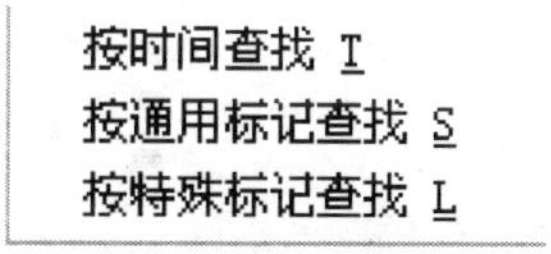

图 40　反演数据查找菜单

个按钮时，将在这个按钮上方弹出一个数据查找菜单，见图 40。下面我们将对 3 个数据查找命令进行详细介绍。

（1）按时间查找。当选择"按时间查找"命令时，会弹出一个"按时间查找"对话框，见图 41。按时间查找对话框给我们按时间进行反演数据的查找提供了方便，例如，我们进行了长时间的药理实验，我们需要观察每隔10min后的波形变化，使用这个功能我们就可以进行反演数据在时间上的精确定位。

在按时间进行查找对话框中，最上面的文件记录时间是指所打开的反演数据文件所记录的时间长度，如 1h。这个文件记录时间给出了进行数据查找的时间范围，即从 0 到文件记录时间。在文件记录时间的下方是请自己输入的查找时间，如需要查找 10 分 28 秒位置的数据，那么就在查找时间组框中输入：

10 分 28 秒，然后按"确定"按钮，系统自动将数据定位在 10 分 28 秒处，并且自动刷新屏幕显示。

（2）按通用标记查找。当选择"按通用标记查找"命令时，会弹出一个"按通用标记查找"对话框，见图 42。

图 41　按时间查找对话框

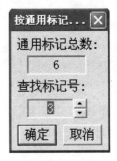

图 42　按通用标记查找对话框

按通用标记查找对话框给我们按通用标记进行数据查找提供了方便。一般而言，我们会在实验过程中标记一些通用标记，作为实验过程中时间改变或某一项实验条件改变的指示。在反演过程中，我们往往对这些时间或实验条件改变点感兴趣，需要观察这些位置的实验波形，但是如果记录的实验数据过长，那么使用数据滚动条来寻找这些关键点变得不太容易，所以专门提供了按通用标记查找功能。

在通用标记查找对话框上方显示通用标记总数，这个数值表明了所能够选择的查找范围，从 0 到通用标记总数。如果通用标记总数为 0，那么说明在实验过程中没有添加一个通用实验标记，当然也就不能进行查找了，此时"确定"按钮变灰，表示查找功能不能使用。如果通标标记总数不为 0，那么我们就可以指定一个在通用标记总数范围内的通用标记号进行查找。注意通用标记是按照自然数顺序进行编号的。

（3）按特殊标记查找。当选择"按特殊标记查找"命令时，会弹出一个"按特殊标记查找"对话框，见图 43。

按特殊标记查找对话框给我们按特殊实验标记进行查找提供了方便。一般而言，我们会在实验过程中标记一些特殊实验标记，

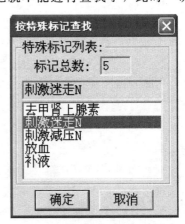

图 43　按特殊标记查找对话框

作为实验过程中某一项实验条件改变，如加药等的指示。

在特殊标记查找对话框上方显示特殊标记总数，这个数值表明了在实验过程中所添加的特殊实验标记总数。在标记总数的下面有一个只读的编辑框，用于显示当前选择的特殊实验标记，在编辑框的下面是在实验过程中添加的特殊实验标记的列表，所添加的特殊实验标记全部列在这个表中。如果要查找某一个特殊实验标记，那么从这个特殊实验标记列表框中选择一个标记，选择的方法是使用鼠标左键单击需要选择的特殊实验标记，此时该特殊实验标记将进入列表框上面的只读编辑框中，表明已经正确选择了该特殊实验标记，按"确定"按钮，就可以完成此次查找。如果特殊实验标记总数为 0，则说明在实验过程中没有添加过一个特殊实验标记，当然也无法进行特殊实验标记的查找了。

附录 2　3P87 药物动力学软件使用及参数计算

【基本要求】

1. 在合理的设计基础上取样　对于非静脉注射给药，一室模型不少于 5 个，二室模型不少于 8 个，三室模型不少于 11 个不同时刻的血药浓度数据。对于静脉推注给药和静脉滴注给药滴完药以后，一室模型不少于 4 个，二室模型不少于 6 个，三室模型不少于 9 个不同时刻的血药浓度数据。

2. 硬件配置　IBM-PC 及与其兼容的各种型号微机、英文 DOS 操作系统、打印机。

【调用 3P87 程序前的准备工作】

1. 确定主数据　如果一个剂量组有几个个体，主数据是指浓度数据的均数或中位数，或用户认为最具代表性的浓度数据。一般来说，对静脉注射给药的数据用均数或中位数比较合适，对于非静脉注射给药也可考虑用实测点多的数据为主数据。确定主数据的目的是在计算个体数据时，可参考主数据的计算结果，选定房室数和权重进行计算。

2. 运行前准备　开启微机后，然后将 3P87 程序盘插入 A 驱动器，按预定指令运行。如果系统不包含软驱，可通过将 U 盘驱动器重新命名为 A 驱动器的方式，用 U 盘代替软盘，不论使用软盘或 U 盘，3P87 的所有文件均必须放置在该盘的根目录下，不得置于子目录中。将 U 盘驱动器重新命名为驱动器的方法是：依次打开控制面板→管理工具→计算机管理→磁盘管理，用右键点击选定的 U 盘驱动器，选择"更改驱动器名和路径"，将该驱动器名改为 A 即可。

【程序使用方法简介】

1. 启动程序　点击"3P87"运行文件，进入程序运行界面，点击键盘上任意键即可进入如下主菜单：

（1）输入或修改数据。

（2）用主数据计算药代动力学参数。

（3）对多组数据进行批处理计算。

（4）由用户指定算法和条件计算药代动力学参数。

（5）输出计算结果。

（6）用简化系统计算药代动力学参数。

（7）药代动力学房室模型的图示和说明。

（8）退出 3P87 程序。

2. 输入数据　在主菜单选取第一项（Input or Modify Data），再从分菜单选取第 1 项（Input Data）以输入数据。输入数据时，先输封面，其中有些项目是必须输入的，包括文件名、实验对象、浓度单位、时间单位及剂量单位，其他内容可酌情处理。接着要按屏幕提示先后输入给药途径、剂量组数、实验对象个数、剂量等，最后分批输入时间-浓度（T-C）数据。

输入 T-C 数据时，先输入组内的主数据，后逐一输入各个体的相应数据，包括数据对数（时间点数）和各时间点的 T-C 数据。数据输完后，可选择该分菜单的第 6 项检查所输内容是否正确，如有错误，可选取第 2 或 3 项修改。核对无误后，选第 8 项退回主菜单。

3. 计算主数据的有关参数　在主菜单选取第二项以计算主数据的有关参数。按屏幕提示输入文件名后，计算机将自动计算，并在计算完毕后退回主菜单。

4. 选择最佳数学模型　在主菜单进入第五项以输出计算结果，选取该分菜单的第 1 项，进入常规打印菜单。选第 2 项（输出房室模型类型的选择），打印出各种模型的比较表格。

先从第一个表格中找出阿凯克信息论准则（Akaike's Information Criterion，AIC）值最小的一种，然后从 F 检验表中查看该种模型与相邻模型的 F 检验有无显著意义。如果 F 检验有显著意义，取 AIC 值最小的一种为最佳数学模型，否则按房室数较少者为宜的原则处理最佳数学模型的房室数，权重系数不变；记住最佳数学模型的报告序号。

如果不能进行打印机打印，在主菜单进入第五项以输出计算结果时，选取该分菜单的第 2 项，进入屏幕显示菜单。首先按屏幕要求输入首个报告序号（1）和最后一个报告序号（静脉注射给药为 9，其他给药途径为 6）。然后通过屏幕将各个报告逐一浏览一遍，并记录下各种模型的 AIC。

找出 AIC 值最小的一种，然后查看该种模型与同等权重的相邻模型的 AIC 的差异是否大于 10%，作为判断有无差异显著性的标准。如果差异有显著性，取 AIC 值最小的一种为最佳数学模型，否则按房室数较少者为宜的原则处理最佳数学模型的房室数，权重系数不变。

5. 批处理计算各个体的参数　在主菜单选取第三项批处理计算各个体的参数。按屏幕提示输入文件名、选择房室模型类型和权重系数（此两项必须与最佳数学模型相符），计算完后退回主菜单。

6. 输出计算结果　在主菜单选取第五项以输出计算结果，有两种输出方式。

如果通过打印机输出，选取该分菜单的第1项，进入常规打印菜单。先选取打印菜单的第1项，打印出封面页。然后可进行批处理计算打印出的主要内容，在回到常规打印输出菜单后，键入数字3即可打印出如下主要内容：①批处理拟合优度表。②一级参数表。③二级参数表；一级和二级参数表中均给出各剂量内各个体的参数值、平均值、标准差和标准误。④统计矩计算结果〔AUC，AUMC，MRT，VRT〕。也可选取第5项打印各种参数的详细计算结果，按屏幕要求输入需打印的首、尾报告的序号（一般只需打印最佳模型和各个体的报告），计算机将通过打印机将所要求的报告的全部结果打印出来。

如果要通过屏幕显示计算结果，选取输出结果分菜单的第2项。首先按屏幕要求输入首个报告序号（1）和最后一个报告序号。然后通过屏幕将各个报告逐一浏览一遍，并记录下有关参数。浏览过程中，可通过屏幕打印的方式将所需结果打印出来。

该程序还可以绘制相关图及误差散点图。在屏幕显示输出菜单后，键入数字3则显示相关图及误差散点图。图形可直观的反映实测值与计算值的相关关系、不同时间的误差分布、不同浓度的误差分布。这些图形可供药代动力学分析和研究时参考。

7. 用简化系统计算药代动力学参数　简化系统是对个体数据进行简便计算的专用程序，在确定计算机已与打印机有效连接的情况下可以选用。在屏幕显示出主菜单后，键入数字6即进入药代动力学参数计算的简化系统。用户只需按屏幕显示出的表格依次键入有关内容即可建立标题文件、指定给药途径、输入浓度-时间数据（见前面数据输入方法）。之后，计算机将自动按相关数据计算方法进行计算，无需指定算法，收敛精度、房室数、权重。计算完毕后，自动打印出以下主要内容。

（1）药代动力学模型及条件。包括指明是线性还是非线性房室模型、房室数、用药途径、计算方法、权重、收敛精度等。

（2）拟合优度数据。内容有加权残差平方和、残差均方、相关系数（R）、决定系数（R^2）、最大绝对误差、最大相对误差、游移检验等。

（3）F检验。列出房室间的F检验表，供选择模型时参考。

（4）药代动力学参数。包括一级和二级参数。

（5）浓度实测值与计算值比较表。列出时间、浓度实测值、浓度计算值、绝对误差和相对误差。

（6）C-T图和LN（C-T）图。

（7）选择权重。简化系统第一次输出的是权重为1的计算结果，如用户希

望了解权重为 $1/C$ 或 $1/C^2$ 的结果，可回答屏幕上显示的提问，键入相应数字即可打印出对应的结果。

8. 各种数学模型的模式图　如果想进一步了解各种药代动力学模型的体内过程情况，可在主菜单选取第七项，屏幕上将出现 12 种数学模型的菜单供你选择。输入各项前面相应的字母，屏幕上将显示出该种数学模型的模式图，并可通过屏幕打印方式将其打印下来。

9. 退出程序　选取主菜单的第八项，即可退出本程序。

【应用实例】

给 4 只家兔按每千克体重灌胃口服某药 300mg，用药后分别于 0.5、1、2、3、5、7、10、15、24h 取血样测定血药浓度，所得数据见表 4。请计算有关药代动力学参数，并判断属何种数学模型。

表 4　家兔灌胃后不同时间的血药浓度（单位：时间 h，血药浓度 mg/L）

	时间	0.5	1	2	3	5	7	10	15	24
血	1 号	3.3	4.6	4.0	3.0	1.7	1.0	0.6	0.30	0.15
药	2 号	3.1	5.0	4.2	3.2	1.9	1.1	0.7	0.35	0.17
浓	3 号	3.4	4.7	3.9	2.9	1.6	0.9	0.5	0.25	0.13
度	4 号	3.0	4.9	4.3	3.3	2.0	1.1	0.6	0.30	0.15
均	值	3.2	4.8	4.1	3.1	1.8	1.0	0.6	0.30	0.15

【操作步骤】

1. 输入数据　启动 3P87 后，按前述方法输入数据：文件名为 X，实验对象为家兔，灵敏度和精确度均为 0.01，浓度单位为 mg/L，时间单位为 h，剂量单位为 mg/kg，给药途径为静脉外，剂量组数为 1，实验对象数为 4，剂量为 300。输 T-C 数据时，先输入均值，时间点数均为 9。核对无误后，继续下一步。

2. 选择数学模型　按前述方法计算均值的参数后，打印出各种数学模型的 AIC 值及 F 检验结果，根据上述原则选取最佳数学模型（二房室，权重系数为 $1/C^2$）。

3. 计算参数　按前述方法计算均值和各个体的有关参数，需输入文件名、房室模型类型和权重（二房室，权重系数为 $1/C^2$）。

4. 输出结果　输入文件名后，选择屏幕显示，显示报告为 1～6 号。可见第 6 号报告的 AIC 值最小，报告显示药物吸收有延迟时间（lag time），结果表明，该药在家兔体内的药代动力学为二房室模型，权重系数为 $1/C^2$，口服吸收延迟。再次进入屏幕显示，选择显示 6～11 号，记录 6 号和 8～11 号报告的有关药动学参数：A、α、B、β、Ka、lag time、V/F（C）、$t_{1/2}$（Ka）、$t_{1/2}\alpha$、$t_{1/2}\beta$、K_{21}、K_{12}、AUC、CL/F、T（peak）和 Cmax。

5. 图示数学模型　在主菜单选取第七项，输入相应代号 I，即可在屏幕上看到该数学模型的图解，进一步了解各参数的意义。

附录 3 常用生理溶液、试剂、药物的配制与使用

一、常用生理溶液

表 5 常用生理盐溶液

成分	生理盐溶液	生理盐溶液	任氏液 （Ringer's）	乐氏液 （LOcke's）	台氏液 （TyrOde's）
	两栖类	哺乳类	两栖类	哺乳类	哺乳类小肠
氯化钠 （NaCl）	6.5g	9.0g	6.5g	9.0g	8.0g
氯化钾 （KCl）	—	—	0.14g	0.42g	0.2g
氯化钙 （CaCl$_2$）	—	—	0.12g	0.24g	0.2g
碳酸氢钠 （NaHCO$_3$）	—	—	0.2g	0.1～0.3g	1.0g
磷酸二氢钠 （NaH$_2$PO$_4$）	—	—	0.01g	—	0.05g
氯化镁 （MgCl$_2$）	—	—	—	—	0.1g
葡萄糖	—	—	2.0g	1.0～2.5g	1.0g
加蒸馏水至	1 000mL	1 000mL	1 000mL	1 000mL	1 000mL

二、常用抗凝剂

1. 草酸钾 用于血液样品检验时的抗凝。可配制成 10％水溶液。每毫升血液需加 1～2mg 的草酸钾，一般每试管加 0.1mL，可使 5～10mL 血液不凝。用时使其均匀分散于管壁，在温度≤80℃的烘箱内烘干备用。

2. 草酸盐合剂 配方：草酸铵，1.2g；草酸钾，0.8g；福尔马林，1.0mL；蒸馏水加至 100mL。

配成 2％溶液，每毫升血液加草酸盐 2mg（相当于草酸铵 1.2mg，草酸钾 0.8mg）。用前根据取血量将计算好的量加入玻璃容器内烤干备用。如取 0.5mL 于试管中，烘干后每管可使 5mL 血液不凝固。此抗凝剂量适用于做红细胞比容测定。能使血凝过程中所必需的钙离子沉淀而达到抗凝的目的。

3. 枸橼酸钠 常配成 3％～5％水溶液，也可直接用粉剂。每毫升血液加 3～5mg，即可达到抗凝的目的。

枸橼酸钠可使钙失去活性，故能防止血凝。但其抗凝作用较差，其碱性较强，不适做化学检验之用。可用于红细胞沉降速度测定。急性血压实验中所用的枸橼酸钠为 5％～7％溶液。

4. 肝素（Heparin）　　肝素的抗凝血作用很强，常用来作为全身抗凝剂，特别是在进行微循环方面动物实验时，肝素应用更有重要意义。用于试管内抗凝时，一般可配成1％肝素生理盐溶液，取0.1mL加入试管内，加热100℃烘干，每管能使5～10mL血液不凝固。用于动物全身抗凝血时，一般剂量为：大鼠，每千克体重0.2～0.3mg；兔，每千克体重10mg；犬，每千克体重5～10mg。

如果肝素的纯度不高或过期，所用的剂量应增大2～3倍。

三、常用麻醉剂

1. 氨基甲酸乙酯（乌拉坦 urethane）　　本品为无色无味的结晶粉末，易溶于水。常配成20％或25％的溶液。多采用静脉注射或腹腔注射，剂量见表6。该药价格低廉，使用方便，一次给药可维持4～6h麻醉。麻醉过程平稳，对循环、呼吸功能影响较小。动物苏醒慢，偶有麻醉意外。长期使用易诱发兔及猫的肿瘤，因此适用于急性动物实验。

2. 巴比妥类

（1）硫喷妥钠（sodium thiopental）。硫喷妥钠为浅黄色粉末，水溶液不稳定，需临时配制，常配成2.5％～5.0％的溶液静脉注射，不宜做皮下和肌内注射。静脉注射作用迅速，但维持时间短，仅0.5～1h。若需维持较长时间，需多次注射。

（2）戊巴比妥钠（sodium pentobarbital）。戊巴比妥钠为最常用的麻醉药，适用于大多数动物。为白色粉末，常配成3％的水溶液。多由静脉或腹腔注射。如在实验中动物醒来或未达麻醉效果，可由静脉或腹腔补注原剂量的1/5。动物麻醉后体温下降，应注意保温。

3. 氯醛糖（chloralose）　　氯醛糖为白色结晶粉末。临用前配制。由于溶解度小，在配制时需适当加温溶解，但温度不宜过高，以免降低药效，而且应放凉后（40℃以下）才能注射，常配成1％溶液使用。本药在深麻醉期还能保留许多生理反射，故较常用于神经系统的急性实验。单用氯醛糖时若达不到所需麻醉深度，可配合局部麻醉或给予少量止痛药。实验中常用氯醛糖和乌拉坦的混合液，即取氯醛糖1g、乌拉坦1g，分别用少量生理盐水溶解后混合在一起，再加入生理盐水100mL。用量按氯醛糖标准。

4. 乙醚（ether）　　乙醚是一种呼吸性麻醉药物。无色，有强烈的刺激性气味，易燃易爆，挥发性强，开瓶后在光和空气作用下，乙醚可生成乙醛及过氧化物而具有强烈的毒性，故开瓶后不能久置，超过24h不宜再用。乙醚可用于各种动物，尤其适用于犬、猫、兔、鼠等短时间的手术操作或实验。可用面罩进行开放式吸入麻醉。吸入后 10～20min 开始生效。注意不同动物所需剂量不同，乙醚麻醉初期动物会出现较强的兴奋表现，由于其刺激性可使呼吸道黏膜产生大量分泌物，引起呼吸道阻塞，最好在麻醉前按每千克体重注射阿托品 0.1～0.3mg。乙醚的优点是安全、苏醒快，麻醉深度和用药量容易掌握。

以上药物使用剂量及方法可参考表 6。

四、注射麻醉药物的用法

麻醉药物的用法因药物、动物和给药途径的不同而有较大的差异（表6）。

表6　常用动物麻醉药物剂量及使用方法

动物		给药途径	药液浓度	剂量 (mg/kg)	维持时间 (h)	其他
戊巴比妥钠	犬、猫、兔	iv，ip	3%	30	1～4	麻醉平稳
	鼠	ip	3%	45	1～2	
苯巴比妥钠	犬、猫	iv，ip	10%	80～150	3～6	
	兔	iv，ip	10%	100～150	3～6	
硫喷妥钠	犬、猫	iv，ip	2.5%～5%	20～50	1/4～12	溶液不稳定，用时现配。注射速度要慢，不宜用于皮下及肌内注射
	兔、鼠	ip	2.5%～5%	50～80	1/4～1/2	
氨基甲酸乙酯（乌拉坦）	犬、兔	iv，ip	10%	1 000	2～4	对器官功能影响较小
	鼠	ip	10%	1 300	2～4	
氯醛糖	犬、猫	iv，ip	2%	50～80	5～6	对呼吸和血管运动中枢影响较小
	兔、鼠	iv，ip	2%	50～80	5～6	
氯-乌合剂	猫、兔	iv，ip		氯 60	5～6	
				乌 420		
阿库氯铵	猫、兔、鼠	iv，ip		Dic 170	3～5	
				乌 280		

注：iv，静脉注射；ip，腹腔注射。

【注意事项】

使用全身麻醉时，一定要正确掌握用药剂量，在麻醉过程中注意保暖，静脉注射需缓慢，浓度适中，冬季做实验前应将药液加热到体温温度。麻醉深度不够时，必须经过一定时间才能补足麻醉剂，补加剂量一次不宜超过原注射量的 20%～25%。

五、常用消毒液

常用消毒液的配制方法和用途见表 7。

表 7　常用消毒药品的配制方法及用途

名称	常用浓度及配制方法	用途
碘酒	碘化钾 3.0～3.5g 溶于 100mL 75%的酒精	皮肤消毒，待干后用 75%的酒精擦去
高锰酸钾液	高锰酸钾 10g 溶于 100mL 蒸馏水	皮肤洗涤消毒
硼酸消毒液	硼酸 2g 溶于 100mL 蒸馏水	冲洗眼结膜、口腔、鼻腔、直肠
乳酸	4～8mL 乳酸用于 100m² 房间	实验室蒸汽消毒
甲醛溶液	40%	实验室蒸汽消毒
	10%	器械消毒
漂白粉	10%	消毒动物的排泄物、分泌物、严重污染区域
	0.5%	实验室喷雾消毒
石炭酸	5%	器械消毒、实验室消毒
	1%	手术部位皮肤洗涤、洗手
新洁尔灭	0.1%	洗手、消毒手术器械
碘伏	10%	皮肤消毒

六、常用洗涤液

常用洗涤液的配制方法和用途见表 8。

表 8　常用洗涤液的配制方法及用途

名称	常用浓度	用途
盐酸酒精洗液	含 1%～2%浓盐酸的酒精溶液	洗涤有染色物质附着的器皿
碱性酒精液	含 10%氢氧化钾（钠）的酒精溶液	洗涤污物
草酸盐洗液	5%草酸钾（钠）的水溶液	洗涤高锰酸钾污迹
氨水溶液	10%氨水溶液	洗涤血迹

（续）

名称	常用浓度	用途
乙二胺四醋酸二钠（EDTA）	5%～10%水溶液	洗涤玻璃器皿上的白色沉淀物
重铬酸钾硫酸洗液	稀洗液（洗洁液或洗液）：重铬酸钾，10g；浓硫酸，200mL；水，100mL	洗涤血、尿、油脂等
	浓洗液：重铬酸钾，20g；浓硫酸，350mL；水，40mL	

注：稀洗液配制时先将重铬酸钾配成10%水溶液，可加热帮助溶解，再将浓硫酸缓缓沿边加入上述溶液中，同时用玻璃棒不断搅拌。勿使硫酸外溢。切记不能把水加入硫酸中。

七、特殊试剂的保存方法

化学试剂是进行化学研究、成分分析的相对标准物质，是科技进步的重要条件，广泛用于物质的合成、分离、定性和定量分析，可以说是化学工作者的眼睛，在工厂、学校、医院和研究所的日常工作中，都离不开化学试剂。

1. 防挥发

（1）油封。氨水、浓盐酸、浓硝酸等为易挥发的无机液体，在液面上滴10～20滴矿物油，可以防止其挥发（不可用植物油）。

（2）水封。二硫化碳中加5mL水，便可长期保存。汞上加水，可防汞蒸气进入空气。汞旁放些硫粉，一旦漏出，散布硫粉使汞消灭于化学反应中。

（3）蜡封。乙醇、甲酸等比水轻的或易溶性挥发液体，以及萘、碘等易挥发固体，紧密瓶塞，瓶口涂蜡。溴除进行原瓶蜡封外，应将原瓶置于具有活性炭的塑料筒内，筒口进行蜡封。

2. 防变质

（1）防氧化。亚硫酸钠、硫酸亚铁、硫代硫酸钠均易被氧化，瓶口应涂蜡。

（2）防碳酸化。硅酸钠、过氧化钠、氢氧化钠均易吸收二氧化碳，应该涂蜡。

（3）防风化。晶体碳酸钠、晶体硫酸铜应进行蜡封，存放在地下室中。

（4）防分解。碳酸氢铵、浓硝酸受热易分解，涂蜡后，存放在地下室中。

（5）活性炭能吸附多种气体而变质（木炭亦同），应放在干燥器中。

（6）黄磷遇空气易自燃，永远保存于水中，每15d查水一次，磷试剂瓶中加水、置于水槽中，上加钟罩封闭。

（7）钾、钠保存在火油中。

（8）硫酸亚铁溶液中滴几滴稀硫酸，加入过量细铁粉，进行蜡封。

（9）葡萄糖溶液容易霉变，稍加几滴甲醛即可保存。

（10）甲醛易聚合，应开瓶后立即加少量甲醇；乙醛则加乙醇。

3. 防潮

（1）漂白粉、过氧化钠应该进行蜡封，防止吸水分解或吸水爆炸。氢氧化钠易吸水潮解，应该进行蜡封；硝酸铵、硫酸钠易吸水结块，倒不出来，以致导致试剂瓶破裂，也应严密蜡封。

（2）碳化钙、无水硫酸铜、五氧化二磷、硅胶极易吸水变质，红磷易被氧化，然后吸水生成偏磷酸，以上各物均应存放在干燥器中。

（3）浓硫酸虽应密闭，防止吸水，但因常用，故宜放磨口瓶中，磨口瓶塞应为原配，切勿对调。

（4）"特殊药品"的地下室，下层布块灰，中层布熟石灰，上层布双层柏油纸，方可存放药物。

4. 防光

（1）硝酸银，浓硝酸及大部分有机药品应该放在棕色瓶中。

（2）硝酸盐存放在地下室中既防热，又防光、防火还能防震。

（3）有机试剂橱窗一律用黑漆涂染。

（4）实验室用色布窗帘，内红外黑双层。

5. 防毒害

（1）磷、硝酸银、氯酸钾、氯化汞等剧毒物放地下室内，双人双锁，建立档案，成批取用，使用记载，定期检查。

（2）磷化钙、磷化铝吸水后放出剧毒性磷化氢，应放在干燥器中保存，贴上红色标签。

（3）由于没有通风橱，经常在地面布石灰，吸附某些毒害气相物质。

（4）浓酸、浓碱、溴、酚等腐蚀的药物，使用红色标签，以示警戒。

6. 防火

（1）在仪器室大门附近、显眼、顺手的地方设置水缸、消防桶、砂缸、泡沫灭火器及四氯化碳一瓶。泡沫灭火器药物，每年更新一次（如有"CCl_4"或"1211"灭火器更好）。

（2）室内电线一律换成暗线，以防药物熏蒸，短路走火。

7. 防鼠

（1）糨糊中适当多调一些苯酚。

（2）对"指示剂"一橱药品，放一些易挥发的药物（如甲醛、煤酚皂等）。鼠害严重的橱中，可交替存放浓盐酸和浓氨水。用以保护其他药品。

（3）用醋酸铅调糯糊涂在鼠洞口四壁，老鼠出入时污染皮肤，舔而毙命（醋酸铅味甜而剧毒）。

8. 防震

（1）硝酸铵震动易爆炸，放地下室中。

（2）自制的大晶体明矾、大晶体硫酸铜，用软纸垫包放大口试剂瓶中，进行缓冲，并按四位数字进行编号入橱。

附录 4 常用实验动物的一般生理常数

表 9 常用实验动物的一般生理常数

指标	家兔	犬	猫	小鼠	大鼠	豚鼠
适用体重（kg）	1.5～2.5	5.0～15.0	2.0～3.0	0.018～0.025	0.12～0.20	0.3～0.5
呼吸（次/min）	35～56	20～30	25～50	136～216	100～150	100～150
心率（次/min）	150～220	100～150	120～140	400～600	230～350	180～250
平均动脉压(kPa)	13.3～17.3	16.1～18.6	16.0～20.0	12.6～16.6	13.3～16.1	10.0～16.1
潮气量（mL）	19.0～24.5	250～430	20～42	0.1～0.23	1.5	1.0～4.0
肛门温度（℃）	38.5±1.0	38.5±1.0	38.5±1.0	37±1.0	38.5±1.0	39.0±1.0
性成熟年龄（月）	5～6	10～12	10～12	1.2～1.6	2～8	4～6
孕期（日）	30～35	58～65	60～70	20～22	21～24	65～72
寿命（年）	5～7	10～15	6～10	1.5～2	2～2.5	5～7

表 10 常用实验动物血液生理常数

指标	家兔	犬	猫	小鼠	大鼠	豚鼠
总血量(占体重%)	5.6	7.8	7.2	7.8	6.0	5.8
红细胞（10^{12}/L）	4.5～7.0	4.5～7.0	6.5～9.5	7.7～12.5	7.2～9.5	4.5～7.0
血红蛋白（g/L）	80～150	110～180	70～155	100～190	120～175	110～165
红细胞比容（%）	33～50	38～53	28～52	39～53	40～42	37～47
血小板（10^{10}/L）	38～52	10～60	10～50	50～100	50～100	68～87
白细胞总数（10^9/L）	7.0～11.3	9.0～13.0	14.9～18.0	6.0～10.0	6.0～15.0	8.0～12.0

表 11 小鼠的一般生理和血液指标

性成熟：49～63d	心率：500～600 次/min	白细胞数：
性周期：4～5d	血压：81～113mmHg	♂（71±23.1）×10^2/μL
妊娠期：19～21d	呼吸率：163（84～230）次/min	♀（53±20.5）×10^2/μL
产仔数：6～9 只	血红蛋白：148（100～190）g/L	血浆量：48.8mL/kg
哺乳期：20～22d	血细胞比容：0.415L/L	红细胞量：29mL/kg
体温：36～37℃	红细胞数：	全血量：77.8mL/kg
	♂（8.07±0.40）×10^6/μL	排泄粪量：1.4～2.8g/d
	♀（8.12±0.42）×10^6/μL	排泄尿量：1～3mL/d

表12　大鼠的一般生理和血液指标

性成熟：80d	体温：38～39℃	血细胞比容：0.46(0.39～0.53)L/L
性周期：4～6d	血压：60～90/75～120mmHg	红细胞数：
妊娠期：21d	心率：320～480 次/min	♂(7.02±0.5)×10⁶/μL
产仔数：6～10 只	血红蛋白：♂(149±6.0) g/L	♀(6.93±1.53)×10⁶/μL
哺乳期：21d	♀(151±10) g/L	白细胞数：
血浆量：31.3mL/kg	呼吸率：85～110 次/min	♂125(87～180)×10²/μL
排泄粪量：7.1～14.2g/d	红细胞量：26.3mL/kg	♀97(67～149)×10²/μL
	排泄尿量：10～15mL/d	全血量：57.6mL/kg

表13　豚鼠的一般生理和血液指标

性成熟：♀30～45d	心率：280(150～400) 次/min	白细胞数：
♂70d	呼吸率：90(69～104) 次/min	♂(115±30.0)×10²/μL
性周期：14～16d	血红蛋白：♂(144±13.8) g/L	♀(108±28.0)×10²/μL
妊娠期：58～72d	♀(142±14.2) g/L	血浆量：38.6mL/kg
产仔数：3～4 只	红细胞数：	红细胞量：33.4mL/kg
哺乳期：21d	♂(5.06±0.62)×10⁶/μL	全血量：72.0mL/kg
体温：38.4～39.8℃	♀(4.75±1.20)×10⁶/μL	
	血压：47/77mmHg	

表14　地鼠的一般生理和血液指标

寿命：2～3 年	心率：380～412 次/min
性成熟：45～60d	血压：(76.3±12) mmHg
性周期：4d	呼吸率：74(33～127) 次/min
妊娠期：21d	血红蛋白：130g/L
产仔数：5～7 只	血细胞比容：0.49(0.390～0.59) L/L
哺乳期：21d	红细胞数：
体温：37.4℃	♂(7.50±1.40)×10⁶/μL
	♀(6.96±1.50)×10⁶/μL
	白细胞数：
	♂(76.2±13)×10²/μL
	♀(85.6±15.4)×10²/μL

表 15　兔的一般生理、血液和生化指标

性成熟：5～8 个月	心率：250（250～300）次/min	白细胞数：
性周期：3～5d	血压：80（60～190）mmHg	♂（90±17.5）×10^2/μL
妊娠期：30～33d	110（95～130）mmHg	♀（79±13.5）×10^2/μL
产仔数：6～8 只	呼吸率：51（32～60）次/min	血浆量：38.8mL/kg
哺乳期：42（25～45）d	血红蛋白：120（80～150）g/L	红细胞量：16.8mL/kg
体温：39.2（38.5～39.5）℃	血细胞比容：0.415（0.33～0.50）L/L	全血量：55.6mL/kg
	红细胞数：	血小板：（32.6±9.6）×10^4/μL
	♂（5.06±0.62）×10^6/μL	尿酸
	♀（4.75±1.20）×10^6/μL	23.8～35.7μmol/（kg·d）
		肌酐：
		0.18～0.70mmol/（kg·d）

表 16　犬的一般生理和血液指标

性成熟：280～400d	血压：56/112mmHg	血小板：（34.1±6.1）×10^4/μL
性周期：180（126～240）d	呼吸率：28～30 次/min	血浆量：58mL/kg
妊娠期：（63±4）d	血红蛋白：140（110～180）g/L	红细胞量：44.6mL/kg
产仔数：6.6 只	红细胞数：	全血量：102.6mL/kg
哺乳期：60d	♂（6.70±0.62）×10^6/μL	尿酸
体温：38～39℃	♀（6.31±0.6）×10^6/μL	18.4～35.7μmol/（kg·d）
心率：100～150 次/min	白细胞数：	肌酐：
	♂115（57～174）×10^2/μL	0.13～0.70mmol/（kg·d）
	♀120（66～175）×10^2/μL	

表 17　猫的一般生理、血液和生化指标

性成熟：6～8 个月	血压：75/120mmHg	血小板：（24.5±5.0）×10^4/μL
性周期：14d	呼吸率：20～40 次/min	血浆量：46.8mL/kg
妊娠期：（65.5±1.7）d	血红蛋白：113（70～150）g/L	红细胞量：19.9mL/kg
产仔数：4（1～6）只	血细胞比容：	全血量：66.7mL/kg
哺乳期：63（60～68）d	0.40（0.25～0.52）L/L	尿酸
体温：38～39.5℃	红细胞数：	1.19～77.35μmol/（kg·d）
心率：100～120 次/min	♂9.02×10^6/μL　♀8.39×10^6/μL	肌酐：
	白细胞数：	0.11～0.27mmol/（kg·d）
	♂143×10^2/μL　♀93×10^2/μL	

表 18　猪的一般生理、血液和生化指标

性成熟：♂4～8 月龄	血压：150mmHg	血小板：2.40×10⁴/μL
♀6～8 月龄	呼吸率：15 次/min	血浆量：41.9mL/kg
性周期：19.5d	血红蛋白：100～168g/L	红细胞量：27.5mL/kg
妊娠期：113～114d	血细胞比容：	全血量：69.4mL/kg
产仔数：6.2 头	♂（0.41±0.04）L/L	尿酸：5.95～11.9μmol/（kg·d）
哺乳期：60d	♀（0.39±0.06）L/L	肌酐：0.17～0.80mmol/(kg·d)
体温：39（38～40）℃	红细胞数：	白细胞数：
心率：70 次/min	♂（6.37±0.66）×10⁶/μL	♂103（42～210）×10²/μL
	♀（6.18±0.50）×10⁶/μL	♀111（50～205）×10²/μL

表 19　猕猴的一般生理、血液和生化指标

性成熟：♂3～5 年	血压：127～159mmHg	白细胞数：
♀4～5 年	呼吸率：40～55 次/min	14（7～8）×10³/μL
性周期：（29.5±0.7）d	血红蛋白：126（100～160）g/L	血小板数：（35.4±6.7）×10⁴/μL
妊娠期：（166±2）d	血细胞比容：	血浆量：36.4mL/kg
产仔数：1 只	0.42（0.32～0.52）L/L	红细胞量：17.7mL/kg
哺乳期：8～14 个月	红细胞数：	全血量：54.0mL/kg
体温：36～40℃	5.2（3.6～6.8）×10¹²/μL	尿酸：5.95～11.9μmol/（kg·d）
心率：次/min		肌酐：0.18～0.53mmol/（kg·d）

图书在版编目（CIP）数据

动物医学实验教程. 动物机能学分册/崔一喆，计红，
范春玲主编. —北京：中国农业出版社，2018.1
ISBN 978-7-109-23413-0

Ⅰ.①动…　Ⅱ.①崔…②计…③范…　Ⅲ.①兽医学
—实验医学—教材　Ⅳ.①S85-33

中国版本图书馆 CIP 数据核字（2017）第 243300 号

中国农业出版社出版
（北京市朝阳区麦子店街 18 号楼）
（邮政编码 100125）
责任编辑　肖　邦　邱利伟

北京万友印刷有限公司印刷　　新华书店北京发行所发行
2018 年 1 月第 1 版　　2018 年 1 月北京第 1 次印刷

开本：720mm×960mm 1/16　印张：20
字数：370 千字
定价：40.00 元
（凡本版图书出现印刷、装订错误，请向出版社发行部调换）